Stéphane Viguié

Sur la conjecture de Gras et la conjecture principale d'Iwasawa

Stéphane Viguié

Sur la conjecture de Gras et la conjecture principale d'Iwasawa

par les systèmes d'Euler

Presses Académiques Francophones

Impressum / Mentions légales
Bibliografische Information der Deutschen Nationalbibliothek: Die Deutsche Nationalbibliothek verzeichnet diese Publikation in der Deutschen Nationalbibliografie; detaillierte bibliografische Daten sind im Internet über http://dnb.d-nb.de abrufbar.
Alle in diesem Buch genannten Marken und Produktnamen unterliegen warenzeichen-, marken- oder patentrechtlichem Schutz bzw. sind Warenzeichen oder eingetragene Warenzeichen der jeweiligen Inhaber. Die Wiedergabe von Marken, Produktnamen, Gebrauchsnamen, Handelsnamen, Warenbezeichnungen u.s.w. in diesem Werk berechtigt auch ohne besondere Kennzeichnung nicht zu der Annahme, dass solche Namen im Sinne der Warenzeichen- und Markenschutzgesetzgebung als frei zu betrachten wären und daher von jedermann benutzt werden dürften.

Information bibliographique publiée par la Deutsche Nationalbibliothek: La Deutsche Nationalbibliothek inscrit cette publication à la Deutsche Nationalbibliografie; des données bibliographiques détaillées sont disponibles sur internet à l'adresse http://dnb.d-nb.de.
Toutes marques et noms de produits mentionnés dans ce livre demeurent sous la protection des marques, des marques déposées et des brevets, et sont des marques ou des marques déposées de leurs détenteurs respectifs. L'utilisation des marques, noms de produits, noms communs, noms commerciaux, descriptions de produits, etc, même sans qu'ils soient mentionnés de façon particulière dans ce livre ne signifie en aucune façon que ces noms peuvent être utilisés sans restriction à l'égard de la législation pour la protection des marques et des marques déposées et pourraient donc être utilisés par quiconque.

Coverbild / Photo de couverture: www.ingimage.com

Verlag / Editeur:
Presses Académiques Francophones
ist ein Imprint der / est une marque déposée de
OmniScriptum GmbH & Co. KG
Heinrich-Böcking-Str. 6-8, 66121 Saarbrücken, Deutschland / Allemagne
Email: info@presses-academiques.com

Herstellung: siehe letzte Seite /
Impression: voir la dernière page
ISBN: 978-3-8416-2398-0

Contribution à l'étude de la conjecture de Gras et de la conjecture principale d'Iwasawa, par les systèmes d'Euler.

Viguié Stéphane

12 décembre 2012

Remerciements.

Je ne saurais exprimer toute la gratitude que j'éprouve à l'égard de Hassan Oukhaba, sans qui cette aventure n'aurai tout simplement pas eu lieu. Il a su me proposer des sujets de recherches à la fois accessibles et intéressants, aux travers desquels j'ai beaucoup appris et me suis amélioré. Je lui suis redevable de la bienveillance avec laquelle il m'a guidé dans ces premières recherches mathématiques, de ses innombrables conseils, de tout le temps qu'il m'a consacré, y compris toute la partie invisible où il relisait patiemment mes premières rédactions malhabiles. Au fur et à mesure que je découvrais la réalité du monde de la recherche, et que s'effaçait l'image naïve que je m'en faisais, il a su garder ma motivation intacte. Je dois dire aussi qu'à la sympathie naturelle qu'il inspire à tout le monde, s'ajoute en ce qui me concerne une grande confiance, construite au fil du temps... Tout un paragraphe ne suffirait pas à combler la dette que j'aurai éternellement envers lui, c'est pourquoi je me limiterai à dire seulement : MERCI!!!

Je voudrais remercier les professeurs Bruno Anglès et Werner Bley, qui ont aimablement accepté d'être rapporteurs de ma thèse. Ma formation mathématique s'est faite entre autres à la lecture des travaux de W. Bley, qui ont motivé une bonne partie de ma recherche. B. Anglès a eu la gentillesse de m'inviter à Caen, où il m'a donné quelques bonnes idées. Puissent-ils voir ici l'expression de toute ma reconnaissance.

Toute ma gratitude va aussi au professeur Chazad Movaheddi, qui me fait l'honneur de présider le jury. Merci également pour l'invitation à Limoges, où on est si chaleureusement accueilli.

Je tiens à remercier mes examinateurs Jean-Robert Belliard et Christian Maire, pour les conseils qu'ils m'ont donnés pendant ces années, et tout ce que j'ai appris à leur contact. En particulier, une partie de ma recherche (non exposée ici) m'a été inspirée par la version cyclotomique dûe à J-R. Belliard (deux fois merci, donc).

Plus généralement, je voudrais exprimer toute ma gratitude à tout le personnel du laboratoire de mathématiques de Besançon, qui m'a acueilli pendant ces années. Je me dois de remercier particulièrement Odile Henry, qui s'est dévouée à la tâche, alors que les documents que je lui demandais étaient de plus en plus nombreux et impossibles à trouver (et en plus y en a certains que finalement j'ai pas lu!).

Extra special thanks à tous les thésards de Besac, pour toutes les soirées, apéros, restos, crémaillères, annifs, sorties ski et autres, passés ensembles...

Introduction.

Le but de ce travail est de montrer comment la théorie des systèmes d'Euler permet de comparer, dans certaines extensions abéliennes, le module galoisien des unités globales modulo unités de Stark avec le module galoisien des p-classes d'idéaux. On ne s'intéresse ici qu'aux extensions abéliennes ayant pour corps de base un corps quadratique imaginaire, ou un corps global de caractéristique non nulle.

Dans les chapitres 1 à 4, on considère une telle extension abélienne K/k, de degré fini. Dans le cas où k est un corps global de caractéristique non nulle, on distingue une place ∞ de k, totalement décomposée dans K. On note $\mathcal{O}_k$ l'anneau des entiers de k lorsque k est quadratique imaginaire, et on note $\mathcal{O}_k$ l'anneau des entiers en dehors de ∞ dans le cas de la caractéristique positive. Soit $\mathcal{O}_K$ la fermeture intégrale de $\mathcal{O}_k$ dans K. Notons A_K le p-Sylow du groupe des classes $\mathrm{Cl}(\mathcal{O}_K)$, $\mathcal{E}_K := \mathbb{Z}_p \otimes_{\mathbb{Z}} \mathcal{O}_K^{\times}$ où $\mathcal{O}_K^{\times}$ est le groupe des unités globales de $\mathcal{O}_K$, et $\mathcal{S}t_K := \mathbb{Z}_p \otimes_{\mathbb{Z}} \mathrm{St}_K$ où St_K est le groupe d'unités de Stark. Il est bien connu que dans le cas quadratique imaginaire comme dans le cas des corps de fonctions, St_K est d'indice fini dans $\mathcal{O}_K^{\times}$. On dispose même de formules d'indices pour des sous-groupes de $\mathcal{O}_K$ qui sont des « variantes » de St_K. Ainsi dans le cas quadratique imaginaire, D. Kubert et S. Lang ont obtenue une telle formule pour un groupe d'unités elliptiques dans [30], qui fut généralisée par H. Oukhaba dans [39]. Dans le cas où k est de caractéristique non nulle, définir un analogue du groupe des unités elliptiques et déterminer les formules d'indices a nécessité le travail de plusieurs auteurs. Parmi ceux-ci, citons D. Hayes (voir [20]), H. Oukhaba (voir [36], [37] et [38]), L. Shu (voir [55]), L. Yin (voir [68] et [69]) et G.W. Anderson (voir [2]). L'objectif de ces chapitres est de prouver que pour tout $\mathbb{Q}_p$-caractère irréductible non trivial ψ de $\mathrm{Gal}(K/k)$, on a l'égalité des cardinaux des ψ-parties,

$$\#(A_K)_{\psi} = \#(\mathcal{E}_K/\mathcal{S}t_K)_{\psi}, \qquad (0.0.0.1)$$

résultat connu sous le nom de conjecture de Gras.

Dans le premier chapitre, nous présentons un outil algébrique que nous avons introduit dans [60], les modules-indices. À l'aide de cet outil, nous démontrons dans le second chapitre une version faible de la conjecture de Gras, c'est-à-dire une version concernant les $\mathbb{Q}$-caractères irréductibles de $\mathrm{Gal}(K/k)$.

Au chapitre 3, nous présentons les rouages de la technique des systèmes d'Euler. La méthode trouve ses origines dans les travaux de deux auteurs : F. Thaine [59] d'une part, qui a introduit une nouvelle méthode pour obtenir des annulateurs galoisiens du groupe des classes d'idéaux d'un corps de nombre abélien réel ; V. Kolyvagin [28] d'autre part, qui montre que le groupe de Shafarevitch et le groupe de Mordell-Weil de certaines courbes elliptiques sont finis. Dans [29], V. Kolyvagin synthétise les idées de ces deux travaux, et introduit les systèmes d'Euler, grâce auxquels il étend ses résultats et ceux de F. Thaine. Pour $p \neq 2$ un nombre premier et pour certaines extensions abéliennes de degré fini F/Q, où Q est soit $\mathbb{Q}$ soit un corps quadratique imaginaire dont l'anneau des entiers est principal, il détermine dans la plupart des cas les ordres des ψ-composantes du p-Sylow de $\mathrm{Cl}\,(\mathcal{O}_F)$, où $\psi : \mathrm{Gal}\,(F/Q) \to \mu_{p-1} \subset \mathbb{Z}_p^\times$ est un morphisme de groupes non trivial. La méthode est ensuite développée par divers auteurs, en particulier par K. Rubin, qui l'utilise pour démontrer dans un contexte très général, la conjecture de Gras et la conjecture principale de la théorie d'Iwasawa pour les unités cyclotomiques (voir l'appendice de [65]), ainsi que pour les unités elliptiques (voir [50] et [52]). Notre exposé suit de très près le travail de K. Rubin.

Un point crucial est de prouver l'existence de systèmes d'Euler « initialisés » en chaque unité de Stark. Dans [51], K. Rubin a montré que si on néglige la condition de congruence (E4) dans la définition des systèmes d'Euler (voir définition 3.2.2.1), et si on « tord » les unités de Stark à l'aide d'annulateurs du module galoisien des racines de l'unité, alors de tels systèmes existent toujours. Cependant on est alors contraint d'éviter certains caractères lors de la preuve de la conjecture de Gras. C'est pourquoi il nous a paru préférable de procéder différemment et de distinguer le cas quadratique imaginaire et le cas des corps de fonctions. Dans le cas quadratique imaginaire, il est bien connu que les unités de Stark s'expriment à l'aide d'unités elliptiques, or il existe des systèmes d'Euler « initialisés » en chaque unité elliptique. Dans le cas de caractéristique non nulle, D. Hayes a démontré la conjecture de Stark à l'aide de modules de Drinfel'd (voir [21]). Notons k_∞ le complété de k en ∞, $(k_\infty)^{\mathrm{alg}}$ une clôture algébrique de k_∞, et $\mathbb{C}_\infty$ la complétion de $(k_\infty)^{\mathrm{alg}}$ par rapport à l'unique valeur absolue prolongeant celle de k_∞. Si on fixe un signe $\mathrm{sgn} : k_\infty^\times \to k(\infty)^\times$, où $k(\infty)$ est le corps des constantes de k_∞, alors on peut considérer naturellement $\mathbb{C}_\infty$ comme un $\mathcal{O}_k$-module via l'utilisation de certains modules de Drinfel'd sgn-normalisés. Les unités de Stark sont alors obtenues à l'aide de certains points de torsion de $\mathbb{C}_\infty$. C'est en utilisant cette construction que nous pouvons déterminer explicitement des systèmes d'Euler « initialisés » en chaque unité de Stark.

Au chapitre 4, les systèmes d'Euler nous permettent d'obtenir la divisibilité

$$\# \, (\mathrm{A}_K)_\psi \mid \# \, (\mathcal{E}_K/\mathcal{S}t_K)_\psi \,,$$

qui jointe à la version faible prouve la conjecture de Gras. Rappelons que K. Rubin a prouvé (0.0.0.1) dans le cas quadratique imaginaire, lorsque $p \nmid e_k[K : k]$, où e_k est le nombre de racines de l'unité de k, voir [50] et [52]. Notre résultat étend celui de K. Rubin lorsque $p|e_k$ et $p \nmid [K : k]$ (voir [41]). Dans le cas où la caractéristique de k est non nulle, K. Feng et F. Xu ont prouvé (0.0.0.1) lorsque $k := \mathbb{F}_q(T)$ est un corps de fractions rationnelles, $\mathcal{O}_k := \mathbb{F}_q[T]$, $K := \mathrm{H}_\mathfrak{m}$ pour un certain idéal $\mathfrak{m} \neq (0)$ de $\mathbb{F}_q[T]$, et $p \nmid q(q-1)[K : k]$ (voir [14]). Leur résultat a été généralisé par F. Xu et J. Zhao. Dans [67], ils prouvent (0.0.0.1) lorsque $K := \mathrm{H}_\mathfrak{m}$ pour un certain idéal $\mathfrak{m} \neq (0)$ de $\mathbb{F}_q[T]$, et $p \nmid q\,(\mathrm{N}\,(\infty) - 1)\,[K : k]$, où $\mathrm{N}\,(\infty)$ est le cardinal du corps résiduel en ∞. Nous étendons donc leur résultat au cas où K n'est pas un corps de rayons et au cas où $p|(\mathrm{N}\,(\infty) - 1)$ et $p \nmid q\,[K : k]$ (voir [42]).

Dans les chapitres 5 et 6, on se place dans le cas quadratique imaginaire uniquement. On suppose que p est un nombre premier qui est décomposé dans k. On note $\mathfrak{p}$ un idéal maximal de $\mathcal{O}_K$ au-dessus de (p), et k_∞ l'unique $\mathbb{Z}_p$-extension de k non ramifiée en dehors de $\mathfrak{p}$. On considère ensuite une extension K_∞/k_∞ de degré fini, abélienne sur k. On pose $G_\infty := \mathrm{Gal}\,(K_\infty/k)$, et on fixe une décomposition $G_\infty = G \times \Gamma$, où $G = \mathrm{Gal}\,(K_\infty/k_\infty)$ est le sous-groupe de torsion de G_∞ et Γ est un groupe topologique isomorphe à $\mathbb{Z}_p$. Pour tout $\mathbb{C}_p$-caractère irréductible χ de G, on pose $\Lambda_\chi = \mathbb{Z}_p(\chi)\,[[\Gamma]]$, où $\mathbb{Z}_p(\chi)$ est l'anneau des entiers de l'extension $\mathbb{Q}_p(\chi) \subset \mathbb{C}_p$ de $\mathbb{Q}_p$ engendrée par les valeurs de χ. Au chapitre 6 nous démontrons que pour $p \notin \{2, 3\}$ et pour tout $\mathbb{C}_p$-caractère irréductible χ de G, on a égalité des idéaux caractéristiques des χ-quotients,

$$\mathrm{char}_{\Lambda_\chi}\left(\mathrm{A}_{\infty,\chi}\right) = \mathrm{char}_{\Lambda_\chi}\left(\mathcal{E}_\infty/\mathcal{S}t_\infty\right)_\chi, \qquad (0.0.0.2)$$

ce qui est une des versions de la conjecture principale de la théorie d'Iwasawa. Si $p \in \{2,3\}$, on obtient juste une divisibilité. Le chapitre 5 est réservé à des résultats préliminaires. Ce travail nous a été inspiré par les résultats de W. Bley et de K. Rubin. Nous rappelons que dans [50, Theorem 4.1] et [52, Theorem 2], K. Rubin a utilisé les systèmes d'Euler pour prouver la conjecture principale pour les $\mathbb{Z}_p$-extensions et $\mathbb{Z}_p^2$-extensions d'une extension abélienne F/k de degré fini, lorsque $p \nmid [F : k]e_k$. Inspiré par les idées de K. Rubin, C. Greither a prouvé la conjecture principale pour la $\mathbb{Z}_p$-extension cyclotomique d'un corps de nombre abélien [19, Theorem 3.2] (résultat obtenu auparavant par B. Mazur et A. Wiles dans [33]). W. Bley a prouvé le théorème 6.1.0.2 lorsque $p \nmid 2\#\mathrm{Cl}\left(\mathcal{O}_k\right)$ et qu'il existe un idéal $\mathfrak{f} \neq (0)$ de $\mathcal{O}_k$ tel que $K_n := \mathrm{H}_{\mathfrak{f}\mathfrak{p}^{n+1}}$ (voir [5, Theorem 3.1]), où pour tout $n \in \mathbb{N}$, $\mathrm{H}_{\mathfrak{f}\mathfrak{p}^{n+1}}$ est le corps de rayons modulo $\mathfrak{m}$. Signalons enfin que très récemment, J. Johnson-Leung et G. Kings ont prouvé une version cohomologique de la conjecture principale, qu'ils déduisent de la conjecture des nombres de Tamagawa (voir [27]). Dans leur travail, les χ-quotients sont remplacés par de la cohomologie à coefficients dans des représentations galoisiennes définies par χ, et ils utilisent les systèmes d'Euler à la Kato. Ils déduisent ensuite la version classique de la conjecture principale pour les $\mathbb{Z}_p^2$-extensions $F_\infty := \bigcup\limits_{n=0}^{\infty} \mathrm{H}_{p^n\mathfrak{f}}$, où $\mathfrak{f} \neq (0)$ est un idéal de $\mathcal{O}_k$ et p ne divise pas le sous-groupe de torsion de $\mathrm{Gal}\left(F_\infty/k\right)$.

De même que pour la conjecture de Gras, les systèmes d'Euler ne nous permettent que d'obtenir la divisibilité

$$\mathrm{char}_{\Lambda_\chi}\left(\mathrm{A}_{\infty,\chi}\right) \mid \mathrm{char}_{\Lambda_\chi}\left(\mathcal{E}_\infty/\mathcal{S}t_\infty\right)_\chi.$$

Pour avoir l'égalité, nous utilisons ici un résultat E. de Shalit [12, III.2.1 Theorem, p. 109], qui implique que

$$\sum_\chi \mu_\chi\left(\mathrm{A}_{\infty,\chi}\right) = \sum_\chi \mu_\chi\left(\left(\mathcal{E}_\infty/\mathcal{S}t_\infty\right)_\chi\right),$$

$$\sum_\chi \lambda_\chi\left(\mathrm{A}_{\infty,\chi}\right) = \sum_\chi \lambda_\chi\left(\left(\mathcal{E}_\infty/\mathcal{S}t_\infty\right)_\chi\right),$$

où les sommes sont sur tous les $\mathbb{C}_p$-caractères irréductibles de G, et où λ_χ et μ_χ sont les invariants d'Iwasawa. La preuve de ce résultat repose en partie sur la nullité des μ-invariants, dûe à R. Gillard (voir [16]) qui l'a démontré pour $p \notin \{2,3\}$. C'est pourquoi nous n'obtenons qu'une divisibilité pour $p \in \{2,3\}$. Toutefois dans [4], J-R. Belliard a démontré (sans utiliser la conjecture principale) que pour tout corps de nombres totalement réel F abélien sur $\mathbb{Q}$, on a l'égalité des μ-invariants et des λ-invariants de $\mathcal{E}_{F_\infty}/\mathcal{C}_{F_\infty}$ et A_{F_∞}, où F_∞ est la $\mathbb{Z}_p$-extension cyclotomique de F et $\mathcal{C}_{F_\infty}$ est le module des unités circulaires. En suivant la méthode de J-R. Belliard, nous avons montré dans [63] et [61] que

$$\mu\left(\mathrm{A}_\infty\right) = \mu\left(\mathcal{E}_\infty/\mathcal{S}t_\infty\right) \quad \text{et} \quad \lambda\left(\mathrm{A}_\infty\right) = \lambda\left(\mathcal{E}_\infty/\mathcal{S}t_\infty\right), \qquad (0.0.0.3)$$

pour tout nombre premier p. Ce résultat peut être substitué à celui de E. de Shalit, et on en déduit que la divisibilité obtenue pour $p \in \{2,3\}$ est en fait une égalité si on néglige les μ-invariants. Nous n'exposons pas ce travail ici, et renvoyons le lecteur à [63]. Ajoutons qu'en utilisant (0.0.0.3) H. Oukhaba a démontré dans [40] que l'égalité (0.0.0.2) est vraie pour $p = 2$ si $\#(G)$ est impair.

Soit k'_∞ l'unique $\mathbb{Z}_p^2$-extension de k. Soit K'_∞ une extension de degré fini de k'_∞, abélienne sur k. Notons G'_∞ le groupe de Galois de K'_∞/k, et fixons une décomposition $G'_\infty = G' \times \Gamma'$ de G'_∞, où G' est un groupe fini et Γ' est un groupe topologique isomorphe à $\mathbb{Z}_p^2$. Pour tout $\mathbb{C}_p$-caractère irréductible χ de G', on pose $\Lambda'_\chi = \mathbb{Z}_p(\chi) [[\Gamma']]$. Dans [64], nous avons montré que pour tout $\mathbb{C}_p$-caractère irréductible χ de G', on a l'égalité des idéaux caractéristiques des χ-quotients,

$$\mathrm{char}_{\Lambda'_\chi} \left(\mathrm{A}_{K'_\infty, \chi} \right) = \mathrm{char}_{\Lambda'_\chi} \left(\mathcal{E}_{K'_\infty} / \mathcal{S}t_{K'_\infty} \right)_\chi,$$

étendant ainsi les résultats de K. Rubin au cas général où p peut diviser $\#(G')$. Nous n'exposons pas ce travail ici. Signalons tout de même que l'on obtient une divisibilité par les systèmes d'Euler, et que c'est grâce à (0.0.0.2) que l'on prouve l'égalité.

Table des matières

Chapitre 1

Modules-indices.

1.1 Notations, conventions.

Dans ce chapitre, nous présentons un outil algébrique que nous avons introduit dans [60], les modules-indices. On fixe un corps commutatif K et A un sous-anneau de K. On suppose que A est un anneau de Dedekind. Nous appelons idéal fractionnaire de A tout sous-A-module de type fini du corps $F \subseteq K$ des fractions de A. Nous rappelons que l'ensemble des idéaux fractionnaires non nuls de A forme un groupe, dont un sous-groupe est formé par les idéaux fractionnaires principaux non nuls. On note $\mathrm{Cl}(A)$ le groupe quotient, il s'agit du groupe des classes de A. Pour tout idéal fractionnaire non nul $\mathfrak{m}$ de A, on note $\mathrm{cl}(\mathfrak{m})$ la classe de $\mathfrak{m}$, c'est-à-dire l'image canonique de $\mathfrak{m}$ dans $\mathrm{Cl}(A)$.

Soit V un K-espace vectoriel. Pour M un sous-A-module de V, nous notons KM le sous-K-espace vectoriel de V engendré par M. Nous appelons A-réseau de V tout sous-A-module R de V, de type fini, dont le rang sur A est égal à la dimension du K-espace vectoriel KR,

$$\mathrm{rg}_A(R) = \dim_K(KR).$$

Pour tout A-réseau R de V, on pose $d_R := \mathrm{rg}_A(R)$. D'après le théorème de structure des modules de type fini sur un anneau de Dedekind [7, §4, n°10, Proposition 24, p. 79], si $R \neq \{0\}$ alors il existe une K-base $B_R := (b_{R,i})_{i=0}^{d_R-1}$ de KR, et un idéal fractionnaire non nul $\mathfrak{m}_R$ de A, tels que $R = \mathfrak{m}_R b_{R,0} \oplus \overset{d_R-1}{\underset{i=1}{\oplus}} A b_{R,i}$. Le choix de $(B_R, \mathfrak{m}_R)$ n'est pas unique, cependant $\mathrm{cl}(\mathfrak{m}_R)$ est déterminée de façon unique par R. Il en résulte en particulier que :

- Si nécessaire on peut choisir $(B_R, \mathfrak{m}_R)$ de sorte que $\mathfrak{m}_R$ soit entier.
- Si S est un second A-réseau de V isomorphe à R en tant que A-module, on peut choisir $(B_R, \mathfrak{m}_R)$ et $(B_S, \mathfrak{m}_S)$ de sorte que $\mathfrak{m}_R = \mathfrak{m}_S$.

Enfin, remarquons que tout sous-A-module S d'un A-réseau R de V est un A-réseau de V. En effet S est aussi de type fini sur A (car A est nœthérien), et on a le diagramme commutatif suivant,

$$
\begin{array}{ccc}
K \otimes_A S & \hookrightarrow & K \otimes_A R \\
\downarrow & & \downarrow \wr \\
KS & \hookrightarrow & KR,
\end{array}
$$

qui montre que $K \otimes_A S \to KS$ est un isomorphisme (et donc $\mathrm{rg}_A(S) = \dim_K(KS)$).

1.2 Définition et propriétés élémentaires.

1.2.1 Définition.

Proposition et définition 1.2.1.1 *Soient $R \neq \{0\}$ et S deux A-réseaux de V, et V' le sous-K-espace vectoriel de V engendré par R et S. On considère l'ensemble D, défini par :*

$$D := \{\det(u); u \in \mathrm{End}_K(V')/u(R) \subseteq S\}$$

Alors D est un sous-A-module de K, appelé le A-module-indice de S dans R, et noté $[R:S]_A$.

En outre :
- *(i) Si $d_S < d_R$, alors $[R:S]_A$ est nul.*
- *(ii) Si $d_R \leq d_S$ et $KS \neq KR$, alors $[R:S]_A = K$.*
- *(iii) Si $V' = KS = KR$, alors $[R:S]_A = \mathfrak{m}_S\mathfrak{m}_R^{-1}\det_{B_S,B_R}(\mathrm{Id}_{V'})$.*

DÉMONSTRATION. Supposons d'abord que $d_S < d_R$. Soit u un endomorphisme du K-espace vectoriel V' tel que $u(R) \subseteq S$. Puisque $d_S < d_R$, u n'est pas injectif, et $\det(u) = 0$. On en déduit l'assertion (i).

Supposons maintenant que $d_R \leq d_S$ et $KS \neq KR$. Puisque $d_R \leq d_S$, il existe un automorphisme u du K-espace vectoriel V' tel que $u(R) \subseteq S$. Soit C une K-base de V' contenant B_R. Puisque $KS \neq KR$, il existe $c \in C \setminus B_R$. Pour tout $\lambda \in K$, soit u_λ l'unique endomorphisme du K-espace vectoriel V' tel que pour tout $b \in C \setminus \{c\}$, $u_\lambda(b) = u(b)$, et tel que $u_\lambda(c) = \lambda u(c)$. On a alors $\det(u_\lambda) = \lambda \det(u)$, ainsi que $u_\lambda(R) \subseteq S$, car u_λ coïncide avec u sur KR. Donc pour tout $\lambda \in K$, $\lambda\det(u) \in [R:S]_A$. Puisque $\det(u) \neq 0$, on a $[R:S]_A = K$. On en déduit l'assertion (ii).

Supposons enfin $V' = KS = KR$. On pose $d := d_R = d_S$ et $\Delta := \det_{B_S,B_R}(\mathrm{Id}_{V'})$.

Pour tout $a \in \mathfrak{m}_S\mathfrak{m}_R^{-1}$, soit u_a l'unique automorphisme du K-espace vectoriel V' tel que $u_a(b_{R,0}) = a.b_{S,0}$, et tel que pour tout $i \in \{1,...,d-1\}$, $u_a(b_{R,i}) = b_{S,i}$. On a clairement $u_a(R) \subseteq S$, et :

$$\det_{B_R,B_R}(u_a) = \det_{B_R,B_S}(u_a)\det_{B_S,B_R}(\mathrm{Id}_{V'}) = a\Delta.$$

On en déduit

$$\mathfrak{m}_S\mathfrak{m}_R^{-1}\Delta \subseteq [R:S]_A. \tag{1.2.1.1}$$

Soit $\delta \in [R:S]_A$. Il existe un endomorphisme u du K-espace vectoriel V' tel que $u(R) \subseteq S$ et $\det(u) = \delta$. Soit $M := \mathrm{mat}_{B_R,B_S}(u)$. Pour tout $a \in \mathfrak{m}_R$, on a

$$u(ab_{R,0}) \in S \quad \Longleftrightarrow \quad \left(\sum_{i=0}^{d-1} aM_{i,0}b_{S,i}\right) \in \left(\mathfrak{m}_S b_{S,0} \oplus \bigoplus_{i=1}^{d-1} Ab_{S,i}\right),$$

d'où

$$M_{0,0} \in \mathfrak{m}_S\mathfrak{m}_R^{-1} \quad \text{et} \quad M_{i,0} \in \mathfrak{m}_R^{-1} \quad \text{pour tout } i \in \{1,...,d-1\}. \tag{1.2.1.2}$$

Pour tout $j \in \{1,...,d-1\}$, on a

$$u(b_{R,j}) \in S \quad \Longleftrightarrow \quad \left(\sum_{i=0}^{d-1} M_{i,j}b_{S,i}\right) \in \mathfrak{m}_S b_{S,0} \oplus \bigoplus_{i=1}^{d-1} Ab_{S,i},$$

2

d'où
$$M_{0,j} \in \mathfrak{m}_S \quad \text{et} \quad M_{i,j} \in A \quad \text{pour tout } i \in \{1, ..., d-1\}. \tag{1.2.1.3}$$

Soit σ une permutation de $\{0, ..., d-1\}$. Si $\sigma(0) = 0$, alors pour tout $i \in \{1, ..., d-1\}$, $\sigma(i) \in \{1, ..., d-1\}$. Dans ce cas, $M_{\sigma(0),0}$ (c'est-à-dire $M_{0,0}$) appartient à $\mathfrak{m}_S \mathfrak{m}_R^{-1}$ d'après (1.2.1.2), et pour tout $i \in \{1, ..., d-1\}$, $M_{\sigma(i),i} \in A$ d'après (1.2.1.3). On en déduit
$$\prod_{i=0}^{d-1} M_{\sigma(i),i} \in \mathfrak{m}_S \mathfrak{m}_R^{-1}.$$

Si $\sigma(0) \in \{1, ..., d-1\}$, alors $M_{\sigma(0),0} \in \mathfrak{m}_R^{-1}$ d'après (1.2.1.2). Il existe $k \in \{1, ..., d-1\}$ tel que $0 = \sigma(k)$, et alors $M_{\sigma(k),k}$ (c'est-à-dire $M_{0,k}$) appartient à $\mathfrak{m}_S$ d'après (1.2.1.3). Pour tout $j \in \{1, ..., d-1\} \setminus \{k\}$, on a $M_{\sigma(j),j} \in A$ d'après (1.2.1.3). On en déduit
$$\prod_{i=0}^{d-1} M_{\sigma(i),i} \in \mathfrak{m}_S \mathfrak{m}_R^{-1}.$$

Finalement, $\det_{B_R,B_S}(u) \in \mathfrak{m}_S \mathfrak{m}_R^{-1}$, car $\det_{B_R,B_S}(u) = \sum_{\sigma} \prod_{i=0}^{d-1} M_{\sigma(i),i}$, où la somme est sur toutes les permutations de $\{0, ..., d-1\}$. Puisque
$$\delta = \det_{B_R,B_S}(u)\det_{B_S,B_R}(\mathrm{Id}_{V'}) = \det_{B_R,B_S}(u)\Delta,$$
on a $\delta \in \mathfrak{m}_S \mathfrak{m}_R^{-1}\Delta$. On a ainsi vérifié
$$[R:S]_A \subseteq \mathfrak{m}_S \mathfrak{m}_R^{-1}\Delta. \tag{1.2.1.4}$$
De (1.2.1.1) et (1.2.1.4) on déduit l'assertion (iii). $\qquad\square$

Remarque 1.2.1.2 *Soient $R \neq 0$ et S deux A-réseaux de V. Soit V' un sous-K-espace vectoriel de V contenant R et S. Alors le module-indice de R et S, considérés comme A-réseaux de V ou de V', est le même.*

Remarque 1.2.1.3 *Soit K' un sous-corps de K, contenant A. Soient $R \neq 0$ et S deux A-réseaux de V, tels que $d_S < d_R$ ou tels que $K'S \subseteq K'R$. Alors le module-indice de R et S, considérés comme A-réseaux du K-espace vectoriel V ou du K'-espace vectoriel V, est le même.*

Remarque 1.2.1.4 *Soient $R \neq 0$ et S deux A-réseaux de V. Soit $u : V \to W$ un isomorphisme de K-espaces vectoriels. Alors $u(R)$ et $u(S)$ sont des A-réseaux de W, et*
$$[R:S]_A = [u(R):u(S)]_A.$$

DÉMONSTRATION. Il est clair que $u(R)$ et $u(S)$ sont des A-réseaux de W. Soit V' le sous-K-espace vectoriel engendré par R et S. Alors $u(V')$ est le sous-K-espace vectoriel engendré par $u(R)$ et $u(S)$. Soient $\mathcal{X}$ (respectivement $\mathcal{X}'$) l'ensemble des endomorphismes v de V' (respectivement $u(V')$) tels que $v(R) \subseteq S$ (respectivement $v(u(R)) \subseteq u(S)$). On note $\tilde{u} : V' \to u(V')$ l'isomorphisme obtenu par restriction de u. Il est clair que l'application suivante est bijective
$$\mathcal{X} \to \mathcal{X}', \quad v \mapsto \tilde{u} \circ v \circ \tilde{u}^{-1},$$
et puisque pour tout $v \in \mathcal{X}$, $\det(v) = \det\left(\tilde{u} \circ v \circ \tilde{u}^{-1}\right)$, on en déduit la remarque. $\qquad\square$

Proposition 1.2.1.5 *Soient R et S deux A-réseaux non nuls de V. On suppose $KR = KS$. Alors les propriétés suivantes sont équivalentes :*
- *(i) Les A-modules R et S sont isomorphes.*
- *(ii) Il existe un automorphisme u du K-espace vectoriel KR tel que $u(R) = S$.*
- *(iii) $[R : S]_A$ est un A-module monogène.*

Lorsque ces propriétés sont vérifiées, pour tout automorphisme v du K-espace vectoriel KR tel que $v(R) = S$, on a $[R : S]_A = A \det(v)$.

DÉMONSTRATION. On pose $d := d_R = d_S$. Montrons (i) $\Rightarrow$ (ii). On suppose (i) vraie. Puisque les A-modules R et S sont isomorphes, $(B_R, \mathfrak{m}_R)$ et $(B_S, \mathfrak{m}_S)$ peuvent être choisis de sorte que $\mathfrak{m}_R = \mathfrak{m}_S$. Soit u l'unique automorphisme du K-espace vectoriel KR tel que pour tout $i \in \{0, ..., d-1\}$, $u(b_{R,i}) = b_{S,i}$. Il est alors clair que $u(R) = S$, ce qui montre (ii).

Montrons (ii) $\Rightarrow$ (iii). On suppose (ii) vraie. u se restreint en un isomorphisme de A-modules de R vers S. On peut donc choisir $(B_R, \mathfrak{m}_R)$ et $(B_S, \mathfrak{m}_S)$ de sorte que $\mathfrak{m}_R = \mathfrak{m}_S$. De la proposition-définition 1.2.1.1, (iii), on déduit alors

$$[R : S]_A = A \det_{B_S, B_R}(\mathrm{Id}_{KR}),$$

et alors (iii) est vraie.

Montrons (iii) $\Rightarrow$ (i). On suppose (iii) vraie. D'après la proposition-définition 1.2.1.1, (iii), on a

$$[R : S]_A = \mathfrak{m}_S \mathfrak{m}_R^{-1} \det_{B_S, B_R}(\mathrm{Id}_{KR}),$$

Or $[R : S]_A$ est monogène. On en déduit que $\mathfrak{m}_S \mathfrak{m}_R^{-1}$ est un A-module monogène, ce qui équivaut à $\mathrm{cl}\left(\mathfrak{m}_S \mathfrak{m}_R^{-1}\right) = 1$, ou encore à $\mathrm{cl}\left(\mathfrak{m}_R\right) = \mathrm{cl}\left(\mathfrak{m}_S\right)$. On sait que si $\mathrm{cl}\left(\mathfrak{m}_R\right) = \mathrm{cl}\left(\mathfrak{m}_S\right)$, alors $\mathfrak{m}_R$ et $\mathfrak{m}_S$ sont isomorphes en tant que A-modules, et il en résulte que les A-modules R et S sont isomorphes. D'où (i).

Supposons (i), (ii), et (iii) vérifiées. Soit v un automorphisme du K-espace vectoriel KR tel que $v(R) = S$. On choisit alors $(B_R, \mathfrak{m}_R)$ et $(B_S, \mathfrak{m}_S)$ de telle sorte que $\mathfrak{m}_R = \mathfrak{m}_S$ et que pour tout $i \in \{0, ..., d-1\}$, $v(b_{R,i}) = b_{S,i}$. D'après la proposition-définition 1.2.1.1, (iii), on a

$$[R : S]_A = A \det_{B_S, B_R}(\mathrm{Id}_{KR}) = A \det_{B_R, B_S}(v) \det_{B_S, B_R}(\mathrm{Id}_{KR}) = A \det(v).$$

$\square$

Remarque 1.2.1.6 *En particulier, pour tout A-réseau $R \neq \{0\}$ de V, on a l'égalité $[R : R]_A = A$.*

1.2.2 Formule de multiplicativité des indices.

Proposition 1.2.2.1 *Soient $R \neq \{0\}$, $S \neq \{0\}$ et T trois A-réseaux de V. On suppose $KT \subseteq KS \subseteq KR$. Alors :*

$$[R : S]_A [S : T]_A = [R : T]_A$$

($[R : S]_A [S : T]_A$ étant le sous-A-module de K engendré par les éléments de la forme xy, avec $x \in [R : S]_A$ et $y \in [S : T]_A$.)

DÉMONSTRATION. Si $d_T < d_R$ on a $[R : T]_A = \{0\}$ d'après la proposition-définition 1.2.1.1, (i). Nécessairement, on a aussi $d_S < d_R$ ou $d_T < d_S$, donc $[R : S]_A = \{0\}$ ou $[S : T]_A = \{0\}$. On en déduit la proposition dans ce cas.

Supposons maintenant $d_T = d_R$. Alors on a $KR = KS = KT$. D'après la proposition-définition 1.2.1.1, (iii), on a

$$
\begin{aligned}
[R : T]_A &= \mathfrak{m}_T \mathfrak{m}_R^{-1} \det\nolimits_{B_T, B_R}(\mathrm{Id}_{KR}) \\
&= \mathfrak{m}_S \mathfrak{m}_R^{-1} \det\nolimits_{B_S, B_R}(\mathrm{Id}_{KR}) \mathfrak{m}_T \mathfrak{m}_S^{-1} \det\nolimits_{B_T, B_S}(\mathrm{Id}_{KR}) \\
&= [R : S]_A [S : T]_A,
\end{aligned}
$$

d'où la proposition. □

Corollaire 1.2.2.2 *Soient $R \neq \{0\}$ et S deux A-réseaux de V. On suppose que $KR \subseteq KS$, ou bien qu'on a à la fois $KS \subsetneq KR$ et $A \neq K$. Alors $[R : S]_A = ([S : R]_A)^{-1}$, où $([S : R]_A)^{-1}$ désigne le sous-A-module de K inverse de $[R : S]_A$, c'est-à-dire le sous-A-module de K sur-jacent à l'ensemble $\{x \in K / x[R : S]_A \subseteq A\}$.*

DÉMONSTRATION. Supposons d'abord $KS \subsetneq KR$ et $A \neq K$. Alors d'après la proposition-définition 1.2.1.1, on a

$$[R : S]_A = \{0\} = K^{-1} = ([S : R]_A)^{-1}.$$

Supposons ensuite $KR \subsetneq KS$. Alors d'après la proposition-définition 1.2.1.1, on a

$$[R : S]_A = K = \{0\}^{-1} = ([S : R]_A)^{-1}.$$

Supposons enfin $KR = KS$. D'après la proposition 1.2.2.1 et la remarque 1.2.1.6, on a

$$[R : S]_A [S : R]_A = [R : R]_A = A,$$

d'où $[R : S]_A = ([S : R]_A)^{-1}$. □

Remarque 1.2.2.3 *Si on suppose que $d_R = d_S$ et que $KR \neq KS$, on a $[R : S]_A = K = [S : R]_A$.*

1.2.3 Sommes directes.

Lemme 1.2.3.1 *Soient $n \in \mathbb{N}^*$, $(\mathfrak{m}_i)_{i=1}^n$ et $(\mathfrak{n}_i)_{i=1}^n$ deux familles d'idéaux fractionnaires de A, $B := (b_i)_{i=1}^n$ et $C := (c_i)_{i=1}^n$ deux familles K-libres de V, qui engendrent le même sous-K-espace vectoriel de V. On pose $R := \bigoplus_{i=1}^n \mathfrak{m}_i b_i$ et $S := \bigoplus_{i=1}^n \mathfrak{n}_i c_i$. On suppose que pour tout $i \in \{1, ..., n\}$, $\mathfrak{m}_i \neq (0)$. Alors*

$$[R : S]_A = \left(\prod_{i=1}^n \mathfrak{n}_i \mathfrak{m}_i^{-1}\right) \det\nolimits_{C,B}(\mathrm{Id}_{KR}).$$

DÉMONSTRATION. Si il existe $i \in \{1, ..., n\}$ tel que $\mathfrak{n}_i = (0)$, alors le lemme résulte immédiatement de la proposition-définition 1.2.1.1, (i). On suppose donc que pour tout $i \in \{1, ..., n\}$, $\mathfrak{n}_i \neq (0)$. On divise la démonstration en deux étapes.

<u>Première étape</u> : le cas où $b_i = c_i$ pour tout $i \in \{1, ..., n\}$. Pour tout $i \in \{1, ..., n\}$, soit $x_i \in \mathfrak{n}_i \mathfrak{m}_i^{-1}$. Soit u l'endomorphisme du K-espace vectoriel V tel que pour tout $i \in \{1, ..., n\}$, on a $u(b_i) = x_i b_i$. Alors on a clairement $u(R) \subseteq S$, et $\det(u) = \prod_{i=1}^{n} x_i$. Ceci montre que

$$\prod_{i=1}^{n} \mathfrak{n}_i \mathfrak{m}_i^{-1} \subseteq [R:S]_A. \tag{1.2.3.1}$$

Soit v un endomorphisme du K-espace vectoriel KR tel que $v(R) \subseteq S$. Soit $M := \mathrm{mat}_{B,B}(u)$. Pour tout $j \in \{1, ..., n\}$, et tout $a \in \mathfrak{m}_j$, on a :

$$v(ab_j) \in S \quad \Longleftrightarrow \quad \sum_{i=1}^{n} M_{i,j} ab_i \in \bigoplus_{i=1}^{n} \mathfrak{n}_i b_i$$

D'où $M_{i,j} \in \mathfrak{n}_i \mathfrak{m}_j^{-1}$, pour tout $i \in \{1, ..., n\}$. Pour toute permutation σ de $\{1, ..., n\}$, on a $\prod_{i=1}^{n} M_{\sigma(i),i} \in \prod_{i=1}^{n} \mathfrak{n}_{\sigma(i)} \mathfrak{m}_i^{-1}$, c'est-à-dire $\prod_{i=1}^{n} M_{\sigma(i),i} \in \prod_{i=1}^{n} \mathfrak{n}_i \mathfrak{m}_i^{-1}$. On en déduit $\det(v) \in \prod_{i=1}^{n} \mathfrak{n}_i \mathfrak{m}_i^{-1}$. On a ainsi vérifié

$$[R:S]_A \subseteq \prod_{i=1}^{n} \mathfrak{n}_i \mathfrak{m}_i^{-1}. \tag{1.2.3.2}$$

Finalement, de (1.2.3.1) et (1.2.3.2) on déduit le lemme dans ce cas.

<u>Seconde étape</u> : le cas général. D'après la proposition 1.2.2.1 on a

$$[R:S]_A = \left[R : \bigoplus_{i=1}^{n} Ab_i\right]_A \left[\bigoplus_{i=1}^{n} Ab_i : \bigoplus_{i=1}^{n} Ac_i\right]_A \left[\bigoplus_{i=1}^{n} Ac_i : S\right]_A. \tag{1.2.3.3}$$

De la première étape, on déduit

$$\left[R : \bigoplus_{i=1}^{n} Ab_i\right]_A = \prod_{i=1}^{n} \mathfrak{m}_i^{-1} \quad \text{et} \quad \left[\bigoplus_{i=1}^{n} Ac_i : S\right]_A = \prod_{i=1}^{n} \mathfrak{n}_i. \tag{1.2.3.4}$$

D'autre part, d'après la proposition 1.2.1.5, on a

$$\left[\bigoplus_{i=1}^{n} Ab_i : \bigoplus_{i=1}^{n} Ac_i\right]_A = A \det(v),$$

où v est l'unique endomorphisme du K-espace vectoriel KR tel que pour tout $i \in \{1, ..., n\}$, $v(b_i) = c_i$. On a

$$\det(v) = \det_{B,C}(v)\det_{C,B}(\mathrm{Id}_{KR}) = \det_{C,B}(\mathrm{Id}_{KR}),$$

d'où

$$\left[\bigoplus_{i=1}^{n} Ab_i : \bigoplus_{i=1}^{n} Ac_i\right]_A = A\det_{C,B}(\mathrm{Id}_{KR}). \tag{1.2.3.5}$$

De (1.2.3.3), (1.2.3.4) et (1.2.3.5) on déduit le lemme. $\qquad \square$

Proposition 1.2.3.2 *Soient $R \neq \{0\}$ et S deux A-réseaux de V. Soient $n \in \mathbb{N}^*$, $(R_i)_{i=1}^n$ une famille de sous-A-modules de R, et $(S_i)_{i=1}^n$ une famille de sous-A-modules de S, telles que :*

$$R = \bigoplus_{i=1}^n R_i \quad et \quad S = \bigoplus_{i=1}^n S_i$$

On suppose que pour tout $i \in \{1,...,n\}$, $KS_i \subseteq KR_i \neq 0$. Alors :

$$[R : S]_A = \prod_{i=1}^n [R_i : S_i]_A$$

DÉMONSTRATION. Supposons d'abord qu'il existe $i \in \{1,...,n\}$ tel que $KS_i \neq KR_i$. Alors $KS \neq KR$. D'après la proposition-définition 1.2.1.1, (i), on a alors $[R_i : S_i]_A = 0$ et $[R : S]_A = 0$, d'où $\prod_{i=1}^n [R_i : S_i]_A = [R : S]_A$.

Supposons maintenant que pour tout $i \in \{1,...,n\}$, $KS_i = KR_i$. Alors $KS = KR$. Pour tout $i \in \{1,...,n\}$, soient $d_i := \dim_K(KR_i)$, $B_i := (b_{i,j})_{j=1}^{d_i}$ et $C_i := (c_{i,j})_{j=1}^{d_i}$ deux K-bases de KR_i, $(\mathfrak{m}_{i,j})_{j=1}^{d_i}$ et $(\mathfrak{n}_{i,j})_{j=1}^{d_i}$ deux familles d'idéaux fractionnaires non nuls de A tels que

$$R_i = \bigoplus_{j=1}^{d_i} \mathfrak{m}_{i,j} b_{i,j} \quad et \quad S_i = \bigoplus_{j=1}^{d_i} \mathfrak{n}_{i,j} c_{i,j}.$$

D'après le lemme 1.2.3.1, on a

$$[R_i : S_i]_A = \left(\prod_{j=1}^{d_i} \mathfrak{n}_{i,j} \mathfrak{m}_{i,j}^{-1}\right) \det\nolimits_{C_i, B_i}(\mathrm{Id}_{KR_i}). \qquad (1.2.3.6)$$

$B := (b_{1,1}, b_{1,2}, ..., b_{1,d_1}, b_{2,1}, ..., b_{n,d_n})$ est une K-base de KR. De la même faï¿½on, $C := (c_{1,1}, c_{1,2}, ..., c_{1,d_1}, c_{2,1}, ..., c_{n,d_n})$ est une K-base de KR. On a

$$R = \bigoplus_{i=1}^n \bigoplus_{j=1}^{d_i} \mathfrak{m}_{i,j} b_{i,j} \quad et \quad S = \bigoplus_{i=1}^n \bigoplus_{j=1}^{d_i} \mathfrak{n}_{i,j} c_{i,j}.$$

D'après le lemme 1.2.3.1, puis d'après (1.2.3.6), on obtient

$$
\begin{aligned}
[R : S]_A &= \det\nolimits_{C,B}(\mathrm{Id}_{KR}) \prod_{i=1}^n \prod_{j=1}^{d_i} \mathfrak{n}_{i,j} \mathfrak{m}_{i,j}^{-1} = \prod_{i=1}^n \left(\left(\prod_{j=1}^{d_i} \mathfrak{n}_{i,j} \mathfrak{m}_{i,j}^{-1}\right) \det\nolimits_{C_i, B_i}(\mathrm{Id}_{KR_i}) \right) \\
&= \prod_{i=1}^n [R_i : S_i]_A.
\end{aligned}
$$

$\square$

1.2.4 Extension des scalaires.

Proposition 1.2.4.1 *Soit A' un sous-anneau de K contenant A. On suppose que A' est un anneau de Dedekind. Soient $R \neq \{0\}$ et S deux A-réseaux de V. Alors les sous-B-modules $A'R$ et $A'S$ de V respectivement engendrés par R et S sont des A'-réseaux de V, et*

$$[A'R : A'S]_{A'} = A'[R : S]_A,$$

où $A'[R : S]_A$ est le sous-A'-module de K engendré par $[R : S]_A$.

DÉMONSTRATION. Puisque R est de type fini sur A, $A'R$ est de type fini sur A'. D'autre part on a les inégalités suivantes,

$$\dim_K (KR) \leq \operatorname{rg}_{A'}(A'R) \leq rg_A(R) = \dim_K (KR),$$

qui prouvent que $A'R$ est un A'-réseau de V (et que $d_{A'R} = d_R$). De même on vérifie que $A'S$ est un A'-réseau de V (et que $d_{A'S} = d_S$).

Si $d_S < d_R$, alors $[A'R : A'S]_{A'} = 0 = A'[R : S]_A$. Si $d_R \leq d_S$, avec $KS \neq KR$, alors $[A'R : A'S]_{A'} = K = A'[R : S]_A$.

Supposons maintenant $KR = KS$. Il est clair qu'on peut choisir $(B_{A'R}, \mathfrak{m}_{A'R})$ de sorte que $B_{A'R} = B_R$ et $\mathfrak{m}_{A'R} = A'\mathfrak{m}_R$, l'idéal de A' engendré par $\mathfrak{m}_R$. De même on choisit $(B_{A'S}, \mathfrak{m}_{A'S})$ de sorte que $B_{A'S} = B_S$ et $\mathfrak{m}_{A'S} = A'\mathfrak{m}_S$, l'idéal de A' engendré par $\mathfrak{m}_S$. D'après la proposition-définition 1.2.1.1, on a

$$
\begin{aligned}
[A'R : A'S]_{A'} &= \mathfrak{m}_{A'S}\mathfrak{m}_{A'R}^{-1}\det{}_{B_S, B_R}(\operatorname{Id}_{KR}) &= A'\mathfrak{m}_S\mathfrak{m}_R^{-1}\det{}_{B_S, B_R}(\operatorname{Id}_{KR}) \\
&&= A'[R : S]_A.
\end{aligned}
$$

$\square$

Proposition 1.2.4.2 *Soit A' un sous-anneau de Dedekind de K contenant A. On suppose que $A' \cap F = A$, où $F \subseteq K$ est le corps des fractions de A. Soient $R \neq \{0\}$ et S deux A-réseaux de V. Alors*

$$[A'R : A'S]_{A'} \cap F[R : S]_A = [R : S]_A,$$

où $F[R : S]_A$ est le sous-F-espace vectoriel de K engendré par $[R : S]_A$.

DÉMONSTRATION. Si $d_S < d_R$, alors $[R : S]_A = \{0\}$, et la proposition s'en déduit dans ce cas. Si $d_R \leq d_S$ et $KR \neq KS$, alors $[A'R : A'S]_{A'} = K$ et $[R : S]_A = K$, donc la proposition est triviale dans ce cas. Supposons maintenant $KR = KS$. De la proposition 1.2.4.1, on déduit

$$[A'R : A'S]_{A'} \cap F[R : S]_A \supseteq [R : S]_A. \tag{1.2.4.1}$$

Il ne reste donc à montrer que l'inclusion

$$[A'R : A'S]_{A'} \cap F[R : S]_A \subseteq [R : S]_A. \tag{1.2.4.2}$$

D'après la proposition-définition 1.2.1.1, (iii), il existe un idéal fractionnaire non nul $\mathfrak{m}$ de A, et $y \in K^*$ tel que

$$[R : S]_A = \mathfrak{m}y. \tag{1.2.4.3}$$

Soit $x \in [A'R : A'S]_{A'} \cap F[R : S]_A$. Puisque $x \in F[R : S]_A$, et d'après (1.2.4.3), il existe $\lambda \in F$ tel que

$$x = \lambda y. \tag{1.2.4.4}$$

D'après la proposition 1.2.4.1 on a $x \in A'[R : S]_A$, donc de (1.2.4.4) et (1.2.4.3) on déduit $\lambda \in A'\mathfrak{m}$, l'idéal fractionnaire de A' engendré par $\mathfrak{m}$. Alors

$$\lambda \in F \cap (A'\mathfrak{m}). \tag{1.2.4.5}$$

Pour tout $a \in \mathfrak{m}^{-1}$, de (1.2.4.5) on déduit $\lambda a \in F \cap A'$, c'est-à-dire $\lambda a \in A$ par hypothèse. Alors $\lambda \in \mathfrak{m}$, et de (1.2.4.4) on déduit $x \in \mathfrak{m}y$. Ceci étant valable pour tout $x \in [A'R : A'S]_{A'} \cap F[R : S]_A$, d'après (1.2.4.3) on a vérifié l'inclusion (1.2.4.2), ce qui achève la démonstration. $\square$

1.3 Liens avec diverses notions classiques.

1.3.1 Modules-indices et idéaux de Fitting.

Nous référons le lecteur à la sous-section A.3.6 pour la définition et les propriétés élémentaires des idéaux de Fitting.

Théorème 1.3.1.1 *Soient M un A-module de type fini non nul, sans torsion, et N un sous-A-module de M. M et N sont identifiés à leurs images dans $K \otimes_A M$. Ce sont alors des A-réseaux de $K \otimes_A M$, et*

$$\mathrm{Fit}_A(M/N) = [M : N]_A.$$

DÉMONSTRATION. Il est trivial que M est un A-réseau de $K \otimes_A M$. N est un sous-A-module de M, donc un A-réseau de $K \otimes_A M$.

Première étape : le cas où M est libre. On choisit alors $(B_M, \mathfrak{m}_M)$ de sorte que $\mathfrak{m}_M = A$. Soit $\mathcal{T}$ l'ensemble des matrices carrées $T := (T_{i,j})_{(i,j) \in \{0,...,d_M-1\}^2}$ d'ordre d_M, à coefficients dans A, telles que pour tout $j \in \{0, ..., d_M - 1\}$, $\left(\sum_{i=0}^{d_M-1} T_{i,j} b_{M,i} \right) \in N$. Alors par définition, l'idéal de Fitting de M/N est l'idéal de A engendré par les déterminants des matrices $T \in \mathcal{T}$. Pour toute matrice carrée $T := (T_{i,j})_{(i,j) \in \{0,...,d_M-1\}^2}$ d'ordre d_M à coefficients dans K, soit f_T l'endomorphisme du K-espace vectoriel $K \otimes_A M$ défini par T, par rapport à la base B_M. Il est trivial que $f_T(M) \subseteq N$ équivaut à $T \in \mathcal{T}$. Alors par définition, $[M : N]_A$ est le sous-A-module de K engendré par les déterminants des f_T, $T \in \mathcal{T}$. On en déduit le théorème dans ce cas.

Seconde étape : le cas général. On choisit $(B_M, \mathfrak{m}_M)$ de sorte que $\mathfrak{m}_M$ est un idéal de A. Soit L le sous-A-module de $K \otimes_A M$ librement engendré par B_M. Alors M et N sont des sous-A-modules de L, donc d'après la première étape on a

$$\mathrm{Fit}_A(L/M) = [L : M]_A \quad \text{et} \quad \mathrm{Fit}_A(L/N) = [L : N]_A. \tag{1.3.1.1}$$

Puisque A est un anneau de Dedekind (et en vertu de la proposition A.3.6.4, (iii)), la suite exacte

$$0 \longrightarrow M/N \longrightarrow L/N \longrightarrow L/M \longrightarrow 0$$

donne

$$\mathrm{Fit}_A(L/N) = \mathrm{Fit}_A(L/M)\,\mathrm{Fit}_A(M/N). \tag{1.3.1.2}$$

De (1.3.1.1) et (1.3.1.2) on déduit

$$[L : N]_A = [L : M]_A\,\mathrm{Fit}_A(M/N). \tag{1.3.1.3}$$

Or $KM = KL$ et $KN \subseteq KL$, donc en multipliant par $[M : L]_A$ on obtient, d'après la proposition 1.2.2.1 et la remarque 1.2.1.6, la formule du théorème. □

9

1.3.2 Indices et modules-indices.

Pour G un groupe et H un sous-groupe de G, on note $[G : H]$ l'indice de H dans G, c'est-à-dire le nombre cardinal (fini ou infini) de l'ensemble des classes de G modulo l'action de H par translation à gauche.

Proposition 1.3.2.1 *Soient $R \neq \{0\}$ et S deux A-réseaux de V, tels que $S \subseteq R$. Si l'anneau de Dedekind A est un corps on suppose en outre que $d_R = d_S$ ou que A est infini. Alors $[R : S]_A$ est un idéal de A, et :*

$$[A : [R : S]_A] = [R : S].$$

DÉMONSTRATION. On distingue différents cas.

<u>Premier cas</u> : le cas où A est un corps et où $d_R = d_S$. Dans ce cas $R = S$ et $[R : S]_A = A$ par la remarque 1.2.1.6. Le théorème est donc trivial dans ce cas.

<u>Second cas</u> : le cas où $d_S < d_R$. Tout anneau intègre fini étant un corps, A est infini par hypothèse. Le A-module R/S est de type fini, de rang supérieur à 1, donc équipotent à A. D'après la proposition-définition 1.2.1.1, (i) on a $[R : S]_A = \{0\}$. Donc $A/[R : S]_A$ s'identifie à A. On en déduit $[A : [R : S]_A] = [R : S]$ dans ce cas.

<u>Troisième cas</u> : le cas où A est un anneau de valuation discrète et où $d_R = d_S$. Soit π une uniformisante de A. Il existe $n \in \mathbb{N}$, et $(m_i)_{i=1}^n \in (\mathbb{N}^*)^n$ tel que $R/S \simeq \bigoplus_{i=1}^n A/\pi^{m_i}A$. D'après le théorème 1.3.1.1 et les propriétés élémentaires des idéaux de Fitting (proposition A.3.6.3 et proposition A.3.6.4, (ii)) on a alors

$$[R : S]_A = \mathrm{Fit}_A\,(R/S) = \pi^{\sum_{i=1}^n m_i}A,$$

puis

$$[A : [R : S]_A] = \# \left(A/\pi^{\sum_{i=1}^n m_i}A \right). \qquad (1.3.2.1)$$

D'autre part il est clair que les ensembles $A/\pi^{\sum_{i=1}^n m_i}A$ et $\prod_{i=1}^n (A/\pi^{m_i}A)$ sont équipotents. Donc de $(1.3.2.1)$ on déduit

$$[A : [R : S]_A] = \prod_{i=1}^n \# (A/\pi^{m_i}A) = [R : S].$$

<u>Quatrième cas</u> : le cas où A est un anneau de Dedekind qui n'est pas un corps et où $d_R = d_S$. Puisque R/S est de torsion, on a un isomorphisme de A-modules

$$R/S \simeq \bigoplus_{\mathfrak{p}\in\mathrm{Max}(A)} A_{\mathfrak{p}} \otimes_A (R/S), \qquad (1.3.2.2)$$

où $\mathrm{Max}(A)$ est le spectre maximal de A (voir [7, §4, n°10, Proposition 23, p. 79]). Pour tout $\mathfrak{p} \in \mathrm{Max}(A)$, $A_{\mathfrak{p}}$ est un A-module plat, et en particulier

$$\# (A_{\mathfrak{p}} \otimes_A (R/S)) = [A_{\mathfrak{p}} \otimes_A R : A_{\mathfrak{p}} \otimes_A S].$$

D'autre part les morphismes canoniques de $A_{\mathfrak{p}}$-modules $A_{\mathfrak{p}} \otimes_A R \to A_{\mathfrak{p}} R$ et $A_{\mathfrak{p}} \otimes_A S \to A_{\mathfrak{p}} S$ sont des isomorphismes (la surjectivité est triviale, et tous ces $A_{\mathfrak{p}}$-modules sont libres de rang d_R). De (1.3.2.2) on déduit alors

$$[R:S] = \prod_{\mathfrak{p} \in \mathrm{Max}(A)} [A_{\mathfrak{p}} R : A_{\mathfrak{p}} S].\qquad(1.3.2.3)$$

D'après le troisième cas on a alors

$$[R:S] = \prod_{\mathfrak{p} \in \mathrm{Max}(A)} \left[A_{\mathfrak{p}} : [A_{\mathfrak{p}} R : A_{\mathfrak{p}} S]_{A_{\mathfrak{p}}} \right].$$

De la proposition 1.2.4.1 on déduit

$$[R:S] = \prod_{\mathfrak{p} \in \mathrm{Max}(A)} \left[A_{\mathfrak{p}} : A_{\mathfrak{p}} [R:S]_A \right].\qquad(1.3.2.4)$$

D'autre part on a un isomorphisme de A-modules

$$A/[R:S]_A \simeq \prod_{\mathfrak{p} \in \mathrm{Max}(A)} \left(A_{\mathfrak{p}}/A_{\mathfrak{p}} [R:S]_A \right).\qquad(1.3.2.5)$$

On déduit donc de (1.3.2.4) et (1.3.2.5) que

$$[R:S] = \left[A : [R:S]_A \right].$$

$\square$

Corollaire 1.3.2.2 *Soient R et S deux A-réseaux non nuls de V, tels que $S \subseteq R$ et $d_R = d_S$. On suppose que $A = \mathcal{S}^{-1}\mathbb{Z}$, où $\mathcal{S}$ est une partie multiplicative de $\mathbb{Z}$ qui ne contient pas 0. Alors on a*
$$[R:S]_A = [R:S]\, A.$$

DÉMONSTRATION. On remarque d'abord que pour tout idéal non nul $\mathfrak{a}$ de A, on a $[A:\mathfrak{a}]\, A = \mathfrak{a}$. En particulier, on a

$$[R:S]_A = [A : [R:S]_A]\, A.\qquad(1.3.2.6)$$

Une application directe de la proposition 1.3.2.1 donne ensuite

$$[R:S]_A = [R:S]\, A.$$

On peut aussi déduire le corollaire 1.3.2.2 du théorème 1.3.1.1 et de la proposition A.3.6.5. $\square$

1.3.3 Module-indice et indice généralisé de Sinnott.

Soient R et S deux A-réseaux non nuls de V. On suppose que $KR = KS = V$ (donc $d_R = d_S$). On suppose aussi que l'on est dans un des cas suivants :
  – (i) $A = \mathbb{Z}$, $K = \mathbb{Q}$ ou $K = \mathbb{R}$.
  – (ii) $A = \mathbb{Z}_p$ avec p un nombre premier, et $K = \mathbb{Q}_p$.

Sous ces conditions, W. Sinnott a défini dans [56] un indice généralisé $(R : S)$ de la façon suivante. Il existe un automorphisme u du K-espace vectoriel V tel que $u(R) = S$. On pose alors

$$(R : S) = \begin{cases} |\det(u)| & \text{dans le cas} \quad \text{(i)}, \\ p^{v(\det(u))} & \text{dans le cas} \quad \text{(ii)}, \end{cases}$$

où v est la valuation normalisée sur $\mathbb{Q}_p$.

Proposition 1.3.3.1 $[R : S]_A = A\,(R : S)$.

DÉMONSTRATION. C'est un corollaire immédiat de la proposition 1.2.1.5. $\qquad\square$

1.3.4 Modules-indices et invariants relatifs.

Soient R et S deux A-réseaux non nuls de V. On suppose que K est le corps des fractions de A, et que $KR = KS = V$ (donc $d_R = d_S$). Sous ces conditions, Bourbaki définit l'invariant relatif $\chi\,(S, R)$ de S et R, de la façon suivante. Pour tout choix d'une K-base de V, on a un isomorphisme canonique $\overset{d_R}{\wedge} V \simeq K$. Via cet isomorphisme, l'image canonique de R^{d_R} dans $\overset{d_R}{\wedge} V$ est identifiée à un idéal fractionnaire non nul $\mathfrak{a}$ de A. De même, l'image canonique de S^{d_R} dans $\overset{d_R}{\wedge} V$ est identifiée à un idéal fractionnaire non nul $\mathfrak{b}$ de A. L'invariant relatif de S et R est alors défini par $\mathfrak{b}\mathfrak{a}^{-1}$. Il ne dépend pas du choix de la K-base de V. Nous utilisons une notation multiplicative pour l'invariant relatif, contrairement à la notation additive habituellement employée, car c'est plus adapté à notre situation. Nous référons le lecteur à [7, §4, n°6] pour plus de détails et pour les propriétés de l'invariant relatif. Nous mentionnons seulement les deux propriétés suivantes :
- (i) Si H, I, et J sont trois A-réseaux de V, tels que $d_H = d_I = d_J = d_R$, alors $\chi\,(H, J) = \chi\,(H, I)\,\chi\,(I, J)$ (voir [7, §4, n°6]).
- (ii) Si H et I sont deux A-réseaux de V, tels que $d_H = d_I = d_R$, et si u est un automorphisme du K-espace vectoriel V tel que $u(H) = I$, alors $\chi(I, H) = A\det(u)$ (voir [7, §4, n°6, Proposition 13]).

La proposition suivante montre que les invariants relatifs sont un cas particulier des modules-indices.

Proposition 1.3.4.1 $\chi(S, R) = [R : S]_A$.

DÉMONSTRATION. On pose $M := \overset{d_R-1}{\underset{i=0}{\oplus}} Ab_{R,i}$. L'image canonique de M^{d_R} dans $\overset{d_R}{\wedge} V$ est le A-module librement engendré par $b_{R,0} \wedge \cdots \wedge b_{R,d_R-1}$. L'image canonique de R^{d_R} dans $\overset{d_R}{\wedge} V$ est $\mathfrak{m}_R b_{R,0} \wedge \cdots \wedge b_{R,d_R-1}$. Donc

$$\chi\,(M, R) = \mathfrak{m}_R^{-1}. \tag{1.3.4.1}$$

On pose $N := \overset{d_R-1}{\underset{i=0}{\oplus}} Ab_{S,i}$. Procédant de la même façon que précédemment, on obtient

$$\chi\,(S, N) = \mathfrak{m}_S. \tag{1.3.4.2}$$

Soit u l'unique automorphisme du K-espace vectoriel V tel que pour tout $i \in \{0, ..., d_R\}$, $u\,(b_{R,i}) = b_{S,i}$. D'après la propriété (ii) des invariants relatifs, on a

$$\chi\,(N, M) = A\det(u) = A\det_{B_S, B_R}(\mathrm{Id}_V)\det_{B_R, B_S}(u) = A\det_{B_S, B_R}(\mathrm{Id}_V). \tag{1.3.4.3}$$

D'après la propriété (i) des invariants relatifs, on a

$$\chi(S, R) = \chi(S, N)\chi(N, M)\chi(M, R).$$ (1.3.4.4)

Compte tenu de (1.3.4.2), (1.3.4.3), et (1.3.4.1), on déduit de (1.3.4.4) que

$$\chi(S, R) = \mathfrak{m}_S \mathfrak{m}_R^{-1} \det_{B_S, B_R}(\mathrm{Id}_V).$$ (1.3.4.5)

De (1.3.4.5) et de la proposition-définition 1.2.1.1, (iii), on déduit alors

$$\chi(S, R) = [R : S]_A.$$

□

1.3.5 Les modules index de Fröhlich.

Soient R et S deux A-réseaux non nuls de V. On suppose que K est le corps des fractions de A, et que $KR = KS = V$ (donc $d_R = d_S$). Sous ces conditions, Frölich définit dans [15, 3, p. 10] un module index de la façon suivante. Pour tout idéal maximal $\mathfrak{p}$ de A, $A_\mathfrak{p}$ étant le localisé de A en $\mathfrak{p}$, les sous-$A_\mathfrak{p}$-modules $A_\mathfrak{p}R$ et $A_\mathfrak{p}S$ de V respectivement engendrés par R et S sont libres (et isomorphes). Il existe alors un automorphisme $u_\mathfrak{p}$ du K-espace vectoriel V tel que $u_\mathfrak{p}$ se restreint en un isomorphisme de $A_\mathfrak{p}$-modules de $A_\mathfrak{p}M$ vers $A_\mathfrak{p}N$. Le module index de R et S est par définition l'unique idéal fractionnaire $[R : S]_A'$ tel que pour tout idéal maximal $\mathfrak{p}$ de A, $A_\mathfrak{p}[R : S]_A' = A_\mathfrak{p}\det(u_\mathfrak{p})$. Nous référons le lecteur à [15] pour vérifier qu'un tel idéal fractionnaire existe et ne dépend pas du choix des $u_\mathfrak{p}$.

La proposition suivante montre que les modules index sont un cas particulier des modules-indices.

Proposition 1.3.5.1 $[R : S]_A' = [R : S]_A.$

DÉMONSTRATION. Soit $\mathfrak{p}$ un idéal maximal de A. D'après la proposition 1.2.4.1 et la proposition 1.2.1.5, on a

$$A_\mathfrak{p}[R : S]_A = [A_\mathfrak{p}R : A_\mathfrak{p}S]_{A_\mathfrak{p}} = A_\mathfrak{p}\det(u_\mathfrak{p}).$$

Par unicité de $[R : S]_A'$, on déduit la proposition. □

Chapitre 2

Une version faible de la conjecture de Gras.

2.1 Notations, conventions.

Dans ce chapitre, on fixe un corps global k de caractéristique ρ. Si $\rho = 0$ on suppose que k est un corps quadratique imaginaire. Pour toute place ultramétrique $\mathfrak{p}$ d'un corps global, on note $v_\mathfrak{p}$ la valuation normalisée en $\mathfrak{p}$. Si $\rho = 0$, on note $\mathcal{O}_k$ l'anneau des entiers de k, c'est-à-dire la fermeture intégrale de $\mathbb{Z}$ dans k. Si $\rho \neq 0$, on fixe une place ∞ de k, et on note $\mathcal{O}_k$ l'anneau des $x \in k$ tels que $0 \leq v_\mathfrak{p}(x)$ pour toute place $\mathfrak{p} \neq \infty$ de k. On prolonge arbitrairement ∞ à une clôture algébrique k^{alg} de k.

Pour toute extension abélienne K/k de degré fini, on note $\mathcal{O}_K$ la fermeture intégrale de $\mathcal{O}_k$ dans K. Il est bien connu que $\mathcal{O}_K$ est un anneau de Dedekind, dont le groupe des classes $\mathrm{Cl}\,(\mathcal{O}_K)$ est fini. On fixe maintenant K. On pose

$$G := \mathrm{Gal}\,(K/k), \quad g := [K : k], \quad \text{et} \quad \mathbb{Z}_{\langle g \rangle} := \mathbb{Z}\left[g^{-1}\right].$$

Pour tout caractère rationnel irréductible ψ de G et tout $\mathbb{Z}_{\langle g \rangle}$-module M, on note M_ψ la ψ-partie de M, définie par

$$M_\psi := e_\psi M,$$

où $e_\psi := g^{-1} \sum_{\sigma \in G} \psi(\sigma) \sigma^{-1}$ est l'idempotent attaché à ψ. Dans ce chapitre, nous démontrons pour tout caractère irréductible rationnel ψ de G l'égalité

$$\# \left(\mathbb{Z}_{\langle g \rangle} \otimes_\mathbb{Z} \left(\mathcal{O}_K^\times / \mathrm{St}_K\right)\right)_\psi = \# \left(\mathbb{Z}_{\langle g \rangle} \otimes_\mathbb{Z} \mathrm{Cl}\,(\mathcal{O}_K)\right)_\psi, \qquad (2.1.0.1)$$

où $\mathcal{O}_K^\times$ est le groupe des unités de $\mathcal{O}_K$ et St_K est un groupe d'unités de Stark que nous allons définir dans la section suivante. Ce résultat peut être interprété comme une version faible de la conjecture de Gras. La méthode que nous présentons pour démontrer $(2.1.0.1)$ est celle que nous avons utilisé dans [60]. Elle repose sur l'utilisation des modules-indices.

2.2 Groupes d'unités de Stark.

2.2.1 Fonctions L d'Artin.

Pour tout idéal $\mathfrak{m} \neq (0)$ de $\mathcal{O}_k$, on note $\mathrm{N}(\mathfrak{m})$ le cardinal de $\mathcal{O}_k/\mathfrak{m}$, et $\mathrm{H}_\mathfrak{m}$ le corps de rayons de k modulo $\mathfrak{m}$ totalement décomposé en ∞. Le corps de classes de Hilbert $\mathrm{H}_{(1)}$

est simplement noté H. Pour toute extension abélienne L/k non ramifiée en les idéaux maximaux divisant $\mathfrak{m}$, on note $(\mathfrak{m}, L/k)$ l'automorphisme d'Artin défini par $\mathfrak{m}$.

Pour tout caractère complexe irréductible χ de $\operatorname{Gal}(H_\mathfrak{m}/k)$, on note $s \mapsto L_\mathfrak{m}(s, \chi)$ la fonction L d'Artin associée à χ. Elle est définie pour les nombres complexes s tels que $\operatorname{Re}(s) > 1$ par le produit Eulérien

$$L_\mathfrak{m}(s, \chi) := \prod_{\mathfrak{p} \nmid \mathfrak{m}} \left(1 - \chi(\mathfrak{p}, H_\mathfrak{m}/k) \operatorname{N}(\mathfrak{p})^{-s}\right)^{-1},$$

où le produit est sur toutes les places ultramétriques $\mathfrak{p}$ de k qui ne divisent pas $\mathfrak{m}$. Cette fonction L est ensuite méromorphiquement prolongée au plan complexe. On note $\mathfrak{f}_\chi$ le conducteur de χ, c'est-à-dire le conducteur du sous-corps de $H_\mathfrak{m}$ fixé par $\operatorname{Ker}(\chi)$.

Supposons d'abord que χ n'est pas trivial. Alors $L_\mathfrak{m}(\cdot, \chi)$ est holomorphe sur $\mathbb{C}$. Notons S_χ l'ensemble des idéaux maximaux $\mathfrak{p}$ de $\mathcal{O}_k$ tels que $\mathfrak{p}|\mathfrak{m}$, $\mathfrak{p} \nmid \mathfrak{f}_\chi$, et $\chi(\sigma) = 1$ pour tout prolongement σ de $(\mathfrak{p}, H_{\mathfrak{f}_\chi}/k)$ à $H_\mathfrak{m}$. Dans le cas quadratique imaginaire, $L_\mathfrak{m}(\cdot, \chi)$ a un zéro en 0 d'ordre $1 + \#S_\chi$. Dans le cas où $\rho \neq 0$, $L_\mathfrak{m}(\cdot, \chi)$ a un zéro en 0 si et seulement si $\#S_\chi \neq \varnothing$, auquel cas l'ordre de ce zéro est $\#S_\chi$.

Supposons que χ est trivial [1]. Si $\rho = 0$ ou si $\mathfrak{m} \neq (1)$, alors $L_\mathfrak{m}(\cdot, \chi)$ est holomorphe partout sauf en 1 ou elle a un pôle simple. Dans le cas où $\rho \neq 0$ et $\mathfrak{m} = (1)$, $L_\mathfrak{m}(\cdot, \chi)$ est holomorphe partout sauf en 1 et en 0 ou elle a des pôles simples. Dans le cas quadratique imaginaire, $L_\mathfrak{m}(\cdot, \chi)$ a un zéro en 0 si et seulement si $\mathfrak{m} \neq (1)$, auquel cas l'ordre de ce zéro est égal au nombre d'idéaux maximaux de $\mathcal{O}_k$ divisant $\mathfrak{m}$. Dans le cas où $\rho \neq 0$, $L_\mathfrak{m}(\cdot, \chi)$ a un pôle simple si $\mathfrak{m} = (1)$, $L_\mathfrak{m}(0, \chi) \in \mathbb{C}^*$ si $\mathfrak{m}$ est divisible par un unique idéal maximal de $\mathcal{O}_k$, et si $\mathfrak{m}$ est divisible par exactement n idéaux maximaux de $\mathcal{O}_k$, avec $2 \leq n$, alors $L_\mathfrak{m}(\cdot, \chi)$ a en 0 un zéro d'ordre $n - 1$.

2.2.2 La conjecture de Stark.

Selon la version abélienne de la conjecture de Stark, vérifiée par H. M. Stark dans [57] pour k quadratique imaginaire, et prouvée par P. Deligne dans [58] et par D. R. Hayes dans [21] en caractéristique non nulle, il existe pour tout idéal $\mathfrak{m} \notin \{(0), (1)\}$ de $\mathcal{O}_k$ un élément $\varepsilon_\mathfrak{m} \in H_\mathfrak{m}$, unique modulo $\mu(H_\mathfrak{m})$, tel que :

(i) L'extension $H_\mathfrak{m}\left(\varepsilon_\mathfrak{m}^{1/e_\mathfrak{m}}\right)/k$ est abélienne, où $e_\mathfrak{m}$ est le nombre de racines de l'unité dans $H_\mathfrak{m}$ (remarquons que $e_\mathfrak{m} := \operatorname{N}(\infty) - 1$ si $\rho \neq 0$).

(ii) Si $\mathfrak{m}$ est divisible par deux idéaux premiers distincts alors $\varepsilon_\mathfrak{m}$ est une unité de $\mathcal{O}_{H_\mathfrak{m}}$. Si $\mathfrak{m} = \mathfrak{q}^e$, où $\mathfrak{q}$ est un idéal premier de $\mathcal{O}_k$ et $e \in \mathbb{N}^*$, alors

$$\varepsilon_\mathfrak{m} \mathcal{O}_{H_\mathfrak{m}} = (\mathfrak{q})_\mathfrak{m}^{e_\mathfrak{m}/e_k},$$

où $e_k := \#(\mu(k))$ et où $(\mathfrak{q})_\mathfrak{m}$ est le produit des idéaux premiers de $\mathcal{O}_{H_\mathfrak{m}}$ au-dessus de $\mathfrak{q}$.

(iii) Pour tout caractère complexe irréductible χ de $\operatorname{Gal}(H_\mathfrak{m}/k)$, on a

$$\frac{1}{e_\mathfrak{m}} \sum_{\sigma \in \operatorname{Gal}(H_\mathfrak{m}/k)} \chi(\sigma) v_\infty\left(\varepsilon_\mathfrak{m}^\sigma\right) = \begin{cases} L'_\mathfrak{m}(0, \chi) & \text{si} \quad \rho = 0, \\ L_\mathfrak{m}(0, \chi) & \text{si} \quad \rho \neq 0, \end{cases} \tag{2.2.2.1}$$

où dans le cas quadratique imaginaire on pose $v_\infty(z) := -\ln(z\bar{z})$ pour tout $z \in \mathbb{C}$.

---

1. Dans ce cas $L_\mathfrak{m}(\cdot, \chi)$ ne diffère de la fonction zêta de Dedekind qu'à quelques facteurs eulériens près.

2.2.3 Définition du groupe d'unités de Stark.

Pour toute extension abélienne L de k, on note $\mathcal{J}_L$ l'annulateur du $\mathbb{Z}\left[\mathrm{Gal}(L/k)\right]$-module $\mu(L)$.

Lemme 2.2.3.1 *Soit* $\mathfrak{m} \notin \{(0),(1)\}$ *un idéal de* $\mathcal{O}_k$. *Pour tout* $\eta \in \mathcal{J}_{\mathrm{H_m}}$ *il existe* $\varepsilon_{\mathfrak{m}}(\eta) \in \mathrm{H_m}$ *tel que* $\varepsilon_{\mathfrak{m}}(\eta)^{e_{\mathfrak{m}}} = \varepsilon_{\mathfrak{m}}^{\eta}$.

DÉMONSTRATION. D'après [58, IV, Lemme 1.1] (ou [21, Lemma 2.5] si $\rho \neq 0$) $\mathcal{J}_{\mathrm{H_m}}$ est l'idéal engendré par les éléments $\mathrm{N}(\mathfrak{q}) - (\mathfrak{q}, \mathrm{H_m}/k)$, où $\mathfrak{q}$ est un idéal maximal de $\mathcal{O}_k$, ne divisant pas $\mathfrak{m}$ si $\rho \neq 0$, et ne divisant pas $e_{\mathfrak{m}}\mathfrak{m}$ si $\rho = 0$. On est donc réduit à prouver le lemme pour un tel élément $\eta := \mathrm{N}(\mathfrak{q}) - (\mathfrak{q}, \mathrm{H_m}/k)$. Soit $\tilde{\varepsilon}_{\mathfrak{m}} \in k^{\mathrm{alg}}$ une racine $e_{\mathfrak{m}}$-ième de $\varepsilon_{\mathfrak{m}}$. D'après la propriété (i) des unités de Stark, $\mathrm{H_m}(\tilde{\varepsilon}_{\mathfrak{m}})$ est abélienne sur k. Soit σ un prolongement de $(\mathfrak{q}, \mathrm{H_m}/k)$ à $\mathrm{H_m}(\tilde{\varepsilon}_{\mathfrak{m}})$. Alors $\tilde{\varepsilon}_{\mathfrak{m}}^{\mathrm{N}(\mathfrak{q})-\sigma}$ est une racine $e_{\mathfrak{m}}$-ième de $\varepsilon_{\mathfrak{m}}^{\eta}$. Il suffit donc de montrer $\tilde{\varepsilon}_{\mathfrak{m}}^{\mathrm{N}(\mathfrak{q})-\sigma} \in \mathrm{H_m}$. Soit $\gamma \in \mathrm{Gal}\left(\mathrm{H_m}(\tilde{\varepsilon}_{\mathfrak{m}})/\mathrm{H_m}\right)$. Il existe une racine $e_{\mathfrak{m}}$-ième de l'unité $\zeta \in \mathrm{H_m}$ telle que $\tilde{\varepsilon}_{\mathfrak{m}}^{\gamma} = \zeta \tilde{\varepsilon}_{\mathfrak{m}}$. Alors

$$\left(\tilde{\varepsilon}_{\mathfrak{m}}^{\mathrm{N}(\mathfrak{q})-\sigma}\right)^{\gamma} = \left(\tilde{\varepsilon}_{\mathfrak{m}}^{\gamma}\right)^{\mathrm{N}(\mathfrak{q})-\sigma} = \left(\zeta \tilde{\varepsilon}_{\mathfrak{m}}\right)^{\mathrm{N}(\mathfrak{q})-\sigma} = \tilde{\varepsilon}_{\mathfrak{m}}^{\mathrm{N}(\mathfrak{q})-\sigma},$$

ce qui prouve que $\tilde{\varepsilon}_{\mathfrak{m}}^{\mathrm{N}(\mathfrak{q})-\sigma} \in \mathrm{H_m}$. $\qquad\square$

Définition 2.2.3.2 *Soit* $\mathcal{P}_K$ *le sous-groupe de* $K^{\times}$ *engendré par* $\mu(K)$ *et par toutes les normes*

$$\mathrm{N}_{\mathrm{H_m}/\mathrm{H_m} \cap K}\left(\varepsilon_{\mathfrak{m}}(\eta)\right),$$

où $\mathfrak{m} \notin \{(0),(1)\}$ *est un idéal de* $\mathcal{O}_k$, *et* $\eta \in \mathcal{J}_{\mathrm{H_m}}$. *Nous définissons le groupe d'unités de Stark*

$$\mathrm{St}_K := \mathcal{P}_K \cap \mathcal{O}_K^{\times}.$$

2.2.4 Unités elliptiques et unités de Stark.

Dans cette sous-section, on se place dans le cas où k est un corps quadratique imaginaire. Pour L et L' deux $\mathbb{Z}$-réseaux (au sens classique) de $\mathbb{C}$ tels que $L \subseteq L'$ et $[L' : L]$ est premier à 6, on note $z \mapsto \psi(z; L, L')$ la fonction elliptique définie dans [48]. Pour $\mathfrak{m}$ un idéal propre non nul de $\mathcal{O}_k$, et $\mathfrak{a}$ un idéal non nul de $\mathcal{O}_k$ premier à $6\mathfrak{m}$, G. Robert a prouvé que $\psi\left(1; \mathfrak{m}, \mathfrak{a}^{-1}\mathfrak{m}\right) \in \mathrm{H_m}$. Plus précisément, si on note $\mathrm{supp}(\mathfrak{m})$ l'ensemble des idéaux maximaux divisant $\mathfrak{m}$, alors d'après [47, Corollaire 1.3, (iv)] on a

$$\psi\left(1; \mathfrak{m}, \mathfrak{a}^{-1}\mathfrak{m}\right)\mathcal{O}_{\mathrm{H_m}} = \begin{cases} (1) & \text{si } 2 \leq \#(\mathrm{supp}(\mathfrak{m})), \\ (\mathfrak{q})_{\mathfrak{m}}^{w_{\mathfrak{m}}(\mathrm{N}(\mathfrak{a})-1)/e_k} & \text{si } \mathrm{supp}(\mathfrak{m}) = \{\mathfrak{q}\}, \end{cases} \tag{2.2.4.1}$$

où $w_{\mathfrak{m}}$ est le nombre de racines de l'unité dans k qui sont congruentes à 1 modulo $\mathfrak{m}$. Pour un idéal maximal $\mathfrak{q}$ de $\mathcal{O}_k$, si $\mathfrak{a}$ est premier à $6\mathfrak{m}\mathfrak{q}$, alors d'après [47, Théorème 4] on a

$$\mathrm{N}_{\mathrm{H_{mq}}/\mathrm{H_m}}\left(\psi\left(1; \mathfrak{m}\mathfrak{q}, \mathfrak{a}^{-1}\mathfrak{m}\mathfrak{q}\right)\right)^{w_{\mathfrak{m}}/w_{\mathfrak{m}\mathfrak{q}}} = \begin{cases} \psi\left(1; \mathfrak{m}, \mathfrak{a}^{-1}\mathfrak{m}\right)^{1-(\mathfrak{q},\mathrm{H_m}/k)^{-1}} & \text{si } \mathfrak{q} \nmid \mathfrak{m}, \\ \psi\left(1; \mathfrak{m}, \mathfrak{a}^{-1}\mathfrak{m}\right) & \text{si } \mathfrak{q} \mid \mathfrak{m}. \end{cases} \tag{2.2.4.2}$$

où $(\mathfrak{q}, \mathrm{H_m}/k)$ est le Fröbenius de $\mathfrak{q}$ dans $\mathrm{H_m}/k$.

De plus si $\mathfrak{q} \nmid \mathfrak{m}$, d'après [47, Corollaire 1.3, (v-1)] on a

$$\psi\left(1; \mathfrak{mq}, \mathfrak{a}^{-1}\mathfrak{mq}\right) \equiv \psi\left(1; \mathfrak{m}, \mathfrak{a}^{-1}\mathfrak{m}\right)^{\left(\mathfrak{q}, H_\mathfrak{m}/k\right)^{-1}} \quad \mathrm{mod} \quad (\mathfrak{q})_\mathfrak{mq}, \tag{2.2.4.3}$$

où $(\mathfrak{q})_\mathfrak{mq}$ est le produit des ideaux premiers dans $\mathcal{O}_{H_\mathfrak{mq}}$ au-dessus de $\mathfrak{q}$.

D'après [58, Chapitre IV, §1, Lemme 1.1], il existe un ensemble fini $\mathcal{R}_\mathfrak{m}$ d'idéaux maximaux de $\mathcal{O}_k$, et une famille $(n_\mathfrak{r})_{\mathfrak{r} \in \mathcal{R}_\mathfrak{m}} \in \mathbb{Z}^{\mathcal{R}_\mathfrak{m}}$, tels que :
- Tout idéal maximal $\mathfrak{r} \in \mathcal{R}_\mathfrak{m}$ est totalement décomposé dans $H_\mathfrak{m}$ et premier à $6e_\mathfrak{m}\mathfrak{m}$.
- $e_\mathfrak{m} = \displaystyle\sum_{\mathfrak{r} \in \mathcal{R}_\mathfrak{m}} n_\mathfrak{r} \left(\mathrm{N}(\mathfrak{r}) - 1\right).$

Soit $\mathfrak{m}'$ un idéal de $\mathcal{O}_k$ tel que $\mathrm{supp}(\mathfrak{m}') = \mathrm{supp}(\mathfrak{m})$ et $w_{\mathfrak{m}'} = 1$. Alors d'après [47, Théorème 6], l'élément

$$\varepsilon_\mathfrak{m} := \prod_{\mathfrak{r} \in \mathcal{R}_\mathfrak{m}} \mathrm{N}_{H_{\mathfrak{m}'}/H_\mathfrak{m}} \left(\psi\left(1; \mathfrak{m}', \mathfrak{r}^{-1}\mathfrak{m}'\right)\right)^{n_\mathfrak{r}},$$

qui ne dépend pas du choix de $\mathfrak{m}'$, vérifie la conjecture de Stark de la sous-section 2.2.2.

Notons $\varphi_\mathfrak{m}(1)$ l'invariant de Robert-Ramachandra, défini par exemple dans [46, p. 15] ou [47, (8.1)]. Pour tout idéal non nul $\mathfrak{a}$ de $\mathcal{O}_k$ premier à $6\mathfrak{m}$, on a d'après [47, Corollaire 1.3, (iii)] la relation

$$\psi\left(1; \mathfrak{m}, \mathfrak{a}^{-1}\mathfrak{m}\right)^{12m} = \varphi_\mathfrak{m}(1)^{\mathrm{N}(\mathfrak{a}) - (\mathfrak{a}, H_\mathfrak{m}/k)}, \tag{2.2.4.4}$$

où m est l'unique générateur positif de $\mathfrak{m} \cap \mathbb{Z}$. D'après [47, (8.5)], on a aussi

$$\varepsilon_\mathfrak{m}^{12m'} = \mathrm{N}_{H_{\mathfrak{m}'}/H_\mathfrak{m}} \left(\varphi_{\mathfrak{m}'}(1)\right)^{e_\mathfrak{m}}, \tag{2.2.4.5}$$

où $\mathfrak{m}'$ est un idéal de $\mathcal{O}_k$ tel que $\mathrm{supp}(\mathfrak{m}') = \mathrm{supp}(\mathfrak{m})$ et $w_{\mathfrak{m}'} = 1$, et m' est l'unique générateur positif de $\mathfrak{m}' \cap \mathbb{Z}$.

Proposition 2.2.4.1 *Le $\mathbb{Z}[G]$-module $\mathcal{P}_K$ est engendré, en tant que groupe, par $\mu(K)$ et par toutes les normes*

$$\mathrm{N}_{H_\mathfrak{m}/H_\mathfrak{m} \cap K} \left(\psi\left(1; \mathfrak{m}, \mathfrak{a}^{-1}\mathfrak{m}\right)\right),$$

où $\mathfrak{m} \notin \{(0), (1)\}$ est un idéal de $\mathcal{O}_k$ et $\mathfrak{a}$ est un idéal non nul de $\mathcal{O}_k$ premier à $6\mathfrak{m}$.

DÉMONSTRATION. On note $\mathcal{P}'_K$ le sous-groupe de $K^\times$ engendré par $\mu(K)$ et par toutes les normes

$$\mathrm{N}_{H_\mathfrak{m}/H_\mathfrak{m} \cap K} \left(\psi\left(1; \mathfrak{m}, \mathfrak{a}^{-1}\mathfrak{m}\right)\right),$$

où $\mathfrak{m} \notin \{(0), (1)\}$ est un idéal de $\mathcal{O}_k$ et $\mathfrak{a}$ est un idéal non nul de $\mathcal{O}_k$ premier à $6\mathfrak{m}$. D'après (2.2.4.2) $\mathcal{P}'_K$ est un sous-$\mathbb{Z}[G]$-module de $K^\times$.

Soit $\mathfrak{m} \notin \{(0), (1)\}$ un idéal de $\mathcal{O}_k$, et soit $\mathfrak{m}'$ un idéal de $\mathcal{O}_k$ tel que $\mathrm{supp}(\mathfrak{m}') = \mathrm{supp}(\mathfrak{m})$ et $w_{\mathfrak{m}'} = 1$. Soit $\mathfrak{a}$ un idéal non nul premier à $6\mathfrak{m}$. On pose $\eta(\mathfrak{a}) := \mathrm{N}(\mathfrak{a}) - (\mathfrak{a}, H_{\mathfrak{m}'}/k)$ D'après (2.2.4.5) on a

$$\varepsilon_\mathfrak{m} \left(\eta\left(\mathfrak{a}\right)\right)^{12m'e_\mathfrak{m}} = \mathrm{N}_{H_{\mathfrak{m}'}/H_\mathfrak{m}} \left(\varphi_{\mathfrak{m}'}(1)\right)^{e_\mathfrak{m}\eta(\mathfrak{a})}, \tag{2.2.4.6}$$

où m' est l'unique générateur positif de $\mathfrak{m}' \cap \mathbb{Z}$. De (2.2.4.6) et (2.2.4.4) on déduit

$$\varepsilon_\mathfrak{m} \left(\eta\left(\mathfrak{a}\right)\right)^{12m'e_\mathfrak{m}} = \mathrm{N}_{H_{\mathfrak{m}'}/H_\mathfrak{m}} \left(\psi\left(1; \mathfrak{m}', \mathfrak{a}^{-1}\mathfrak{m}'\right)\right)^{12m'e_\mathfrak{m}}. \tag{2.2.4.7}$$

18

Puisque $\mu(K) \subset \mathcal{P}'_K$, et que le $\mathbb{Z}[G]$-module $\mathcal{P}_K$ est engendré par les éléments de la forme $N_{H_m/H_m \cap K}(\varepsilon_m(\eta(\mathfrak{a})))$, on déduit de (2.2.4.7) que $\mathcal{P}_K \subseteq \mathcal{P}'_K$. D'autre part, de (2.2.4.2) on déduit

$$N_{H_{m'}/H_m}\left(\psi\left(1; \mathfrak{m}', \mathfrak{a}^{-1}\mathfrak{m}'\right)\right)^{w_m} = \psi\left(1; \mathfrak{m}, \mathfrak{a}^{-1}\mathfrak{m}\right). \tag{2.2.4.8}$$

Puisque $\mu(K) \subset \mathcal{P}_K$, on déduit de (2.2.4.7) et (2.2.4.8) que $\mathcal{P}'_K \subseteq \mathcal{P}_K$. D'où $\mathcal{P}_K = \mathcal{P}'_K$. $\square$

Remarque 2.2.4.2 *Reprenant la fin de la démonstration de la proposition 2.2.4.1, on voit que le groupe $\mathcal{P}_K$ est engendré par toutes les normes*

$$N_{H_m/H_m \cap K}\left(\psi\left(1; \mathfrak{m}, \mathfrak{a}^{-1}\mathfrak{m}\right)\right),$$

où $\mathfrak{m} \notin \{(0), (1)\}$ est un idéal de $\mathcal{O}_k$ vérifiant $w_\mathfrak{m} = 1$ et $\mathfrak{a}$ est un idéal non nul de $\mathcal{O}_k$ premier à $6\mathfrak{m}$.

Alternativement, le groupe $\mathcal{P}_K$ est engendré par toutes les racines $w_\mathfrak{m}$-ièmes des normes

$$N_{H_m/H_m \cap K}\left(\psi\left(1; \mathfrak{m}, \mathfrak{a}^{-1}\mathfrak{m}\right)\right),$$

où $\mathfrak{m} \notin \{(0), (1)\}$ est un idéal de $\mathcal{O}_k$ et $\mathfrak{a}$ est un idéal non nul de $\mathcal{O}_k$ premier à $6\mathfrak{m}$.

2.2.5 Modules de Drinfel'd et unités de Stark.

Les faits exposés ici ne sont utilisés que dans la section 3.4.1, dont l'objectif est la preuve du théorème 3.4.1.6, sur l'existence de systèmes d'Euler « initialisés » en des unités de Stark.

Dans cette sous-section, on se place dans le cas $\rho \neq 0$, et on rappelle brièvement la construction d'unités de Stark par la méthode de D. Hayes dans [21]. Parmi les références générales sur les modules de Drinfel'd, citons [22] et [17].

Soit $\mathbb{C}_\infty$ une complétion d'une clôture algébrique du complété k_∞ de k en la place ∞. On note q la puissance de ρ telle que le corps des constantes de k est $\mathbb{F}_q$. Soit $\mathbb{C}_\infty\{F\}$ la $\mathbb{F}_q$-algèbre tordue des polynômes à coefficients dans $\mathbb{C}_\infty$. Ses éléments sont les polynômes en F, avec pour règle de commutativité $Fx = x^q F$ pour tout $x \in \mathbb{C}_\infty$. Soit $D : \mathbb{C}_\infty\{F\} \to \mathbb{C}_\infty$ le morphisme de $\mathbb{F}_q$-algèbres qui à un polynôme tordu associe son terme constant.

Nous rappelons qu'un module de Drinfel'd (sur $\mathbb{C}_\infty$) est un morphisme de $\mathbb{F}_q$-algèbres $\phi : \mathcal{O}_k \to \mathbb{C}_\infty\{F\}$ vérifiant les deux conditions suivantes :
- Pour tout $x \in \mathcal{O}_k$, $D(\phi_x) = x$.
- Il existe $x \in \mathcal{O}_k$ vérifiant $\phi_x \neq x$ dans $\mathbb{C}_\infty\{F\}$.

Pour $x \in \mathcal{O}_k$, si $\phi_x = \sum_{n=0}^{m} a_n F^n$, alors pour tout $z \in \mathbb{C}_\infty$, on pose

$$\phi_x(z) := \sum_{n=0}^{m} a_n z^{q^n}.$$

L'ensemble $\mathbb{C}_\infty$, muni de l'addition usuelle, et de l'application

$$\mathcal{O}_k \times \mathbb{C}_\infty \longrightarrow \mathbb{C}_\infty, \quad (a, z) \longmapsto \phi_a(z),$$

est un $\mathcal{O}_k$-module, que nous notons $\mathbb{C}_{\infty,\phi}$. L'anneau $\mathbb{C}_\infty\{F\}$ est principal à gauche. Il en résulte que pour tout idéal non nul $\mathfrak{a}$ de $\mathcal{O}_k$, l'idéal à gauche de $\mathbb{C}_\infty\{F\}$ engendré par les ϕ_a, $a \in \mathfrak{a}$, est engendré par un unique polynôme tordu unitaire, que l'on note $\phi_\mathfrak{a}$. Pour tout idéal $\mathfrak{a}$ de $\mathcal{O}_k$, l'ensemble

$$\Lambda_\mathfrak{a}(\phi) := \{z \in \mathbb{C}_\infty / \forall a \in \mathfrak{a}, \phi_a(z) = 0\}$$

est l'ensemble des points de $\mathfrak{a}$-torsion de $\mathbb{C}_{\infty,\phi}$, qui coïncide avec l'ensemble des racines de $\phi_\mathfrak{a}$.

Nous appelons réseau de Drinfel'd de rang $r \in \mathbb{N}^*$ tout sous-$\mathcal{O}_k$-module discret de $\mathbb{C}_\infty$, qui engendre un sous-k_∞-espace vectoriel de $\mathbb{C}_\infty$ de dimension r. Pour tout réseau de Drinfel'd Γ, on définit une fonction exponentielle,

$$\exp_\Gamma : \mathbb{C}_\infty \longrightarrow \mathbb{C}_\infty, \quad z \longmapsto z \prod_{\gamma \in \Gamma \setminus \{0\}} \left(1 - \gamma^{-1}z\right),$$

le produit étant uniformément convergent sur toute partie bornée de $\mathbb{C}_\infty$. L'application $\exp_\Gamma$ est $\mathbb{F}_q$-linéaire, surjective, et on a $\mathrm{Ker}\,(\exp_\Gamma) = \Gamma$. Si Γ' est un second réseau de Drinfel'd, tel que $\Gamma \subseteq \Gamma'$ et Γ'/Γ est fini, on définit le polynôme

$$P\left(\Gamma, \Gamma'; t\right) \quad := \quad t \prod_{\gamma \in \exp_\Gamma(\Gamma') \setminus \{0\}} \left(1 - \gamma^{-1}t\right),$$

et on a $\exp_{\Gamma'}(z) = P(\Gamma, \Gamma'; \exp_\Gamma(z))$ pour tout $z \in \mathbb{C}_\infty$. On pose aussi

$$\delta\left(\Gamma, \Gamma'\right) \quad := \quad \prod_{\gamma \in \exp_\Gamma(\Gamma') \setminus \{0\}} \gamma^{-1}.$$

À tout réseau de Drinfel'd Γ on associe l'unique module de Drinfel'd Φ^Γ qui vérifie, pour tout $x \in \mathcal{O}_k$ et tout $z \in \mathbb{C}_\infty$,

$$\exp_\Gamma\left(xz\right) \quad = \quad \Phi_x^\Gamma\left(\exp_\Gamma(z)\right).$$

Pour tout $x \in \mathcal{O}_k \setminus \{0\}$ et tout $z \in \mathbb{C}_\infty$, on a $\Phi_x^\Gamma(z) = xP\left(\Gamma, x^{-1}\Gamma; z\right)$, en particulier le coefficient dominant de Φ_x^Γ est $x\delta\left(\Gamma, x^{-1}\Gamma\right)$. Pour tout idéal non nul $\mathfrak{a}$ de $\mathcal{O}_k$ et tout $z \in \mathbb{C}_\infty$, on a

$$\Phi_\mathfrak{a}^\Gamma(z) \quad = \quad \delta\left(\Gamma, \mathfrak{a}^{-1}\Gamma\right)^{-1} P\left(\Gamma, \mathfrak{a}^{-1}\Gamma; z\right).$$

On rappelle que pour tout module de Drinfel'd ϕ (sur $\mathbb{C}_\infty$) il existe un unique réseau de Drinfel'd Γ tel que $\phi = \Phi^\Gamma$. Nous dirons que ϕ est de rang 1 lorsque Γ est de rang 1.

On appelle fonction signe tout morphisme continu de groupes $\mathrm{sgn} : k_\infty^\times \to k(\infty)^\times$, où $k(\infty)$ est le corps des constantes de k_∞, tel que pour tout $x \in k(\infty)^\times$, $\mathrm{sgn}(x) = x$. Un module de Drinfel'd ϕ est dit sgn-normalisé s'il existe un automorphisme $\tau \in \mathrm{Gal}\,(k(\infty)/\mathbb{F}_q)$ tel que pour tout $x \in \mathcal{O}_k \setminus \{0\}$, le coefficient dominant de ϕ_x est $\mathrm{sgn}(x)^\tau$. On fixe désormais une fonction signe sgn.

On appelle corps normalisateur l'extension $k_{(1)} \subset \mathbb{C}_\infty$ de k engendré par les coefficients des ϕ_x, $x \in \mathcal{O}_k$, ϕ étant un module de Drinfel'd sgn-normalisé de rang 1 ($k_{(1)}$ est indépendant du choix de ϕ). L'extension $k_{(1)}/k$ est abélienne de degré fini non ramifiée partout, sauf en ∞ si $\deg(\infty) \neq 1$, et l'indice de ramification en ∞ est $(N(\infty) - 1)/e_k$. De plus $H \subseteq k_{(1)}$, et $[k_{(1)} : H] = (N(\infty) - 1)/e_k$. Pour tout idéal propre non nul $\mathfrak{m}$ de $\mathcal{O}_k$,

20

le corps $k_\mathfrak{m} := k_{(1)}\left(\Lambda_\mathfrak{m}(\phi)\right)$, où ϕ est un module de Drinfel'd sgn-normalisé de rang 1, ne dépend pas du choix de ϕ. C'est une extension abélienne de degré finie de k, contenant $H_\mathfrak{m}$, et appelée corps de classes de rayons modulo $\mathfrak{m}$ au sens étroit. Elle est de degré $\Phi(\mathfrak{m})$ sur $k_{(1)}$ (voir figure 2.2.5.1), où $\Phi(\mathfrak{m})$ désigne l'indice d'Euler généralisé de $\mathfrak{m}$, et $k_\mathfrak{m}/H_\mathfrak{m}$ est totalement ramifiée en toutes les places au-dessus de ∞.

Pour tout module de Drinfel'd sgn-normalisé ϕ de rang 1, on a $\Lambda_\mathfrak{m}(\phi) \subset \mathcal{O}_{k_\mathfrak{m}}$, et si supp$(\mathfrak{m})$ désigne l'ensemble des idéaux maximaux qui divisent $\mathfrak{m}$, alors pour tout générateur λ du $\mathcal{O}_k$-module $\Lambda_\mathfrak{m}(\phi)$ on a

$$
\lambda \mathcal{O}_{k_\mathfrak{m}} = \begin{cases} (1) & \text{si } 2 \leq \#(\text{supp}(\mathfrak{m})), \\ (\mathfrak{q})_{k_\mathfrak{m}}^{(N(\infty)-1)/e_k} & \text{si } \text{supp}(\mathfrak{m}) = \{\mathfrak{q}\}, \end{cases}
\tag{2.2.5.1}
$$

où $(\mathfrak{q})_{k_\mathfrak{m}}$ désigne le produit des idéaux maximaux de $\mathcal{O}_{k_\mathfrak{m}}$ au-dessus de $\mathfrak{q}$ (voir [21, Theorem 4.17]).

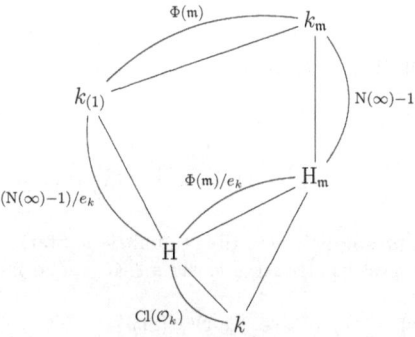

FIGURE 2.2.5.1 – Les extensions de la théorie du corps de classes.

Pour tout réseau de Drinfel'd Γ de rang 1, il existe un élément $\xi(\Gamma) \in \mathbb{C}_p^\times$, appelé invariant de Γ, tel que $\Phi^{\tilde{\Gamma}}$ est sgn-normalisé, où $\tilde{\Gamma} := \xi(\Gamma)\Gamma$. Rappelons que le choix de $\xi(\Gamma)$ est unique modulo $k(\infty)^\times$, et $\tilde{\Gamma}$ dépend de $\xi(\Gamma)$ modulo $\mathbb{F}_q^\times$. On peut choisir les $\xi(\mathfrak{c})$, où $\mathfrak{c}$ est un idéal fractionnaire non nul de $\mathcal{O}_k$, de telle sorte que pour tout idéal non nul $\mathfrak{a}$ de $\mathcal{O}_k$, on a

$$
\xi\left(\mathfrak{a}^{-1}\mathfrak{c}\right) = D\left(\Phi_\mathfrak{a}^{\tilde{\mathfrak{c}}}\right)\xi(\mathfrak{c}).
$$

Pour tout idéal non nul $\mathfrak{m}$ de $\mathcal{O}_k$, on pose

$$
\lambda_\mathfrak{m} := \xi(\mathfrak{m})\exp_\mathfrak{m}(1).
\tag{2.2.5.2}
$$

Alors $\lambda_\mathfrak{m}$ est un générateur de $\Lambda_\mathfrak{m}\left(\Phi^{\tilde{\mathfrak{m}}}\right)$, et

$$
\varepsilon_\mathfrak{m} := N_{k_\mathfrak{m}/H_\mathfrak{m}}\left(\lambda_\mathfrak{m}\right) = -\lambda_\mathfrak{m}^{N(\infty)-1}
\tag{2.2.5.3}
$$

vérifie la conjecture de Stark de la sous-section 2.2.2, d'après (2.2.5.1) et [21, calculs p. 238].

2.3 Une version faible de la conjecture de Gras, pour les caractères rationnels.

2.3.1 Image du groupe des unités de Stark par le logarithme de Dirichlet.

Pour toute extension abélienne L/k, on définit le logarithme de Dirichlet

$$\ell_L : \qquad L^\times \longrightarrow \mathbb{R}\left[\mathrm{Gal}(L/k)\right], \qquad x \longmapsto \sum_{\sigma \in \mathrm{Gal}(L/k)} v_\infty \left(x^\sigma\right) \sigma^{-1}.$$

On rappelle que l'image de $\mathcal{O}_L^\times$ est un $\mathbb{Z}$-réseau (au sens du chapitre 1) du $\mathbb{R}$-espace vectoriel $\mathbb{R}\left[\mathrm{Gal}\left(L/k\right)\right]$, de rang $[L:k]-1$ sur $\mathbb{Z}$, inclus dans $\mathbb{R}\left[\mathrm{Gal}\left(L/k\right)\right](1-e_1)$. Soit $\mathcal{O}$ la fermeture intégrale de l'anneau principal $\mathbb{Z}_{(g)}$ dans $\mathbb{Q}\left(\mu_g\right)$, où μ_g est le groupe des racines g-ièmes de l'unité dans $\mathbb{C}$. Dans la suite, pour tout sous-anneau A de $\mathbb{C}$ et toute partie P de $\mathbb{C}\left[G\right]$, on note AP le sous-A-module de $\mathbb{C}\left[G\right]$ engendré par P.

Proposition 2.3.1.1 *Soit χ un caractère complexe irréductible et non trivial de G. Soit χ_{pr} le caractère sur $\mathrm{Gal}\left(\mathrm{H}_{\mathfrak{f}_\chi}/k\right)$ déduit de χ, où $\mathfrak{f}_\chi$ est le conducteur du sous-corps K_χ de K fixé par $\mathrm{Ker}(\chi)$. Alors*

$$\mathcal{O}\ell_K\left(\mathrm{St}_K\right)e_\chi = \mathcal{O}\ell_K\left(\mathcal{P}_K\right)e_\chi = \left\{ \begin{array}{ll} \mathcal{O}\mathcal{J}_K \mathrm{L}_{\mathfrak{f}_\chi}\left(0,\bar{\chi}_{\mathrm{pr}}\right)e_\chi & si \quad \rho \neq 0, \\ \mathcal{O}\mathcal{J}_K \mathrm{L}'_{\mathfrak{f}_\chi}\left(0,\bar{\chi}_{\mathrm{pr}}\right)e_\chi & si \quad \rho = 0. \end{array} \right. \qquad (2.3.1.1)$$

DÉMONSTRATION. D'après la propriété (ii) des unités de Stark, on a $\mathcal{P}_K^{\sigma-1} \subseteq \mathrm{St}_K$ pour tout $\sigma \in G$. Puisque χ n'est pas trivial, il existe $\sigma \in G$ tel que $\chi(\sigma) \neq 1$. Alors

$$\mathcal{O}\left(\chi(\sigma)-1\right)\ell_K\left(\mathcal{P}_K\right)e_\chi \subseteq \mathcal{O}\ell_K\left(\mathrm{St}_K\right)e_\chi \subseteq \mathcal{O}\ell_K\left(\mathcal{P}_K\right)e_\chi$$

avec $\left(\chi(\sigma)-1\right) \in \mathcal{O}^\times$, de sorte que

$$\mathcal{O}\ell_K\left(\mathrm{St}_K\right)e_\chi = \mathcal{O}\ell_K\left(\mathcal{P}_K\right)e_\chi. \qquad (2.3.1.2)$$

Soit $\mathfrak{m}$ un idéal non nul de $\mathcal{O}_k$ et $\eta \in \mathcal{J}_K$. On pose

$$\varepsilon_{K,\mathfrak{m}} := \mathrm{N}_{\mathrm{H}_\mathfrak{m}/\mathrm{H}_\mathfrak{m}\cap K}\left(\varepsilon_\mathfrak{m}\right) \quad \text{et} \quad \varepsilon_{K,\mathfrak{m}}(\eta) := \mathrm{N}_{\mathrm{H}_\mathfrak{m}/\mathrm{H}_\mathfrak{m}\cap K}\left(\varepsilon_\mathfrak{m}(\eta)\right).$$

Pour tout $\sigma \in \mathrm{Gal}\left(K \cap \mathrm{H}_\mathfrak{m}/k\right)$, soit $\tilde{\sigma} \in G$ un prolongement de σ à K. Alors

$$\begin{aligned} \ell_K\left(\varepsilon_{K,\mathfrak{m}}\right)e_\chi &= \sum_{\sigma_1 \in \mathrm{Gal}(K\cap\mathrm{H}_\mathfrak{m}/k)} \sum_{\sigma_2 \in \mathrm{Gal}(K/K\cap\mathrm{H}_\mathfrak{m})} v_\infty\left(\varepsilon_{K,\mathfrak{m}}^{\tilde{\sigma}_1\sigma_2}\right)\chi\left(\tilde{\sigma}_1^{-1}\sigma_2^{-1}\right)e_\chi \\ &= \sum_{\sigma_1 \in \mathrm{Gal}(K\cap\mathrm{H}_\mathfrak{m}/k)} v_\infty\left(\varepsilon_{K,\mathfrak{m}}^{\tilde{\sigma}_1}\right)\chi\left(\tilde{\sigma}_1^{-1}\right) \sum_{\sigma_2 \in \mathrm{Gal}(K/K\cap\mathrm{H}_\mathfrak{m})} \chi\left(\sigma_2^{-1}\right)e_\chi. \end{aligned}$$
$$(2.3.1.3)$$

De $(2.3.1.3)$ on déduit immédiatement que

$$\ell_K\left(\varepsilon_{K,\mathfrak{m}}(\eta)\right)e_\chi = 0 \quad \text{si } \chi \text{ n'est pas trivial sur } \mathrm{Gal}\left(K/K \cap \mathrm{H}_\mathfrak{m}\right). \qquad (2.3.1.4)$$

Si χ est trivial sur $\mathrm{Gal}\,(K/K \cap H_\mathfrak{m})$ alors $K_\chi \subseteq H_\mathfrak{m}$, et $\mathfrak{f}_\chi | \mathfrak{m}$. Dans ce cas en notant $\chi_\mathfrak{m}$ le caractère sur $\mathrm{Gal}\,(H_\mathfrak{m}/k)$ déduit de χ, (2.3.1.3) et la propriété (iii) des unités de Stark nous donnent

$$
\begin{aligned}
\ell_K\left(\varepsilon_{K,\mathfrak{m}}(\eta)\right) e_\chi &= [K : K \cap H_\mathfrak{m}]\, e_\mathfrak{m}^{-1} \eta \sum_{\sigma \in \mathrm{Gal}(H_\mathfrak{m}/k)} v_\infty\left(\varepsilon_\mathfrak{m}^\sigma\right) \chi_\mathfrak{m}\left(\sigma^{-1}\right) e_\chi \\
&= \begin{cases} \eta\,[K : K \cap H_\mathfrak{m}]\, \mathrm{L}_\mathfrak{m}\left(0, \bar\chi_\mathfrak{m}\right) e_\chi & \text{si} \quad \rho \neq 0, \\[2mm] \eta\,[K : K \cap H_\mathfrak{m}]\, \mathrm{L}'_\mathfrak{m}\left(0, \bar\chi_\mathfrak{m}\right) e_\chi & \text{si} \quad \rho = 0. \end{cases}
\end{aligned} \tag{2.3.1.5}
$$

Or puisque χ n'est pas trivial on a la relation

$$
\begin{aligned}
\mathrm{L}_\mathfrak{m}\left(0, \bar\chi_\mathfrak{m}\right) &= \left(\prod_{\substack{\mathfrak{q}|\mathfrak{m} \\ \mathfrak{q} \nmid \mathfrak{f}_\chi}} \left(1 - \bar\chi_{\mathrm{pr}}\left(\mathfrak{q}, H_\mathfrak{m}/k\right)\right) \right) \mathrm{L}_{\mathfrak{f}_\chi}\left(0, \bar\chi_{\mathrm{pr}}\right) & \text{si} \quad \rho \neq 0, \\[3mm]
\mathrm{L}'_\mathfrak{m}\left(0, \bar\chi_\mathfrak{m}\right) &= \left(\prod_{\substack{\mathfrak{q}|\mathfrak{m} \\ \mathfrak{q} \nmid \mathfrak{f}_\chi}} \left(1 - \bar\chi_{\mathrm{pr}}\left(\mathfrak{q}, H_\mathfrak{m}/k\right)\right) \right) \mathrm{L}'_{\mathfrak{f}_\chi}\left(0, \bar\chi_{\mathrm{pr}}\right) & \text{si} \quad \rho = 0,
\end{aligned} \tag{2.3.1.6}
$$

où les produits sont sur tous les idéaux maximaux de $\mathcal{O}_k$ qui divisent $\mathfrak{m}$ sans diviser $\mathfrak{f}_\chi$. De (2.3.1.4), (2.3.1.5), et (2.3.1.6) on déduit que pour tout idéal non nul $\mathfrak{m}$ de $\mathcal{O}_k$ et tout $\eta \in \mathcal{J}_K$, on a

$$
\ell_K\left(\varepsilon_{K,\mathfrak{m}}(\eta)\right) e_\chi \in \begin{cases} \mathcal{O}\eta \mathrm{L}_{\mathfrak{f}_\chi}\left(0, \bar\chi_{\mathrm{pr}}\right) e_\chi & \text{si} \quad \rho \neq 0, \\[2mm] \mathcal{O}\eta \mathrm{L}'_{\mathfrak{f}_\chi}\left(0, \bar\chi_{\mathrm{pr}}\right) e_\chi & \text{si} \quad \rho = 0. \end{cases} \tag{2.3.1.7}
$$

D'autre part, puisque χ n'est pas trivial on peut choisir un idéal maximal $\mathfrak{q}$ de $\mathcal{O}_k$ tel que $\chi_{\mathrm{pr}}\left(\mathfrak{q}, k\left(\mathfrak{f}_\chi\right)/k\right) \neq 1$. Si on pose $\mathfrak{m} := \mathfrak{q}\mathfrak{f}_\chi$, alors d'après (2.3.1.5) et (2.3.1.6) on a

$$
\ell_K\left(\varepsilon_{K,\mathfrak{m}}(\eta)\right) e_\chi = \begin{cases} [K : K \cap H_\mathfrak{m}]\, \eta\left(1 - \bar\chi_{\mathrm{pr}}\left(\mathfrak{q}, H_\mathfrak{m}/k\right)\right) \mathrm{L}_{\mathfrak{f}_\chi}\left(0, \bar\chi_{\mathrm{pr}}\right) e_\chi & \text{si} \quad \rho \neq 0, \\[2mm] [K : K \cap H_\mathfrak{m}]\, \eta\left(1 - \bar\chi_{\mathrm{pr}}\left(\mathfrak{q}, H_\mathfrak{m}/k\right)\right) \mathrm{L}'_{\mathfrak{f}_\chi}\left(0, \bar\chi_{\mathrm{pr}}\right) e_\chi & \text{si} \quad \rho = 0, \end{cases} \tag{2.3.1.8}
$$

pour tout $\eta \in \mathcal{J}_K$. Puisque $[K : K \cap H_\mathfrak{m}]$ et $\left(1 - \bar\chi_{\mathrm{pr}}\left(\mathfrak{q}, H_\mathfrak{m}/k\right)\right)$ sont inversibles dans $\mathcal{O}$, de (2.3.1.7) et de (2.3.1.8) on déduit que

$$
\mathcal{O}\ell_K\left(\mathcal{P}_K\right) e_\chi = \begin{cases} \mathcal{O}\mathcal{J}_K \mathrm{L}_{\mathfrak{f}_\chi}\left(0, \bar\chi_{\mathrm{pr}}\right) e_\chi & \text{si} \quad \rho \neq 0, \\[2mm] \mathcal{O}\mathcal{J}_K \mathrm{L}'_{\mathfrak{f}_\chi}\left(0, \bar\chi_{\mathrm{pr}}\right) e_\chi & \text{si} \quad \rho = 0. \end{cases} \tag{2.3.1.9}
$$

De (2.3.1.9) et (2.3.1.2) on déduit la proposition. $\qquad \square$

2.3.2 Découpage du régulateur suivant des caractères.

Pour tout anneau commutatif A et tout groupe fini H, on note $A\,[H]_0$ l'idéal d'augmentation de $A[H]$. On a rappelé que pour toute extension abélienne L/k l'image de $\mathcal{O}_L^\times$ par ℓ_L est un $\mathbb{Z}$-réseau de $\mathbb{R}\,[\mathrm{Gal}(L/k)]_0 = \mathbb{R}\,[\mathrm{Gal}(L/k)]\,(1 - e_1)$. Il est bien connu que

$$
\mathrm{Reg}(L) = \left(\mathbb{Z}\,[\mathrm{Gal}\,(L/k)]_0 : \ell_L\left(\mathcal{O}_L^\times\right)\right) \quad \text{(indice généralisé de Sinnott)}, \tag{2.3.2.1}
$$

où $\mathrm{Reg}(L)$ est le régulateur de L.

Pour tout caractère irréductible complexe non trivial de G, on pose

$$R_\chi := \left[\mathcal{O}e_\chi : \mathcal{O}\ell_K\left(\mathcal{O}_K^\times\right) e_\chi \right]_\mathcal{O}, \qquad (2.3.2.2)$$

où $\mathcal{O}e_\chi$ et $\mathcal{O}\ell_K\left(\mathcal{O}_K^\times\right)e_\chi$ sont vus comme des $\mathcal{O}$-réseaux du $\mathbb{C}$-espace vectoriel $\mathbb{C}[G]$.

Proposition 2.3.2.1 *Pour toute extension $F \subseteq K$ de k, on note Ξ_F l'ensemble des caractères complexes irréductibles χ de G qui sont triviaux sur $\mathrm{Gal}(K/F)$. Alors*

$$\mathcal{O}\mathrm{Reg}(F) = \prod_{\substack{\chi \in \Xi_F \\ \chi \neq 1}} R_\chi. \qquad (2.3.2.3)$$

DÉMONSTRATION. On divise la démonstration en deux étapes.

Première étape : expression de $\mathcal{O}\mathrm{Reg}(F)$ comme produit de modules-indices. De (2.3.2.1) et de la proposition 1.3.3.1, puis de la proposition 1.2.4.1, on déduit

$$\begin{aligned} \mathcal{O}\mathrm{Reg}(F) &= \mathcal{O}\left[\mathbb{Z}\left[\mathrm{Gal}(F/k)\right]_0 : \ell_F\left(\mathcal{O}_F^\times\right)\right]_\mathbb{Z} \\ &= \left[\mathcal{O}\left[\mathrm{Gal}(F/k)\right]_0 : \mathcal{O}\ell_F\left(\mathcal{O}_F^\times\right)\right]_\mathcal{O}. \end{aligned} \qquad (2.3.2.4)$$

Il est clair que

$$\mathcal{O}\left[\mathrm{Gal}(F/k)\right]_0 = \underset{\chi \neq 1}{\oplus}\, \mathcal{O}e_\chi \quad \text{et} \quad \mathcal{O}\ell_F\left(\mathcal{O}_F^\times\right) = \underset{\chi \neq 1}{\oplus}\, \mathcal{O}\ell_F\left(\mathcal{O}_F^\times\right)e_\chi, \qquad (2.3.2.5)$$

où les sommes sont sur tous les caractères complexes irréductibles non triviaux de $\mathrm{Gal}(F/k)$. De (2.3.2.4) et de (2.3.2.5) on déduit par application de la proposition 1.2.3.2 que

$$\mathcal{O}\mathrm{Reg}(F) = \prod_{\chi \neq 1} \left[\mathcal{O}e_\chi : \mathcal{O}\ell_F\left(\mathcal{O}_F^\times\right)e_\chi\right]_\mathcal{O}, \qquad (2.3.2.6)$$

où les produits sont sur tous les caractères complexes irréductibles non triviaux de $\mathrm{Gal}(F/k)$. En particulier par définition des R_χ on a prouvé la proposition si $F = K$.

Seconde étape : preuve de la formule (2.3.2.3). L'ensemble des caractères complexes irréductibles non triviaux de $\mathrm{Gal}(F/k)$ est en bijection canonique avec Ξ_F. D'après (2.3.2.6), il suffit donc de prouver que pour tout $\chi \in \Xi_F$, on a

$$\left[\mathcal{O}e_{\chi'} : \mathcal{O}\ell_F\left(\mathcal{O}_F^\times\right)e_{\chi'}\right]_\mathcal{O} = R_\chi, \qquad (2.3.2.7)$$

où χ' est le caractère sur $\mathrm{Gal}(F/k)$ défini par χ. On considère le morphisme de $\mathbb{C}[G]$-modules

$$\mathrm{res} : \mathbb{C}[G] \longrightarrow \mathbb{C}\left[\mathrm{Gal}(F/k)\right], \quad \sum_{\sigma \in G} a_\sigma \sigma \longmapsto \sum_{\sigma \in G} a_\sigma \sigma|_F,$$

qui se restreint en un isomorphisme $\mathbb{C}e_\chi \simeq \mathbb{C}e_{\chi'}$. Pour tout $x \in \mathcal{O}_K^\times$, on a l'égalité $\mathrm{res}\left(\ell_K(x)e_\chi\right) = \ell_F\left(\mathrm{N}_{K/F}(x)\right)e_{\chi'}$. On en déduit

$$\mathcal{O}[K:F]\ell_F\left(\mathcal{O}_F^\times\right)e_{\chi'} \subseteq \mathrm{res}\left(\mathcal{O}\ell_K\left(\mathcal{O}_K^\times\right)e_\chi\right) \subseteq \mathcal{O}\ell_F\left(\mathcal{O}_F^\times\right)e_{\chi'},$$

et puisque $[K:F] \in \mathcal{O}^\times$ on a

$$\mathrm{res}\left(\mathcal{O}\ell_K\left(\mathcal{O}_K^\times\right)e_\chi\right) = \mathcal{O}\ell_F\left(\mathcal{O}_F^\times\right)e_{\chi'}. \qquad (2.3.2.8)$$

D'autre part on a trivialement $\mathrm{res}\left(\mathcal{O}e_\chi\right) = \mathcal{O}e_{\chi'}$, donc de (2.3.2.8) et de la remarque 1.2.1.4 appliquée à $u := \mathrm{res} : \mathbb{C}e_\chi \to \mathbb{C}e_{\chi'}$, on déduit

$$\left[\mathcal{O}e_{\chi'} : \mathcal{O}\ell_F\left(\mathcal{O}_F^\times\right)e_{\chi'}\right]_\mathcal{O} = \left[\mathcal{O}e_\chi : \mathcal{O}\ell_K\left(\mathcal{O}_K^\times\right)e_\chi\right]_\mathcal{O} = R_\chi,$$

ce qui achève la preuve de la proposition. $\square$

2.3.3 Découpage du nombre de classes et du nombre de racines de l'unité.

Soient H un groupe abélien fini et A un sous-anneau de $\mathbb{C}$. On suppose que A contient une racine primitive $\#H$-ième de l'unité et que $\#H$ est inversible dans A. Alors pour tout A-module M et tout caractère complexe irréductible χ de H on note M_χ la χ-partie de M, définie par

$$M_\chi \ := \ e_\chi M,$$

où $e_\chi := (\#H)^{-1} \sum_{\sigma \in H} \chi(\sigma) \sigma^{-1}$ est l'idempotent attaché à χ.

Lemme 2.3.3.1 *Soient $F \subseteq K$ une extension de k, M un $\mathbb{Z}[G]$-module fini, N un $\mathbb{Z}[\mathrm{Gal}(F/k)]$-module fini, et $\Psi : M \to N$ un morphisme de $\mathbb{Z}[G]$-modules. On suppose que $\mathrm{Cok}(\Psi)$ est annulé par $[K:F]$, et que $\mathrm{Ker}(\Psi)$ est annulé par $\mathrm{s}\,(\mathrm{Gal}(K/F)) := \displaystyle\sum_{\sigma \in \mathrm{Gal}(K/F)} \sigma$.*

Alors

$$\mathcal{O}\#(N) = \prod_{\chi \in \Xi_F} \mathrm{Fit}_\mathcal{O}\left(\mathcal{O} \otimes_\mathbb{Z} M\right)_\chi.$$

DÉMONSTRATION. Pour tout $\chi \in \Xi_F$, on note χ' le caractère de $\mathrm{Gal}(F/k)$ défini par χ. On définit ainsi une bijection canonique de Ξ_F vers l'ensemble des caractères complexes irréductibles de $\mathrm{Gal}(F/k)$, et en particulier on a

$$\mathcal{O} \otimes_\mathbb{Z} N = \bigoplus_{\chi \in \Xi_F} \left(\mathcal{O} \otimes_\mathbb{Z} N\right)_{\chi'}. \tag{2.3.3.1}$$

Puisque $\mathrm{Cok}(\Psi)$ est annulé par $[K:F]$ qui est inversible dans $\mathcal{O}$, Ψ induit une surjection

$$\Psi_\chi : \left(\mathcal{O} \otimes_\mathbb{Z} M\right)_\chi \ \longrightarrow\!\!\!\!\!\longrightarrow \ \left(\mathcal{O} \otimes_\mathbb{Z} N\right)_{\chi'},$$

pour tout $\chi \in \Xi_F$. Puisque $\mathcal{O}$ est $\mathbb{Z}$-plat, $\mathrm{Ker}\left(\Psi_\chi\right)$ est annulé par $\mathrm{s}\,(\mathrm{Gal}(K/F))$. Or χ est trivial sur $\mathrm{Gal}(K/F)$ et $[K:F] \in \mathcal{O}^\times$, de sorte que $\mathrm{Ker}\left(\Psi_\chi\right) = \{0\}$. Alors Ψ_χ est un isomorphisme,

$$\left(\mathcal{O} \otimes_\mathbb{Z} M\right)_\chi \simeq \left(\mathcal{O} \otimes_\mathbb{Z} N\right)_{\chi'}. \tag{2.3.3.2}$$

De (2.3.3.1) et (2.3.3.2) on déduit (en appliquant la proposition A.3.6.4, (ii)) que

$$\mathrm{Fit}_\mathcal{O}\left(\mathcal{O} \otimes_\mathbb{Z} N\right) = \prod_{\chi \in \Xi_F} \mathrm{Fit}_\mathcal{O}\left(\mathcal{O} \otimes_\mathbb{Z} M\right)_\chi.$$

On conclut en remarquant que d'après les propriétés des idéaux de Fitting (voir les propositions A.3.6.2 et A.3.6.5), on a

$$\mathrm{Fit}_\mathcal{O}\left(\mathcal{O} \otimes_\mathbb{Z} N\right) = \mathcal{O}\mathrm{Fit}_\mathbb{Z}\left(N\right) = \mathcal{O}\#(N).$$

$\square$

Proposition 2.3.3.2 *Pour tout caractère complexe irréductible χ de G, on pose*

$$h_\chi := \mathrm{Fit}_\mathcal{O}\left(\mathcal{O} \otimes_\mathbb{Z} \mathrm{Cl}\left(\mathcal{O}_K\right)\right)_\chi \quad et \quad e_{K,\chi} := \mathrm{Fit}_\mathcal{O}\left(\mathcal{O} \otimes_\mathbb{Z} \mu\left(K\right)\right)_\chi.$$

Pour toute extension $F \subseteq K$ de k, on a

$$\mathcal{O}\mathrm{h}\left(\mathcal{O}_F\right) = \prod_{\chi \in \Xi_F} h_\chi \quad et \quad \mathcal{O}e_F = \prod_{\chi \in \Xi_F} e_{K,\chi}, \tag{2.3.3.3}$$

où $\mathrm{h}\left(\mathcal{O}_F\right)$ est le nombre de classes de $\mathcal{O}_F$ et e_F est le nombre de racines de l'unité dans F.

DÉMONSTRATION. Il suffit d'appliquer le lemme 2.3.3.1 aux applications normes

$$\mathrm{Cl}\left(\mathcal{O}_K\right) \xrightarrow{\ \mathrm{N}_{K/F}\ } \mathrm{Cl}\left(\mathcal{O}_F\right) \quad \text{et} \quad \mu(K) \xrightarrow{\ \mathrm{N}_{K/F}\ } \mu(F).$$

$\square$

Remarque 2.3.3.3 *Soient H un groupe abélien fini, M un $\mathbb{Z}[H]$-module fini, et ψ un caractère rationnel irréductible de H. Alors*

$$\mathcal{O}\#\left(\mathbb{Z}_{\langle g\rangle} \otimes_{\mathbb{Z}} M\right)_\psi = \prod_{\chi \mid \psi} \mathrm{Fit}_{\mathcal{O}}\left(\mathcal{O} \otimes_{\mathbb{Z}} M\right)_\chi,$$

où le produit est sur tous les caractères complexes irréductibles de H au-dessus de ψ.

En particulier, pour tout caractère rationnel irréductible ψ de G, on a

$$\mathcal{O}\#\left(\mathbb{Z}_{\langle g\rangle} \otimes_{\mathbb{Z}} \mathrm{Cl}(\mathcal{O}_K)\right)_\psi = \prod_{\chi \mid \psi} h_\chi \quad \text{et} \quad \mathcal{O}\#\left(\mathbb{Z}_{\langle g\rangle} \otimes_{\mathbb{Z}} \mu(K)\right)_\psi = \prod_{\chi \mid \psi} e_{K,\chi}. \qquad (2.3.3.4)$$

DÉMONSTRATION. D'après les propriétés des idéaux de Fitting (voir les propositions A.3.6.5, A.3.6.2, et A.3.6.4, (ii)), on a

$$
\begin{aligned}
\mathcal{O}\#\left(\mathbb{Z}_{\langle g\rangle} \otimes_{\mathbb{Z}} M\right)_\psi &= \mathcal{O}\mathrm{Fit}_{\mathbb{Z}_{\langle g\rangle}}\left(\mathbb{Z}_{\langle g\rangle} \otimes_{\mathbb{Z}} M\right)_\psi \\
&= \mathrm{Fit}_{\mathcal{O}}\left(\mathcal{O} \otimes_{\mathbb{Z}} M\right)_\psi \\
&= \mathrm{Fit}_{\mathcal{O}}\left(\bigoplus_{\chi \mid \psi} \left(\mathcal{O} \otimes_{\mathbb{Z}} M\right)_\chi\right) \\
&= \prod_{\chi \mid \psi} \mathrm{Fit}_{\mathcal{O}}\left(\mathcal{O} \otimes_{\mathbb{Z}} M\right)_\chi.
\end{aligned}
$$

$\square$

2.3.4 Preuve de la version faible de la conjecture de Gras.

Lemme 2.3.4.1 *Soit ψ un caractère rationnel irréductible et non trivial de G. Alors*

$$\frac{\#\left(\mathbb{Z}_{\langle g\rangle} \otimes_{\mathbb{Z}} \mathrm{Cl}(\mathcal{O}_K)\right)_\psi}{\#\left(\mathbb{Z}_{\langle g\rangle} \otimes_{\mathbb{Z}} \mu(K)\right)_\psi} \prod_{\chi \mid \psi} R_\chi := \begin{cases} \mathcal{O} \displaystyle\prod_{\chi \mid \psi} \mathrm{L}_{\mathrm{f}_\chi}\left(0, \bar{\chi}_{\mathrm{pr}}\right) & si \ \ \rho \neq 0, \\[2ex] \mathcal{O} \displaystyle\prod_{\chi \mid \psi} \mathrm{L}'_{\mathrm{f}_\chi}\left(0, \bar{\chi}_{\mathrm{pr}}\right) & si \ \ \rho = 0, \end{cases} \qquad (2.3.4.1)$$

où les produits sont sur les caractères complexes irréductibles de G au-dessus de ψ.

DÉMONSTRATION. Il est clair que le corps K_χ ne dépend pas du caractère χ au-dessus de ψ. On peut donc poser $K_\psi := K_\chi$, avec χ au-dessus de ψ. Soit $\mathcal{Q}_\psi$ l'ensemble des caractères complexes irréductibles χ de G tels que $\mathrm{Ker}(\chi)$ contient strictement $\mathrm{Gal}\left(K/K_\psi\right)$. Pour tout $I \subseteq \mathcal{Q}_\psi$, on pose

$$K_I := \begin{cases} K_\psi & si \ \ I = \varnothing, \\[1ex] \displaystyle\bigcap_{\chi \in I} K_\chi & si \ \ I \neq \varnothing. \end{cases}$$

Pour tout caractère complexe irréductible χ de G on pose

$$L_\chi := \begin{cases} L_{f_\chi}(0, \bar{\chi}_{\mathrm{pr}}) & \text{si } \rho \neq 0, \\ L'_{f_\chi}(0, \bar{\chi}_{\mathrm{pr}}) & \text{si } \rho = 0, \end{cases}$$

si $\chi \neq 1$, et si χ est trivial on pose

$$L_\chi := \begin{cases} \mathrm{res}\,(\zeta_k, 0) & \text{si } \rho \neq 0, \\ \zeta_k(0) & \text{si } \rho = 0, \end{cases}$$

où ζ_k est la fonction zêta de Dedekind du corps k et où dans le cas $\rho \neq 0$, $\mathrm{res}\,(\zeta_k, 0)$ est le résidu en 0 de ζ_k. Par un principe d'« inclusion-exclusion » (voir le lemme A.2.2.6), on a

$$\prod_{\chi \mid \psi} L_\chi = \prod_{I \subseteq \mathcal{Q}_\psi} \left(\prod_{\chi \in \Xi_I} L_\chi \right)^{(-1)^{\#(I)}}, \tag{2.3.4.2}$$

où $\Xi_I := \Xi_{K_I}$ est l'ensemble des caractères complexes irréductibles χ de G tels que $K_\chi \subseteq K_I$ (c'est-à-dire χ est trivial sur $\mathrm{Gal}\,(K/K_I)$). D'autre part, par définition des L_χ, on a pour tout $I \subseteq \mathcal{Q}_\psi$

$$\prod_{\chi \in \Xi_I} L_\chi = \begin{cases} \mathrm{res}\,(\zeta_{K_I}, 0) & \text{si } \rho \neq 0, \\ \zeta_{K_I}(0) & \text{si } \rho = 0. \end{cases} \tag{2.3.4.3}$$

La formule analytique du nombre de classes et (2.3.4.3) nous donne donc

$$\prod_{\chi \in \Xi_I} L_\chi = \begin{cases} -\dfrac{\mathrm{h}\,(\mathcal{O}_{F_I})\,\mathrm{Reg}\,(\mathcal{O}_{F_I})}{e_{F_I} \ln\,(\mathrm{N}(\infty))} & \text{si } \rho \neq 0, \\[3ex] -\dfrac{\mathrm{h}\,(\mathcal{O}_{F_I})\,\mathrm{Reg}\,(\mathcal{O}_{F_I})}{e_{F_I}} & \text{si } \rho = 0. \end{cases} \tag{2.3.4.4}$$

Dans le cas où $\rho \neq 0$, on a $\displaystyle\prod_{I \subseteq \mathcal{Q}_\psi} \ln\,(\mathrm{N}(\infty))^{(-1)^{\#(I)}} = 1$, et on déduit de (2.3.4.2) et (2.3.4.4) que l'on a

$$\mathcal{O} \prod_{\chi \mid \psi} L_\chi = \mathcal{O} \prod_{I \subseteq \mathcal{Q}_\psi} \left(\frac{\mathrm{h}\,(\mathcal{O}_{F_I})\,\mathrm{Reg}\,(\mathcal{O}_{F_I})}{e_{F_I}} \right)^{(-1)^{\#(I)}}. \tag{2.3.4.5}$$

Utilisant la décomposition du régulateur donnée en (2.3.2.3), et la décomposition du nombre de classes et du nombre de racines de l'unité donnée en (2.3.3.3), on déduit de (2.3.4.5)

$$\mathcal{O} \prod_{\chi \mid \psi} L_\chi = \prod_{I \subseteq \mathcal{Q}_\psi} \left(\prod_{\chi \in \Xi_I} h_\chi R_\chi e_{K,\chi}^{-1} \right)^{(-1)^{\#(I)}}, \tag{2.3.4.6}$$

où on a posé $R_\chi = \mathcal{O}$ pour χ le caractère trivial. Utilisant une seconde fois le principe d'« inclusion-exclusion », on obtient

$$\mathcal{O} \prod_{\chi \mid \psi} L_\chi = \prod_{\chi \mid \psi} h_\chi R_\chi e_{K,\chi}^{-1},$$

ce qui compte tenu de la remarque 2.3.3.3 est la formule de l'énoncé. $\qquad\square$

Théorème 2.3.4.2 *Soit ψ un caractère rationnel irréductible et non trivial de G. Alors*

$$\# \left(\mathbb{Z}_{\langle g \rangle} \otimes_{\mathbb{Z}} \left(\mathcal{O}_K^{\times}/\mathrm{St}_K \right) \right)_{\psi} = \# \left(\mathbb{Z}_{\langle g \rangle} \otimes_{\mathbb{Z}} \mathrm{Cl} \left(\mathcal{O}_K \right) \right)_{\psi}. \qquad (2.3.4.7)$$

DÉMONSTRATION. On conserve les notations du lemme 2.3.4.1. On divise la preuve en deux étapes.

Première étape : calcul du module-indice $\left[\mathcal{O}\ell_K \left(\mathcal{O}_K^{\times} \right) e_{\psi} : \mathcal{O}\ell_K \left(\mathrm{St}_K \right) e_{\psi} \right]_{\mathcal{O}}$. D'après la proposition 2.3.1.1, on a

$$\mathcal{O}\ell_K \left(\mathrm{St}_K \right) e_{\psi} = \underset{\chi | \psi}{\oplus} \mathcal{O}\ell_K \left(\mathrm{St}_K \right) e_{\chi} = \underset{\chi | \psi}{\oplus} \mathcal{O}\mathcal{J}_K L_{\chi} e_{\chi}. \qquad (2.3.4.8)$$

Puisque $\mu(K)$ est un $\mathbb{Z}[G]$-module monogène et d'après la proposition A.3.6.3, on a $\mathcal{J}_K = \mathrm{Fit}_{\mathbb{Z}[G]} \left(\mu(K) \right)$, puis par les propriétés des idéaux de Fitting (voir les propositions A.3.6.2 et A.3.6.4, (ii)), on a

$$\mathcal{O}\mathcal{J}_K = \mathrm{Fit}_{\mathcal{O}[G]} \left(\mathcal{O} \otimes_{\mathbb{Z}} \mu(K) \right) = \underset{\chi}{\oplus} \mathrm{Fit}_{\mathcal{O}} \left(\left(\mathcal{O} \otimes_{\mathbb{Z}} \mu(K) \right)_{\chi} \right) e_{\chi} = \underset{\chi}{\oplus} e_{K,\chi} e_{\chi}, \qquad (2.3.4.9)$$

où la somme est sur tous les caractères complexes irréductibles de G. De (2.3.4.8) et de (2.3.4.9) on déduit

$$\mathcal{O}\ell_K \left(\mathrm{St}_K \right) e_{\psi} = \underset{\chi | \psi}{\oplus} e_{K,\chi} L_{\chi} e_{\chi}. \qquad (2.3.4.10)$$

De la proposition 1.2.3.2 et de (2.3.4.10) on déduit

$$\left[\mathcal{O}[G] e_{\psi} : \mathcal{O}\ell_K \left(\mathrm{St}_K \right) e_{\psi} \right]_{\mathcal{O}} = \prod_{\chi | \psi} e_{K,\chi} L_{\chi}. \qquad (2.3.4.11)$$

En appliquant à (2.3.4.11) la proposition 1.2.2.1 puis la proposition 1.2.3.2, on déduit

$$\prod_{\chi | \psi} e_{K,\chi} L_{\chi} = \left[\mathcal{O}[G] e_{\psi} : \mathcal{O}\ell_K \left(\mathcal{O}_K^{\times} \right) e_{\psi} \right]_{\mathcal{O}} \left[\mathcal{O}\ell_K \left(\mathcal{O}_K^{\times} \right) e_{\psi} : \mathcal{O}\ell_K \left(\mathrm{St}_K \right) e_{\psi} \right]_{\mathcal{O}}$$

$$= \left(\prod_{\chi | \psi} R_{\chi} \right) \left[\mathcal{O}\ell_K \left(\mathcal{O}_K^{\times} \right) e_{\psi} : \mathcal{O}\ell_K \left(\mathrm{St}_K \right) e_{\psi} \right]_{\mathcal{O}}. \qquad (2.3.4.12)$$

D'après la remarque 2.3.3.3 et le lemme 2.3.4.1 on déduit de (2.3.4.12) que

$$\left[\mathcal{O}\ell_K \left(\mathcal{O}_K^{\times} \right) e_{\psi} : \mathcal{O}\ell_K \left(\mathrm{St}_K \right) e_{\psi} \right]_{\mathcal{O}} = \prod_{\chi | \psi} R_{\chi}^{-1} e_{K,\chi} L_{\chi}$$

$$= \# \left(\mathbb{Z}_{\langle g \rangle} \otimes_{\mathbb{Z}} \mu(K) \right)_{\psi} \prod_{\chi | \psi} R_{\chi}^{-1} L_{\chi}$$

$$= \mathcal{O} \# \left(\mathbb{Z}_{\langle g \rangle} \otimes_{\mathbb{Z}} \mathrm{Cl} \left(\mathcal{O}_K \right) \right)_{\psi}. \qquad (2.3.4.13)$$

Seconde étape : Preuve de la formule 2.3.4.7. Puisque $\mathrm{Ker} \left(\ell_K \right) \cap \mathcal{O}_K^{\times} = \mu(K)$, ℓ_K induit un isomorphisme

$$\mathcal{O}_K^{\times}/\mathrm{St}_K \simeq \ell_K \left(\mathcal{O}_K^{\times} \right) / \ell_K \left(\mathrm{St}_K \right). \qquad (2.3.4.14)$$

Puisque $\mathbb{Z}_{\langle g \rangle}$ est $\mathbb{Z}$-plat on déduit de (2.3.4.14) que

$$\left(\mathbb{Z}_{\langle g \rangle} \otimes_{\mathbb{Z}} \left(\mathcal{O}_K^{\times}/\mathrm{St}_K \right) \right)_{\psi} \simeq \mathbb{Z}_{\langle g \rangle} \otimes_{\mathbb{Z}} \ell_K \left(\mathcal{O}_K^{\times} \right) e_{\psi}/\mathbb{Z}_{\langle g \rangle} \otimes_{\mathbb{Z}} \ell_K \left(\mathrm{St}_K \right) e_{\psi}$$

$$\simeq \mathbb{Z}_{\langle g \rangle} \ell_K \left(\mathcal{O}_K^{\times} \right) e_{\psi}/\mathbb{Z}_{\langle g \rangle} \ell_K \left(\mathrm{St}_K \right) e_{\psi}, \qquad (2.3.4.15)$$

28

le dernier isomorphisme étant vrai car $\ell_K(\mathrm{St}_K)\,e_\psi$ et $\ell_K(\mathcal{O}_K^\times)\,e_\psi$ sont des $\mathbb{Z}$-réseaux de $\mathbb{R}[G]$ (au sens de la section 1.1). Du corollaire 1.3.2.2 et de (2.3.4.15) on déduit alors

$$
\begin{aligned}
\mathbb{Z}_{\langle g\rangle}\#\left(\mathbb{Z}_{\langle g\rangle}\otimes_{\mathbb{Z}}\left(\mathcal{O}_K^\times/\mathrm{St}_K\right)\right)_\psi &= \mathbb{Z}_{\langle g\rangle}\left[\mathbb{Z}_{\langle g\rangle}\ell_K\left(\mathcal{O}_K^\times\right)e_\psi\ :\ \mathbb{Z}_{\langle g\rangle}\ell_K\left(\mathrm{St}_K\right)e_\psi\right] \\
&= \left[\mathbb{Z}_{\langle g\rangle}\ell_K\left(\mathcal{O}_K^\times\right)e_\psi\ :\ \mathbb{Z}_{\langle g\rangle}\ell_K\left(\mathrm{St}_K\right)e_\psi\right]_{\mathbb{Z}_{\langle g\rangle}} (2.3.4.16)
\end{aligned}
$$

De (2.3.4.16) et de la proposition 1.2.4.1 on déduit ensuite

$$
\mathcal{O}\#\left(\mathbb{Z}_{\langle g\rangle}\otimes_{\mathbb{Z}}\left(\mathcal{O}_K^\times/\mathrm{St}_K\right)\right)_\psi = \left[\mathcal{O}\ell_K\left(\mathcal{O}_K^\times\right)e_\psi\ :\ \mathcal{O}\ell_K\left(\mathrm{St}_K\right)e_\psi\right]_{\mathcal{O}},
$$

ce qui d'après (2.3.4.13) nous donne

$$
\mathcal{O}\#\left(\mathbb{Z}_{\langle g\rangle}\otimes_{\mathbb{Z}}\left(\mathcal{O}_K^\times/\mathrm{St}_K\right)\right)_\psi = \mathcal{O}\#\left(\mathbb{Z}_{\langle g\rangle}\otimes_{\mathbb{Z}}\mathrm{Cl}\left(\mathcal{O}_K\right)\right)_\psi.
$$

On en déduit que $\#\left(\mathbb{Z}_{\langle g\rangle}\otimes_{\mathbb{Z}}\left(\mathcal{O}_K^\times/\mathrm{St}_K\right)\right)_\psi\#\left(\mathbb{Z}_{\langle g\rangle}\otimes_{\mathbb{Z}}\mathrm{Cl}\left(\mathcal{O}_K\right)\right)_\psi^{-1}$ est inversible dans $\mathcal{O}$, et par suite est inversible dans $\mathbb{Z}_{\langle g\rangle}$. Or $\#\left(\mathbb{Z}_{\langle g\rangle}\otimes_{\mathbb{Z}}\left(\mathcal{O}_K^\times/\mathrm{St}_K\right)\right)_\psi$ et $\#\left(\mathbb{Z}_{\langle g\rangle}\otimes_{\mathbb{Z}}\mathrm{Cl}\left(\mathcal{O}_K\right)\right)_\psi$ sont premiers à g, de sorte que

$$
\#\left(\mathbb{Z}_{\langle g\rangle}\otimes_{\mathbb{Z}}\left(\mathcal{O}_K^\times/\mathrm{St}_K\right)\right)_\psi = \#\left(\mathbb{Z}_{\langle g\rangle}\otimes_{\mathbb{Z}}\mathrm{Cl}\left(\mathcal{O}_K\right)\right)_\psi.
$$

$\square$

Chapitre 3

Systèmes d'Euler.

3.1 Introduction.

Dans ce chapitre, nous présentons les rouages de la technique des systèmes d'Euler. La méthode trouve ses origines dans les travaux de deux auteurs : F. Thaine [59] d'une part, qui a introduit une nouvelle méthode pour obtenir des annulateurs galoisiens du groupe des classes d'idéaux d'un corps de nombre abélien réel ; V. Kolyvagin [28] d'autre part, qui montre que le groupe de Shafarevitch et le groupe de Mordell-Weil de certaines courbes elliptiques sont finis. Dans [29], V. Kolyvagin synthétise les idées de ces deux travaux, et introduit les systèmes d'Euler, grâce auxquels il étend ses résultats et ceux de F. Thaine. Pour $p \neq 2$ un nombre premier et pour certaines extensions abéliennes de degré fini F/Q, où Q est soit $\mathbb{Q}$ soit un corps quadratique imaginaire dont l'anneau des entiers est principal, il détermine dans la plupart des cas les ordres des ψ-composantes du p-Sylow de $\mathrm{Cl}\,(\mathcal{O}_F)$, où $\psi : \mathrm{Gal}\,(F/Q) \to \mu_{p-1} \subset \mathbb{Z}_p^\times$ est un morphisme de groupes non trivial. La méthode est ensuite développée par divers auteurs, en particulier par K. Rubin, qui l'utilise pour démontrer dans un contexte très général, la conjecture de Gras et la conjecture principale de la théorie d'Iwasawa pour les unités cyclotomiques (voir l'appendice de [65]), ainsi que pour les unités elliptiques (voir [50] et [52]). Notre exposé suit de très près le travail de K. Rubin, à qui les résultats exposés ici (en particulier l'intégralité de la section 3.2) sont essentiellement dûs. Quelques adaptations ont dûes être faites lors des preuves (par exemple en section 3.3, et en annexe, section A.4) pour couvrir le cas $p|\#\mu(k)$ et le cas de la caractéristique positive. Les résultats de la sous-section 3.4.1 sont les nôtres.

Un point crucial est de prouver l'existence de systèmes d'Euler « initialisés » en chaque unité de Stark. Dans [51], K. Rubin a montré que si on néglige la condition de congruence (E4) dans la définition des systèmes d'Euler (voir définition 3.2.2.1), et si on « tord » les unités de Stark à l'aide d'annulateurs du module galoisien des racines de l'unité, alors de tels systèmes existent toujours. Cependant on est alors contraint d'éviter certains caractères lors de la preuve de la conjecture de Gras. C'est pourquoi il nous a paru préférable de procéder différemment et de distinguer le cas quadratique imaginaire et le cas des corps de fonctions. Dans le cas quadratique imaginaire, il est bien connu que les unités de Stark s'expriment à l'aide d'unités elliptiques, or il existe des systèmes d'Euler « initialisés » en chaque unité elliptique. Dans le cas de caractéristique non nulle, D. Hayes a démontré la conjecture de Stark à l'aide de modules de Drinfel'd (voir [21]). Notons k_∞ le complété de k en ∞, $(k_\infty)^{\mathrm{alg}}$ une clôture algébrique de k_∞, et $\mathbb{C}_\infty$ la complétion de $(k_\infty)^{\mathrm{alg}}$ par rapport à l'unique valeur absolue prolongeant celle de k_∞. Si on fixe un signe sgn : $k_\infty^\times \to k(\infty)^\times$, où $k(\infty)$ est le corps des constantes de k_∞, alors on peut considérer naturellement $\mathbb{C}_\infty$ comme un $\mathcal{O}_k$-module via l'utilisation de certains modules de Drinfel'd sgn-normalisés. Les unités de Stark sont alors obtenues à l'aide de certains points de torsion de $\mathbb{C}_\infty$. C'est en utilisant cette constuction que nous pouvons déterminer explicitement des systèmes d'Euler « initialisés » en chaque unité de Stark.

3.1.1 Notations.

On fixe un nombre premier p, un corps global k de caractéristique $\rho \neq p$. Si $\rho = 0$ on suppose que k est un corps quadratique imaginaire. On conserve les notations des chapitres précédents. Pour toute extension abélienne K/k de degré fini, on note A_K la p-partie du groupe $\mathrm{Cl}(\mathcal{O}_K)$. On choisit aussi des idéaux premiers non nuls $\mathfrak{p}_1$, ..., $\mathfrak{p}_r$ de $\mathcal{O}_k$, tels qu'on ait la décomposition suivante,

$$A_k = \langle \mathrm{cl}(\mathfrak{p}_1) \rangle \times \cdots \times \langle \mathrm{cl}(\mathfrak{p}_r) \rangle, \tag{3.1.1.1}$$

dans $\mathrm{Cl}(\mathcal{O}_k)$, où $\mathrm{cl}(\mathfrak{p}_i)$ est la classe de $\mathfrak{p}_i$ dans $\mathrm{Cl}(\mathcal{O}_k)$. Si A_k est nul, on choisit $r = 0$ et $\{\mathfrak{p}_1, ..., \mathfrak{p}_r\} = \varnothing$. Pour tout $i \in \{1, ..., r\}$ soit p^{R_i} l'ordre de $\langle \mathrm{cl}(\mathfrak{p}_i) \rangle$, et soit $\alpha_i \in \mathcal{O}_k$ tel que $\mathfrak{p}_i^{p^{R_i}} = (\alpha_i)$. Soit $R := \sum_{i=1}^{r} R_i$, et soit M une puissance de p telle que $p^R = \#A_k < M$. Pour tout corps F, et tout $n \in \mathbb{N}$, on note $\mu_{p^n}(F)$ le groupe des racines p^n-ièmes de l'unité dans F, et on pose $\mu_{p^\infty}(F) = \bigcup_{n=0}^{\infty} \mu_{p^n}(F)$.

On fixe l'extension K/k, abélienne de degré fini, de groupe de Galois G, ainsi que l'ensemble $\mathcal{L}_K$ des idéaux maximaux de $\mathcal{O}_k$ premiers à p, tels que pour tout $\ell \in \mathcal{L}_K$,

$$\ell \text{ est totalement décomposé dans } K\left(\mu_{M'}, \sqrt[M]{\alpha_1}, ..., \sqrt[M]{\alpha_r}\right)/k, \tag{3.1.1.2}$$

où on a posé $M' := M \# \mu_{p^\infty}(k)$ [1]. Nous attirons l'attention du lecteur sur le fait que l'ensemble $\mathcal{L}_K$ dépend de M, bien que cela n'apparaisse pas dans la notation. D'autre part, nous remarquons que pour tout $i \in \{1, ..., r\}$, puisque $p^{R_i} < M$, $\mathfrak{p}_i$ est ramifié dans $k\left(\mu_{M'}, \sqrt[M]{\alpha_1}, ..., \sqrt[M]{\alpha_r}\right)/k$, d'indice au moins Mp^{-R_i}. En particulier tout $\ell \in \mathcal{L}_K$ est premier à $\prod_{i=1}^{r} \mathfrak{p}_i$.

3.2 Les premiers rouages de la machinerie des systèmes d'Euler.

3.2.1 Constructions de certaines extensions cycliques.

Pour tout idéal non nul $\mathfrak{m}$ de $\mathcal{O}_k$, on note $w_\mathfrak{m}$ le nombre de racines de l'unité dans k qui sont congrues à 1 modulo $\mathfrak{m}$ (en particulier si $\rho \neq 0$, alors $w_\mathfrak{m} = 1$). On pose aussi $e_k := \# \mu(k)$.

Lemme 3.2.1.1 *Pour tout $\ell \in \mathcal{L}_K$, il existe une extension cyclique $K(\ell)$ de K de degré M, contenue dans le compositum $K \cdot H_\ell$, totalement ramifiée en toutes les places de K au-dessus de ℓ, et non ramifiée partout ailleurs.*

DÉMONSTRATION. Par la théorie du corps de classe,

$$\mathrm{Gal}(H_\ell/H) \simeq (\mathcal{O}_k/\ell)^\times / \mathrm{Im}(\mu(k)), \tag{3.2.1.1}$$

---

1. Si $r = 0$, la condition devient ℓ est totalement décomposé dans $K(\mu_{M'})/k$

où $\mathrm{Im}\,(\mu(k))$ est l'image de $\mu(k)$ dans $(\mathcal{O}_k/\ell)^{\times}$. Donc l'extension $\mathrm{H}_\ell/\mathrm{H}$ est cyclique de degré $(\mathrm{N}(\ell) - 1)\,w_\ell/e_k$. Puisque ℓ est totalement décomposé dans $k\,(\mu_{\mathrm{M'}})\,/k$ (et dans le cas $\rho = 0$, premier à p), $\mathrm{M'}$ divise $\mathrm{N}(\ell) - 1$. Il en résulte que M divise $(\mathrm{N}(\ell) - 1)\,w_\ell/e_k$, et on en déduit que le sous-corps F_ℓ de H_ℓ fixé par $\mathrm{Gal}\,(\mathrm{H}_\ell/\mathrm{H})^{\mathrm{M}}$ est une extension cyclique de H de degré M. Soit $\mathcal{D} := \langle \sigma_{\mathfrak{p}_1}, ..., \sigma_{\mathfrak{p}_r}\rangle$ le sous-groupe de $\mathrm{Gal}\,(F_\ell/k)$ engendré par les automorphismes $\sigma_{\mathfrak{p}_i} := (\mathfrak{p}_i, F_\ell/k)$. Soit D le sous-corps de F_ℓ fixé par $\mathcal{D}$. Soit L le sous-corps de H fixé par A_k, A_k étant identifié à la p-partie de $\mathrm{Gal}\,(\mathrm{H}/k)$ via l'isomorphisme d'Artin. D'après (3.1.1.1), on a

$$D \cap \mathrm{H} = L. \tag{3.2.1.2}$$

Si $\sigma \in \mathcal{D} \cap \mathrm{Gal}\,(F_\ell/\mathrm{H})$, on déduit de (3.1.1.1) qu'il existe $(e_1, ..., e_r) \in \mathbb{N}^r$ tel que $\sigma = ((x), \mathrm{H}_\ell/k)$, avec $x := \prod_{i=1}^{r} \alpha_i^{e_i}$. Or ℓ étant totalement décomposé dans $k\,(\sqrt[\mathrm{M}]{\alpha_i})$, α_i est une puissance M-ième modulo ℓ, et ce pour tout $i \in \{1, ..., r\}$. Donc x est une puissance M-ième modulo ℓ, et d'après (3.2.1.1), on en déduit $\sigma = \mathrm{Id}_{F_\ell}$. On a alors vérifié que

$$F_\ell = D.\mathrm{H}. \tag{3.2.1.3}$$

De (3.2.1.2) et de (3.2.1.3) on déduit $[D : L] = [F_\ell : \mathrm{H}] = \mathrm{M}$. Or $[L : k]$ est premier à p par construction de L, donc la p-extension maximale $D' \subseteq D$ de k est linéairement disjointe de L, et vérifie $D'k = D$. Du diagramme ci-dessous, et puisque ℓ est non-ramifié dans K/k, on déduit aisément que $K.D'$ vérifie les conditions de la proposition.

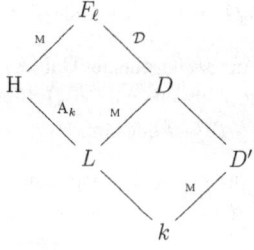

$\square$

Définition 3.2.1.2 *On note $\mathcal{S}_K$ l'ensemble des produits sans facteur carré d'idéaux appartenant à $\mathcal{L}_K$. Pour tout $\mathfrak{m} \in \mathcal{S}_K$, on pose*

$$K(\mathfrak{m}) := \begin{cases} K & si \quad \mathfrak{m} = (1) \\ K(\ell_1)\cdots K(\ell_j) & si \quad \mathfrak{m} = \ell_1 \cdots \ell_j \end{cases}$$

Remarque 3.2.1.3 *Pour des raisons de ramification, pour $(\mathfrak{m}, \mathfrak{n}) \in \mathcal{S}_K^2$, on a*
- $K(\mathfrak{m}) \cap K(\mathfrak{n}) = K\,(\mathfrak{m} \wedge \mathfrak{n})$, où $\mathfrak{m} \wedge \mathfrak{n}$ est le plus grand commun diviseur de $\mathfrak{m}$ et $\mathfrak{n}$.
- $K(\mathfrak{m}) \cdot K(\mathfrak{n}) = K\,(\mathfrak{m} \vee \mathfrak{n})$, où $\mathfrak{m} \wedge \mathfrak{n}$ est le plus petit commun multiple de $\mathfrak{m}$ et $\mathfrak{n}$.

3.2.2 Définition d'un système d'Euler.

On fixe une clôture algébrique k^{alg} de k, on note k^{sep} la fermeture séparable de k dans k^{alg}, et on note k^{ab} la fermeture abélienne de k dans k^{sep}.

Définition 3.2.2.1 *Soit* $\mathfrak{m} \neq (0)$ *un idéal de* $\mathcal{O}_k$. *On note* $\mathcal{L}_K(\mathfrak{m})$ *l'ensemble des* $\ell \in \mathcal{L}_K$ *tels que* $\ell \nmid \mathfrak{m}$, *et on note* $\mathcal{S}_K(\mathfrak{m})$ *l'ensemble des* $\mathfrak{n} \in \mathcal{S}_K$ *tels que* $\mathfrak{m} \wedge \mathfrak{n} = (1)$. *On note* $\mathcal{U}_K(\mathfrak{m})$ *l'ensemble des applications* $\varepsilon : \mathcal{S}_K(\mathfrak{m}) \to \left(k^{\mathrm{ab}}\right)^{\times}$ *vérifiant les conditions suivantes :*

- (E1) *Pour tout* $\mathfrak{n} \in \mathcal{S}_K(\mathfrak{m})$, $\varepsilon(\mathfrak{n}) \in K(\mathfrak{n})^{\times}$.
- (E2) *Pour tout* $\mathfrak{n} \in \mathcal{S}_K(\mathfrak{m}) \setminus \{(1)\}$, $\varepsilon(\mathfrak{n}) \in \mathcal{O}_{K(\mathfrak{n})}^{\times}$.
- (E3) *Pour tout* $\ell \in \mathcal{L}_K(\mathfrak{m})$ *et tout* $\mathfrak{n} \in \mathcal{S}_K(\mathfrak{m}\ell)$, *on a* $\mathrm{N}_{K(\mathfrak{n}\ell)/K(\mathfrak{n})}\left(\varepsilon(\mathfrak{n}\ell)\right) = \varepsilon(\mathfrak{n})^{(\ell, K(\mathfrak{n})/k)-1}$.
- (E4) *Pour tout* $\ell \in \mathcal{L}_K(\mathfrak{m})$ *et tout* $\mathfrak{n} \in \mathcal{S}_K(\mathfrak{m}\ell)$, *on a* $\varepsilon(\mathfrak{n}\ell) \equiv \varepsilon(\mathfrak{n})^{(\mathrm{N}(\ell)-1)/\mathrm{M}}$ *dans* $\mathcal{O}_{K(\mathfrak{n}\ell)}$, *modulo tous les idéaux premiers de* $\mathcal{O}_{K(\mathfrak{n}\ell)}$ *qui sont au dessus de* ℓ.

On pose $\mathcal{U}_K := \bigcup_{\mathfrak{m}} \mathcal{U}_K(\mathfrak{m})$, *la réunion étant sur tous les idéaux non nuls de* $\mathcal{O}_k$. *On appelle alors système d'Euler tout élément de* $\mathcal{U}_K$.

Remarque 3.2.2.2 *Soit* $\mathfrak{m} \neq (0)$ *un idéal de* $\mathcal{O}_k$. *Il résulte de* (E1), (E2), *et* (E4) *que pour tout* $\varepsilon \in \mathcal{U}_K(\mathfrak{m})$, $\varepsilon(1)$ *est une unité en chaque idéal premier de* $\mathcal{O}_K$ *au-dessus de* ℓ, *pour tout* $\ell \in \mathcal{L}_K(\mathfrak{m})$.

3.2.3 Groupes de symboles abstraits.

Soit $\mathfrak{m} \in \mathcal{S}_K$. On pose $\overline{K}_{\mathfrak{m}} := \bigcup_{\mathfrak{n} \in \mathcal{S}(\mathfrak{m})} K(\mathfrak{n})$. D'après la Remarque 3.2.1.3, pour tout $(\mathfrak{n}_1, \mathfrak{n}_2) \in \mathcal{S}_K(\mathfrak{m})$ tel que $\mathfrak{n}_1 | \mathfrak{n}_2$, le morphisme de restriction est un isomorphisme,

$$\mathrm{Gal}\left(K\left(\mathfrak{m}\mathfrak{n}_2\right)/K(\mathfrak{n}_2)\right) \xrightarrow{\sim} \mathrm{Gal}\left(K\left(\mathfrak{m}\mathfrak{n}_1\right)/K(\mathfrak{n}_1)\right). \qquad (3.2.3.1)$$

Passant à la limite, on obtient un isomorphisme $\mathrm{Gal}\left(\overline{K}_{(1)}/\overline{K}_{\mathfrak{m}}\right) \simeq \mathrm{Gal}\left(K(\mathfrak{m}\mathfrak{n})/K(\mathfrak{n})\right)$, pour tout $\mathfrak{n} \in \mathcal{S}_K(\mathfrak{m})$. On pose $\mathcal{G}_{\mathfrak{m}} := \mathrm{Gal}\left(\overline{K}_{(1)}/\overline{K}_{\mathfrak{m}}\right)$ pour alléger les notations. On pose aussi $\mathrm{N}_{\mathfrak{m}} := \sum_{\sigma \in \mathcal{G}_{\mathfrak{m}}} \sigma$. Pour tout $\ell \in \mathcal{L}_K$ tel que $\ell | \mathfrak{m}$, $\left(\ell, K\left(\mathfrak{m}\ell^{-1}\right)/k\right) \in \mathrm{Gal}\left(K\left(\mathfrak{m}\ell^{-1}\right)/K\right)$ car ℓ est totalement décomposé dans K/k. On note alors $f_\ell(\mathfrak{m})$ l'unique élément de $\mathcal{G}_{\mathfrak{m}\ell^{-1}}$ qui se restreint en $\left(\ell, K\left(\mathfrak{m}\ell^{-1}\right)/k\right)$.

Définition 3.2.3.1 *On note* $\mathcal{Y}_{\mathfrak{m}}$ *le* $\mathbb{Z}[\mathcal{G}_{\mathfrak{m}}]$-*module multiplicatif librement engendré par les symboles* $y(\mathfrak{n})$, *où* $\mathfrak{n} \in \mathcal{S}_K$ *tel que* $\mathfrak{n}|\mathfrak{m}$. *Soit* $\mathcal{Z}_{\mathfrak{m}}$ *le sous-*$\mathbb{Z}[\mathcal{G}_{\mathfrak{m}}]$-*module de* $\mathcal{Y}_{\mathfrak{m}}$ *engendré par les éléments*

- *de la forme* $y(\mathfrak{n})^{\sigma-1}$, *où* $\mathfrak{n} \in \mathcal{S}_K$ *tel que* $\mathfrak{n}|\mathfrak{m}$ *et* $\sigma \in \mathcal{G}_{\mathfrak{m}\mathfrak{n}^{-1}}$,
- *de la forme* $y(\mathfrak{n}\ell)^{\mathrm{N}_\ell} y(\mathfrak{n})^{1-f_\ell(\mathfrak{m})}$, *où* $\mathfrak{n} \in \mathcal{S}_K$ *et* $\ell \in \mathcal{S}_K$ *tels que* $\mathfrak{n}|\mathfrak{m}$, $\ell|\mathfrak{m}$, *et* $\ell \nmid \mathfrak{n}$.

On note alors $\mathcal{X}_{\mathfrak{m}}$ *le quotient* $\mathcal{Y}_{\mathfrak{m}}/\mathcal{Z}_{\mathfrak{m}}$, *et pour tout* $\mathfrak{n} \in \mathcal{S}_K$ *tel que* $\mathfrak{n}|\mathfrak{m}$, *on note* $x(\mathfrak{n})$ *la classe de* $y(\mathfrak{n})$ *dans* $\mathcal{X}_{\mathfrak{m}}$.

Pour tout $\ell \in \mathcal{L}_K$, soit ς_ℓ un générateur de $\mathcal{G}_\ell$. On pose $\mathrm{D}_\ell := \sum_{i=1}^{\mathrm{M}-1} i\varsigma_\ell^i$. Pour tout $\mathfrak{n} \in \mathcal{S}_K$, on pose $\mathrm{D}_{\mathfrak{n}} := \prod_{\ell|\mathfrak{n}} \mathrm{D}_\ell$, où le produit est sur tous les $\ell \in \mathcal{L}_K$ qui divisent $\mathfrak{n}$. Remarquons que pour tout $\ell \in \mathcal{L}_K$, on a :

$$(\varsigma_\ell - 1)\mathrm{D}_\ell = \mathrm{M} - \mathrm{N}_\ell. \qquad (3.2.3.2)$$

Lemme 3.2.3.2 *Soit* $\mathfrak{m} \in \mathcal{S}_K$. *Alors :*

34

- (i) *Le $\mathbb{Z}$-module $\mathcal{X}_\mathfrak{m}$ est libre. Une $\mathbb{Z}$-base de $\mathcal{X}_\mathfrak{m}$ est formée par les éléments $x\,(\mathfrak{n})^\sigma$, où $\mathfrak{n} \in \mathcal{S}_K$ tel que $\mathfrak{n}|\mathfrak{m}$, et où $\sigma \in \mathcal{G}_\mathfrak{n} \setminus \bigcup_{\mathfrak{n}'} \mathcal{G}_{\mathfrak{n}'}$, la réunion étant sur tous les $\mathfrak{n}' \in \mathcal{S}_K$ tels que $\mathfrak{n}'$ divise strictement $\mathfrak{n}$.*
- (ii) *Pour tout $\alpha \in \mathbb{Z}\,[\mathcal{G}_\mathfrak{m}]_0$, et tout $\mathfrak{n} \in \mathcal{S}_K$ tel que $\mathfrak{n}|\mathfrak{m}$, il existe un unique $x\,(\mathfrak{n}, \alpha) \in \mathcal{X}_\mathfrak{m}$ tel que $x\,(\mathfrak{n}, \alpha)^{\mathrm{M}} = x(\mathfrak{n})^{\alpha \mathrm{D}_\mathfrak{n}}$.*

DÉMONSTRATION. Nous référons le lecteur à [50, Lemma 2.1]. $\qquad\square$

3.2.4 Construction de l'application κ_ε définie par un système d'Euler ε.

Lemme 3.2.4.1 *Soient $\mathfrak{a} \neq (0)$ un idéal de $\mathcal{O}_k$, $\varepsilon \in \mathcal{U}_K(\mathfrak{a})$, et $\mathfrak{m} \in \mathcal{S}_K(\mathfrak{a})$. Il existe un unique morphisme $\delta_{\varepsilon,\mathfrak{m}}$ de $\mathbb{Z}\,[\mathcal{G}_\mathfrak{m}]$-modules de $\mathcal{X}_\mathfrak{m}$ vers $K(\mathfrak{m})^\times$ tel que pour tout $\mathfrak{n} \in \mathcal{S}_K(\mathfrak{a})$, si $\mathfrak{n}|\mathfrak{m}$, alors $\delta_{\varepsilon,\mathfrak{m}}\,(x(\mathfrak{n})) = \varepsilon(\mathfrak{n})$.*

DÉMONSTRATION. Puisque $\mathcal{Y}_\mathfrak{m}$ est $\mathbb{Z}\,[\mathcal{G}_\mathfrak{m}]$-librement engendré par les symboles $y(\mathfrak{n})$ où $\mathfrak{n}|\mathfrak{m}$, il existe un morphisme de $\mathbb{Z}\,[\mathcal{G}_\mathfrak{m}]$-modules $\delta'_{\varepsilon,\mathfrak{m}} : \mathcal{Y}_\mathfrak{m} \longrightarrow K(\mathfrak{m})^\times$, tel que pour tout $\mathfrak{n} \in \mathcal{S}_K(\mathfrak{a})$, si $\mathfrak{n}|\mathfrak{m}$, alors $\delta'_{\varepsilon,\mathfrak{m}}\,(y(\mathfrak{n})) = \varepsilon(\mathfrak{n})$. Il suffit donc de montrer que $\mathcal{Z}_\mathfrak{m} \subseteq \mathrm{Ker}\left(\delta'_{\varepsilon,\mathfrak{m}}\right)$.

Soit $\mathfrak{n} \in \mathcal{S}_K$ tel que $\mathfrak{n}|\mathfrak{m}$, et soit $\sigma \in \mathcal{G}_{\mathfrak{m}\mathfrak{n}^{-1}}$. D'après (E1), on a $\varepsilon(\mathfrak{n}) \in K(\mathfrak{n})^\times$, donc $\varepsilon(\mathfrak{n})^{\sigma-1} = 1$, c'est-à-dire $y(\mathfrak{n})^{\sigma-1} \in \mathrm{Ker}\left(\delta'_{\varepsilon,\mathfrak{m}}\right)$.

Soient $\mathfrak{n} \in \mathcal{S}_K$ tel que $\mathfrak{n}|\mathfrak{m}$, $\ell \in \mathcal{L}_K$ tel que $\ell \nmid \mathfrak{n}$ et $\ell|\mathfrak{m}$. D'après (E3), on a $\varepsilon\,(\mathfrak{n}\ell)^{\mathrm{N}_\ell} = \varepsilon\,(\mathfrak{n})^{f_\ell(\mathfrak{n}\ell)-1}$. D'après (E1), on a $\varepsilon(\mathfrak{n}) \in K(\mathfrak{n})^\times$, et puisque $f_\ell\,(\mathfrak{n}\ell)$ et $f_\ell\,(\mathfrak{m})$ coïncident sur $K(\mathfrak{n})$, on en déduit $\varepsilon\,(\mathfrak{n}\ell)^{\mathrm{N}_\ell} = \varepsilon\,(\mathfrak{n})^{f_\ell(\mathfrak{m})-1}$, puis $\left(y\,(\mathfrak{n}\ell)^{\mathrm{N}_\ell}\,y\,(\mathfrak{n})^{1-f_\ell(\mathfrak{m})}\right) \in \mathrm{Ker}\left(\delta'_{\varepsilon,\mathfrak{m}}\right)$. $\qquad\square$

Lemme 3.2.4.2 *Soient $\mathfrak{a} \neq (0)$ un idéal de $\mathcal{O}_k$, et $\varepsilon \in \mathcal{U}_K(\mathfrak{a})$. Il existe une application $\beta_\varepsilon : \mathcal{S}_K(\mathfrak{a}) \to \left(k^{\mathrm{ab}}\right)^\times$ telle que $\beta_\varepsilon(1) = 1$ et telle que pour tout $\mathfrak{m} \in \mathcal{S}_K(\mathfrak{a})$, et tout $\sigma \in \mathcal{G}_\mathfrak{m}$, $\beta_\varepsilon(\mathfrak{m}) \in K(\mathfrak{m})^\times$ et $\beta_\varepsilon(\mathfrak{m})^{\sigma-1} = \delta_{\varepsilon,\mathfrak{m}}\,(x(\mathfrak{m}, \sigma - 1))$.*
En outre, pour tout $\mathfrak{m} \in \mathcal{S}_K(\mathfrak{a})$, $\left(\varepsilon(\mathfrak{m})^{\mathrm{D}_\mathfrak{m}}\beta_\varepsilon(\mathfrak{m})^{-\mathrm{M}}\right) \in K^\times$.

DÉMONSTRATION. On pose
$$c : \mathcal{G}_\mathfrak{m} \longrightarrow K(\mathfrak{m})^\times, \; \sigma \longmapsto \delta_{\varepsilon,\mathfrak{m}}\,(x\,(\mathfrak{m}, \sigma - 1))\,.$$

Alors c est un 1-cocycle du $\mathbb{Z}\,[\mathcal{G}_\mathfrak{m}]$-module $K(\mathfrak{m})^\times$. Or d'après le « théorème 90 » de Hilbert généralisé [2], $\mathrm{H}^1\left(\mathcal{G}_\mathfrak{m}, K(\mathfrak{m})^\times\right) = 0$. Donc c est un 1-cobord, et il existe $\beta_\varepsilon(\mathfrak{m}) \in K(\mathfrak{m})^\times$ tel que $\beta_\varepsilon(\mathfrak{m})^{\sigma-1} = c(\sigma) = \delta_{\varepsilon,\mathfrak{m}}\,(x(\mathfrak{m}, \sigma - 1))$ pour tout $\sigma \in \mathcal{G}_\mathfrak{m}$. Si $\mathfrak{m} = (1)$, alors $\mathcal{G}_\mathfrak{m}$ est nul, et on peut donc choisir $\beta_\varepsilon(1) = 1$.

Pour $\mathfrak{m} \in \mathcal{S}_K(\mathfrak{a})$, et tout $\sigma \in \mathcal{G}_\mathfrak{m}$, on a
$$\begin{aligned}
\left(\varepsilon(\mathfrak{m})^{\mathrm{D}_\mathfrak{m}}\beta_\varepsilon(\mathfrak{m})^{-\mathrm{M}}\right)^{\sigma-1} &= \varepsilon(\mathfrak{m})^{(\sigma-1)\mathrm{D}_\mathfrak{m}}\delta_{\varepsilon,\mathfrak{m}}\left(x(\mathfrak{m}, \sigma - 1)^{-\mathrm{M}}\right) \\
&= \varepsilon(\mathfrak{m})^{(\sigma-1)\mathrm{D}_\mathfrak{m}}\delta_{\varepsilon,\mathfrak{m}}\left(x(\mathfrak{m})^{(1-\sigma)\mathrm{D}_\mathfrak{m}}\right) = 1.
\end{aligned}$$
On en déduit que $\left(\varepsilon(\mathfrak{m})^{\mathrm{D}_\mathfrak{m}}\beta_\varepsilon(\mathfrak{m})^{-\mathrm{M}}\right) \in K^\times$. $\qquad\square$

Définition 3.2.4.3 *Soient $\mathfrak{a} \neq (0)$ un idéal de $\mathcal{O}_k$, et $\varepsilon \in \mathcal{U}_K(\mathfrak{a})$. On fixe une application $\beta_\varepsilon : \mathcal{S}_K(\mathfrak{a}) \to \left(k^{\mathrm{ab}}\right)^\times$ comme au Lemme 3.2.4.2. On définit alors l'application*
$$\kappa_\varepsilon : \mathcal{S}_K(\mathfrak{a}) \longrightarrow K^\times, \; \mathfrak{m} \longmapsto \varepsilon(\mathfrak{m})^{\mathrm{D}_\mathfrak{m}}\beta_\varepsilon(\mathfrak{m})^{-\mathrm{M}}.$$

---

2. Voir par exemple [65, Lemma 15.11].

3.2.5 Les modules Ω_ℓ et $\mathcal{I}_\ell$.

Soit $\ell \in \mathcal{L}_K$. Soit $\ell' := \displaystyle\prod_{\lambda \mid \ell} \lambda$ le produit des idéaux premiers λ de $\mathcal{O}_{K(\ell)}$ au-dessus de ℓ. Pour alléger les notations, on pose

$$\Omega_\ell := \left(\mathcal{O}_{K(\ell)}/\ell' \right)^\times / \left(\left(\mathcal{O}_{K(\ell)}/\ell' \right)^\times \right)^{\mathrm{M}}.$$

Puisque les idéaux premiers de $\mathcal{O}_K$ au dessus de ℓ sont totalement ramifiés dans $K(\ell)/K$, l'injection canonique de $\mathcal{O}_K/\ell\mathcal{O}_K$ vers $\mathcal{O}_{K(\ell)}/\ell'$ est un isomorphisme. En particulier $\mathcal{O}_{K(\ell)}/\ell'$ et Ω_ℓ sont des $\mathbb{Z}[G]$-modules. En tant que $\mathbb{Z}[G]$-module, $\left(\mathcal{O}_{K(\ell)}/\ell' \right)^\times$ est isomorphe à $(\mathbb{Z}/(\mathrm{N}(\ell)-1)\mathbb{Z})[G]$. Il en résulte que $\left(\mathcal{O}_{K(\ell)}/\ell' \right)^\times \to \left(\mathcal{O}_{K(\ell)}/\ell' \right)^\times$, $\alpha \mapsto \alpha^{(\mathrm{N}(\ell)-1)/\mathrm{M}}$ induit un isomorphisme $\Omega_\ell \xrightarrow{\sim} \left(\left(\mathcal{O}_{K(\ell)}/\ell' \right)^\times \right)^{(\mathrm{N}(\ell)-1)/\mathrm{M}}$. On note r_ℓ l'isomorphisme réciproque.

Lemme 3.2.5.1 *Soit $\ell \in \mathcal{L}_K$. Pour tout $x \in K(\ell)^\times$, $x^{1-\varsigma_\ell}$ est une unité en chaque idéal premier λ de $\mathcal{O}_{K(\ell)}$ au dessus de ℓ. De plus l'image de $x^{1-\varsigma_\ell}$ dans $\left(\mathcal{O}_{K(\ell)}/\ell' \right)^\times$ appartient à $\left(\left(\mathcal{O}_{K(\ell)}/\ell' \right)^\times \right)^{(\mathrm{N}(\ell)-1)/\mathrm{M}}$.*

DÉMONSTRATION. Puisque les idéaux premiers de K au dessus de ℓ ne se décomposent pas dans $K(\ell)$, $x^{1-\varsigma_\ell}$ est une unité en chaque idéal premier λ de $\mathcal{O}_{K(\ell)}$ au dessus de ℓ. Soit y l'image de $x^{1-\varsigma_\ell}$ dans $\left(\mathcal{O}_{K(\ell)}/\ell' \right)^\times$. Pour prouver que $y \in \left(\left(\mathcal{O}_{K(\ell)}/\ell' \right)^\times \right)^{(\mathrm{N}(\ell)-1)/\mathrm{M}}$, il suffit de prouver $y^{\mathrm{M}} = 1$. On a $x^{(1-\varsigma_\ell)\mathrm{M}} \equiv x^{(1-\varsigma_\ell)\sum_{j=0}^{\mathrm{M}-1} \varsigma_\ell^j} \equiv 1$, modulo ℓ', car ς_ℓ agit trivialement sur $\mathcal{O}_{K(\ell)}/\ell'$. $\quad\square$

Définition 3.2.5.2 *Soit $\ell \in \mathcal{L}_K$. Du Lemme 3.2.5.1, on déduit que l'application suivante est bien définie,*

$$\vartheta_{K,\ell} : K(\ell)^\times \longrightarrow \Omega_\ell, \, x \longmapsto r_\ell(y),$$

où y est l'image de $x^{1-\varsigma_\ell}$ dans $\left(\mathcal{O}_{K(\ell)}/\ell' \right)^\times$.

Pour $\ell \in \mathcal{L}_K$, on note $\mathcal{I}_\ell$ (ou $\mathcal{I}_{K,\ell}$) le $\mathbb{Z}$-module additif librement engendré par les idéaux premiers de $\mathcal{O}_K$ au-dessus de ℓ. Le module $\mathcal{I}_\ell$ est naturellement muni d'une structure de $\mathbb{Z}[G]$-module, et puisque ℓ est totalement décomposé dans K, on a $\mathcal{I}_\ell \simeq \mathbb{Z}[G]$.

Définition 3.2.5.3 *Soit $\ell \in \mathcal{L}_K$. On définit le morphisme de $\mathbb{Z}[G]$-modules*

$$w_{K,\ell} : K(\ell)^\times \longrightarrow \mathcal{I}_\ell/\mathrm{M}\mathcal{I}_\ell, \, x \longmapsto \sum_{\lambda \mid \ell} \bar{v}_{\lambda'}(x)\lambda,$$

où pour tout idéal premier λ de $\mathcal{O}_K$ au-dessus de ℓ, λ' est l'unique idéal premier de $\mathcal{O}_{K(\ell)}$ au-dessus de λ, et où $\bar{v}_{\lambda'}$ est la composée de la valuation normalisée en λ', $v_{\lambda'} : K^\times \to \mathbb{Z}$, avec la projection canonique $\mathbb{Z} \to \mathbb{Z}/\mathrm{M}\mathbb{Z}$.

Lemme 3.2.5.4 *Soit $\ell \in \mathcal{L}_K$. Les morphismes $\vartheta_{K,\ell}$ et $w_{K,\ell}$ ont le même noyau.*

DÉMONSTRATION. Soit $x \in K(\ell)^{\times}$. Soit Λ l'ensemble des idéaux premiers de $\mathcal{O}_K$ au-dessus de ℓ. Pour tout $\lambda \in \Lambda$, soit λ' l'unique idéal premier de $\mathcal{O}_{K(\ell)}$ au-dessus de λ et soit $\pi_{\lambda'}$ une uniformisante du localisé de $\mathcal{O}_{K(\ell)}$ en λ'. On a

$$
\begin{aligned}
x \in \mathrm{Ker}\,(\vartheta_{K,\ell}) &\iff \forall \lambda \in \Lambda,\; x^{1-\varsigma_{\ell}} \equiv_{\lambda'} 1 \\
&\iff \forall \lambda \in \Lambda,\; \pi_{\lambda'}^{(1-\varsigma_{\ell})v_{\lambda'}(x)} \equiv_{\lambda'} 1 \\
&\iff \forall \lambda \in \Lambda,\; \pi_{\lambda'}^{1-\varsigma_{\ell}^{v_{\lambda'}(x)}} \equiv_{\lambda'} 1, \qquad (3.2.5.1)
\end{aligned}
$$

car ς_{ℓ} agit trivialement sur $\mathcal{O}_{K(\ell)}/\ell'$. Pour tout $\lambda \in \Lambda$, soit K_{λ} le complété de K en λ, et soit $K(\ell)_{\lambda'}$ le complété de $K(\ell)$ en λ'. De [53, IV, §2, Proposition 5] et de (3.2.5.1) on déduit que $x \in \mathrm{Ker}\,(\vartheta_{K,\ell})$ si et seulement si pour tout $\lambda \in \Lambda$, $\varsigma_{\ell}^{v_{\lambda'}(x)}$ appartient au premier groupe de ramification de $K(\ell)_{\lambda'}/K_{\lambda}$ en numérotation inférieure, que nous notons R. Or R est un l-groupe, où l est la caractéristique du corps $\mathcal{O}_k/\ell$, et $[K(\ell) : K] = \mathrm{M}$ est premier à l, donc R est nul. Finalement $x \in \mathrm{Ker}\,(\vartheta_{K,\ell})$ si et seulement si pour tout $\lambda \in \Lambda$, $\varsigma_{\ell}^{v_{\lambda'}(x)}$ est l'identité sur $K(\ell)$, autrement dit si et seulement si pour tout $\lambda \in \Lambda$, $\mathrm{M}|v_{\lambda'}(x)$. Cette dernière condition équivaut à $x \in \mathrm{Ker}\,(w_{K,\ell})$. $\qquad\square$

Proposition 3.2.5.5 *Soit $\ell \in \mathcal{L}_K$. Les morphismes $\vartheta_{K,\ell}$ et $w_{K,\ell}$ sont surjectifs, et il existe un unique isomorphisme de $\mathbb{Z}\,[G]$-modules $\tilde{\varphi}_{K,\ell} : \Omega_{\ell} \to \mathcal{I}_{\ell}/\mathrm{M}\mathcal{I}_{\ell}$ tel que le diagramme ci-dessous est commutatif.*

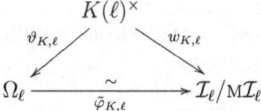

DÉMONSTRATION. On sait d'après le Lemme 3.2.5.4 que $\vartheta_{K,\ell}$ et $w_{K,\ell}$ ont le même noyau. D'autre part $\Omega_{\ell} \simeq \mathbb{Z}/\mathrm{M}\mathbb{Z}[G] \simeq \mathcal{I}_{\ell}/\mathrm{M}\mathcal{I}_{\ell}$, donc il suffit de remarquer que $w_{K,\ell}$ est surjectif. $\qquad\square$

3.2.6 Le morphisme $\varphi_{K,\ell}$.

Définition 3.2.6.1 *Soit $\ell \in \mathcal{L}_K$. Pour tout $x \in K^{\times}$, on peut choisir $y_x \in K(\ell)^{\times}$ tel que xy_x^{M} est une unité en chaque idéal premier λ de $\mathcal{O}_{K(\ell)}$ tel que $\lambda|\ell$. Notons $[xy_x^{\mathrm{M}}]$ l'image de xy_x^{M} dans Ω_{ℓ} (elle ne dépend pas du choix de y_x). On définit*

$$
\varphi_{K,\ell} : K^{\times} \longrightarrow \mathcal{I}_{\ell}/\mathrm{M}\mathcal{I}_{\ell},\; x \longmapsto \tilde{\varphi}_{K,\ell}\left([xy_x^{\mathrm{M}}]\right).
$$

Remarque 3.2.6.2 *Soit $\ell \in \mathcal{L}_K$. Le morphisme $\varphi_{K,\ell}$ est nul sur $\left(K^{\times}\right)^{\mathrm{M}}$. On note encore $\varphi_{K,\ell} : K^{\times}/\left(K^{\times}\right)^{\mathrm{M}} \to \mathcal{I}_{\ell}/\mathrm{M}\mathcal{I}_{\ell}$ le morphisme obtenu en quotientant par $\left(K^{\times}\right)^{\mathrm{M}}$.*

Pour tout $x \in K^{\times}$, on pose $[x]_{\ell} := \sum_{\lambda|\ell} \bar{v}_{\lambda}(x)\lambda$, où pour tout idéal premier λ de $\mathcal{O}_K$ tel que $\lambda|\ell$, $\bar{v}_{\lambda} : K^{\times} \to \mathbb{Z}/\mathrm{M}\mathbb{Z}$ est la composée de la valuation normalisée en λ, $v_{\lambda} : K^{\times} \to \mathbb{Z}$, avec la projection canonique $\mathbb{Z} \to \mathbb{Z}/\mathrm{M}\mathbb{Z}$.

Proposition 3.2.6.3 *Soient* $\mathfrak{a} \neq (0)$ *un idéal de* $\mathcal{O}_k$, $\varepsilon \in \mathcal{U}_K(\mathfrak{a})$, $\mathfrak{m} \in \mathcal{S}_K(\mathfrak{a})$, *et* ℓ *un idéal maximal de* $\mathcal{O}_k$, *tel que* $\ell \nmid \mathfrak{m}$. *Alors*

(i) *Si* $\ell \in \mathcal{L}_K(\mathfrak{m})$ *ou si* $\varepsilon(\mathfrak{m}) \in \mathcal{O}_{K(\mathfrak{m})}^{\times}$ *(ce qui est toujours le cas si* $\mathfrak{m} \neq (1)$*), alors* $[\kappa_\varepsilon(\mathfrak{m})]_\ell = 0$.

(ii) *Si* $\ell \in \mathcal{L}_K(\mathfrak{am})$, *alors* $[\kappa_\varepsilon(\mathfrak{m}\ell)]_\ell = \varphi_{K,\ell}(\kappa_\varepsilon(\mathfrak{m}))$.

DÉMONSTRATION. Soit Λ l'ensemble des idéaux premiers de $\mathcal{O}_K$ au-dessus de ℓ. On se place sous les hypothèses de (i). D'après (E2), $\varepsilon(\mathfrak{m}) \in \mathcal{O}_{K(\mathfrak{m})}^{\times}$ si $\mathfrak{m} \neq (1)$. Si $\mathfrak{m} = (1)$ et si $\varepsilon(\mathfrak{m}) \notin \mathcal{O}_{K(\mathfrak{m})}^{\times}$, alors $\ell \in \mathcal{L}_K(\mathfrak{m})$, et dans ce dernier cas d'après la remarque 3.2.2.2, $\varepsilon(\mathfrak{m})$ est une unité en chaque $\lambda \in \Lambda$. Puisque $\kappa_\varepsilon(\mathfrak{m}) = \varepsilon(\mathfrak{m})^{D\mathfrak{m}} \beta_\varepsilon(\mathfrak{m})^{-M}$, on en déduit que pour tout $\lambda \in \Lambda$, et pour tout idéal premier λ' de $\mathcal{O}_{K(\mathfrak{m})}$ au-dessus de λ, on a

$$v_\lambda(\kappa_\varepsilon(\mathfrak{m})) = v_{\lambda'}(\kappa_\varepsilon(\mathfrak{m})) = v_{\lambda'}\left(\beta_\varepsilon(\mathfrak{m})^{-M}\right) = -M v_{\lambda'}\left(\beta_\varepsilon(\mathfrak{m})\right),$$

car λ est non ramifié dans $K(\mathfrak{m})/K$. Il en résulte (i).

Supposons $\ell \in \mathcal{L}_K(\mathfrak{am})$, et montrons (ii). Pour tout $\lambda \in \Lambda$, soit λ' l'unique idéal premier de $\mathcal{O}_{K(\ell)}$ au-dessus de λ. On choisit $y \in K(\ell)^{\times}$ tel que $\kappa_\varepsilon(\mathfrak{m}\ell) y^M$ est une unité en chacun des λ', $\lambda \in \Lambda$. Alors

$$[\kappa_\varepsilon(\mathfrak{m}\ell)]_\ell = \sum_{\lambda \in \Lambda} \bar{v}_\lambda(\kappa_\varepsilon(\mathfrak{m}\ell)) \lambda = -\sum_{\lambda \in \Lambda} \bar{v}_{\lambda'}(y) \lambda = w_{K,\ell}\left(y^{-1}\right). \tag{3.2.6.1}$$

D'après (i), il existe $z \in K^{\times}$ tel que $\kappa_\varepsilon(\mathfrak{m}) z^M$ est une unité en chacun des $\lambda \in \Lambda$. De (3.2.6.1) et de la Proposition 3.2.5.5, on déduit qu'il suffit de prouver que

$$\vartheta_{K,\ell}\left(y^{-1}\right) = [\kappa_\varepsilon(\mathfrak{m}) z^M], \tag{3.2.6.2}$$

où $[\kappa_\varepsilon(\mathfrak{m}) z^M]$ est l'image de $\kappa_\varepsilon(\mathfrak{m}) z^M$ dans Ω_ℓ. D'après (E2), et puisque $\kappa_\varepsilon(\mathfrak{m}\ell) = \varepsilon(\mathfrak{m}\ell)^{D\mathfrak{m}\ell} \beta_\varepsilon(\mathfrak{m}\ell)^{-M}$, on a

$$v_{\lambda''}(y) = v_{\lambda''}(\beta_\varepsilon(\mathfrak{m}\ell)), \tag{3.2.6.3}$$

pour tout idéal premier λ'' de $\mathcal{O}_{K(\mathfrak{m}\ell)}$ au-dessus de ℓ. Soit ℓ'' le produit des idéaux premiers de $\mathcal{O}_{K(\mathfrak{m}\ell)}$ au-dessus de ℓ. Puisque ς_ℓ agit trivialement sur $\mathcal{O}_{K(\mathfrak{m}\ell)}/\ell''$, on déduit de (3.2.6.3) que

$$y^{\varsigma_\ell - 1} \equiv \beta_\varepsilon(\mathfrak{m}\ell)^{\varsigma_\ell - 1} \quad \text{modulo} \quad \ell''. \tag{3.2.6.4}$$

On a

$$\beta_\varepsilon(\mathfrak{m}\ell)^{\varsigma_\ell - 1} = \delta_{\varepsilon,\mathfrak{m}\ell}\left(x(\mathfrak{m}\ell, \varsigma_\ell - 1)\right). \tag{3.2.6.5}$$

D'après (3.2.3.2) et d'après la définition 3.2.3.1, on a

$$x(\mathfrak{m}\ell)^{(\varsigma_\ell - 1)D\mathfrak{m}\ell} = x(\mathfrak{m}\ell)^{(M - N_\ell)D\mathfrak{m}} = x(\mathfrak{m}\ell)^{MD\mathfrak{m}} x(\mathfrak{m})^{(1 - f_\ell(\mathfrak{m}\ell))D\mathfrak{m}}. \tag{3.2.6.6}$$

D'après le lemme 3.2.3.2, (ii), on déduit de (3.2.6.5) et (3.2.6.6) que

$$\begin{aligned}
\beta_\varepsilon(\mathfrak{m}\ell)^{\varsigma_\ell - 1} &= \delta_{\varepsilon,\mathfrak{m}\ell}\left(x(\mathfrak{m}\ell)^{D\mathfrak{m}} x(\mathfrak{m}, 1 - f_\ell(\mathfrak{m}\ell))\right) \\
&= \varepsilon(\mathfrak{m}\ell)^{D\mathfrak{m}} \delta_{\varepsilon,\mathfrak{m}}\left(x(\mathfrak{m}, 1 - f_\ell(\mathfrak{m}\ell))\right) \\
&= \varepsilon(\mathfrak{m}\ell)^{D\mathfrak{m}} \beta_\varepsilon(\mathfrak{m})^{1 - f_\ell(\mathfrak{m}\ell)}
\end{aligned} \tag{3.2.6.7}$$

38

D'après (E2) et la remarque 3.2.2.2, et puisque $\kappa_\varepsilon(\mathfrak{m}) = \varepsilon(\mathfrak{m})^{\mathrm{D}\mathfrak{m}}\beta_\varepsilon(\mathfrak{m})^{-\mathrm{M}}$, on voit que $z\beta_\varepsilon(\mathfrak{m})^{-1}$ est une unité en tout idéal premier de $\mathcal{O}_{K(\mathfrak{m})}$ au-dessus de ℓ. D'après (3.2.6.4) et (3.2.6.7), on a dans $\mathcal{O}_{K(\mathfrak{m}\ell)}$,

$$y^{\varsigma_\ell - 1} \equiv \varepsilon(\mathfrak{m}\ell)^{\mathrm{D}\mathfrak{m}}\beta_\varepsilon(\mathfrak{m})^{1-f_\ell(\mathfrak{m}\ell)},$$

modulo ℓ''. Puisque z est invariant sous $f_\ell(\mathfrak{m}\ell)$, on a

$$
\begin{aligned}
y^{\varsigma_\ell - 1} &\equiv \varepsilon(\mathfrak{m}\ell)^{\mathrm{D}\mathfrak{m}}\left(\beta_\varepsilon(\mathfrak{m})z^{-1}\right)^{1-f_\ell(\mathfrak{m}\ell)} \\
&\equiv \varepsilon(\mathfrak{m}\ell)^{\mathrm{D}\mathfrak{m}}\left(\beta_\varepsilon(\mathfrak{m})z^{-1}\right)^{1-\mathrm{N}(\ell)},
\end{aligned}
$$

modulo ℓ''. Par (E4), on en déduit

$$
\begin{aligned}
y^{\varsigma_\ell - 1} &\equiv \left(\varepsilon(\mathfrak{m})^{\mathrm{D}\mathfrak{m}}\left(\beta_\varepsilon(\mathfrak{m})^{-\mathrm{M}}z^{\mathrm{M}}\right)\right)^{(\mathrm{N}(\ell)-1)/\mathrm{M}} \\
&\equiv \left(\kappa_\varepsilon(\mathfrak{m})z^{\mathrm{M}}\right)^{(\mathrm{N}(\ell)-1)/\mathrm{M}}. \quad\quad (3.2.6.8)
\end{aligned}
$$

De (3.2.6.8) on déduit (3.2.6.2), ce qui achève la démonstration. $\qquad\square$

3.3 Existence de certains idéaux premiers particuliers.

3.3.1 Préliminaires.

Pour tout groupe abélien fini H tel que $p \nmid \#H$, tout $\mathbb{Z}_p[H]$-module M, et tout $\mathbb{Q}_p$-caractère irréductible χ de H, on note M_χ la χ-partie de M, définie par

$$M_\chi := e_\chi M,$$

où $e_\chi := (\#H)^{-1}\sum_{\sigma \in H}\chi(\sigma)\sigma^{-1}$ est l'idempotent attaché à χ.

Pour toute extension abélienne de degré fini L/k, on note $\mathrm{H}^{(p)}(L)$ le corps des p-classes de Hilbert de $\mathcal{O}_L$, c'est-à-dire la p-extension abélienne maximale non ramifiée de L totalement décomposée en les places de L au-dessus de ∞. Remarquons que $\mathrm{H}^{(p)}(L)$ est galoisienne sur k, et que le groupe $\mathrm{Gal}(L/k)$ agit par conjugaison sur $\mathrm{Gal}(\mathrm{H}^{(p)}(L)/L)$. On note A_L la p-partie de $\mathrm{Cl}(\mathcal{O}_L)$. La théorie du corps de classes nous donne un isomorphisme de $\mathbb{Z}[\mathrm{Gal}(L/k)]$-modules,

$$\mathrm{A}_L \xrightarrow{\ \sim\ } \mathrm{Gal}\left(\mathrm{H}^{(p)}(L)/L\right), \quad\quad (3.3.1.1)$$

communément appelé l'isomorphisme d'Artin. Si $p \nmid [L:k]$, on a la décomposition suivante,

$$\mathrm{A}_L = \bigoplus_\psi \mathrm{A}_{L,\psi}, \quad\quad (3.3.1.2)$$

où la somme est sur tous les $\mathbb{Q}_p$-caractères irréductibles ψ de $\mathrm{Gal}(L/k)$. Pour un tel caractère ψ, on note $\mathrm{H}^{(\psi)}(L)$ la sous-extension de $\mathrm{H}^{(p)}(L)/L$ telle que l'isomorphisme d'Artin passe aux quotients en un isomorphisme

$$\mathrm{A}_{L,\psi} \xrightarrow{\ \sim\ } \mathrm{Gal}\left(\mathrm{H}^{(\psi)}(L)/L\right). \quad\quad (3.3.1.3)$$

On pose

$$K' := K\left(\mu_{\mathrm{M}'}, \sqrt[\mathrm{M}]{\alpha_1}, ..., \sqrt[\mathrm{M}]{\alpha_r}\right), \quad\quad (3.3.1.4)$$

avec $\mathrm{M}' := \mathrm{M}\#\mu_{p^\infty}(k)$. Alors K' est galoisienne sur k, abélienne sur $k(\mu_{\mathrm{M}})$, et kummérienne sur $K(\mu_{\mathrm{M}})$.

Lemme 3.3.1.1 *On suppose $p \nmid [K : k]$. Soit ψ un caractère irréductible non trivial de G vers $\mathbb{Q}_p$. Dans le cas particulier où on a simultanément $\mu_p \not\subset k$, $\mu_p \subset K$, et $p | \# \mathrm{Cl}\,(\mathcal{O}_k)$, on suppose que ψ n'est pas le caractère de Teichmuller*[3]. *Alors $\mathrm{H}^{(\psi)}(K) \cap K' = K$.*

DÉMONSTRATION. Puisque $\mathrm{Gal}\left(\mathrm{H}^{(\psi)}(K) \cap K\left(\mu_{\mathrm{M}'}\right)/K\right)$ est un quotient de $\mathrm{Gal}\left(\mathrm{H}^{(\psi)}(K)/K\right)$, $\mathrm{Gal}\left(\mathrm{H}^{(\psi)}(K) \cap K\left(\mu_{\mathrm{M}'}\right)/K\right)$ est réduit à sa ψ-partie. D'autre part l'extension $K\left(\mu_{\mathrm{M}'}\right)/k$ est abélienne, donc l'action de G sur $\mathrm{Gal}\left(\mathrm{H}^{(\psi)}(K) \cap K\left(\mu_{\mathrm{M}'}\right)/K\right)$ est triviale. Or $\psi \neq 1$, donc on en déduit

$$\mathrm{H}^{(\psi)}(K) \cap K\left(\mu_{\mathrm{M}'}\right) = K. \tag{3.3.1.5}$$

En particulier si $p \nmid \# \mathrm{Cl}\,(\mathcal{O}_k)$, le lemme résulte de (3.3.1.5), car dans ce cas $K' = K\left(\mu_{\mathrm{M}'}\right)$. Dans la suite, on suppose $p | \# \mathrm{Cl}\,(\mathcal{O}_k)$. Soit F la fermeture abélienne de K dans K'. C'est une extension kummérienne de $K\left(\mu_{\mathrm{M}}\right)$. Soit W_F le sous-groupe de $K\left(\mu_{\mathrm{M}}\right)^{\times}$, contenant $\left(K\left(\mu_{\mathrm{M}}\right)^{\times}\right)^{\mathrm{M}}$, tel que $F = K\left(\mu_{\mathrm{M}}, \sqrt[M]{W_F}\right)$. Puisque $F \subseteq K'$, on a

$$W_F \subseteq \langle \zeta, \alpha_1, ..., \alpha_r \rangle \left(K\left(\mu_{\mathrm{M}}\right)^{\times}\right)^{\mathrm{M}},$$

où ζ est un générateur de $\mu_{p^\infty}(k)$. On en déduit que tout élément de W_F est congru à un élément de $k^{\times}$ modulo $\left(K\left(\mu_{\mathrm{M}}\right)^{\times}\right)^{\mathrm{M}}$. En appliquant le corollaire A.4.1.2, on obtient

$$\mathrm{Gal}\left(F/K\left(\mu_{\mathrm{M}}\right)\right) = \begin{cases} 0 & \text{si } \mu_p \not\subset K, \\ \mathrm{Gal}\left(F/K\left(\mu_{\mathrm{M}}\right)\right)_{\mathrm{Tch}} & \text{si } \mu_p \subset K \text{ et } \mu_p \not\subset k, \\ \mathrm{Gal}\left(F/K\left(\mu_{\mathrm{M}}\right)\right)_1 & \text{si } \mu_p \subset k, \end{cases} \tag{3.3.1.6}$$

où $\mathrm{Gal}\left(F/K\left(\mu_{\mathrm{M}}\right)\right)_{\mathrm{Tch}}$ est la $\varepsilon_{\mathrm{Tch}}$-partie de $\mathrm{Gal}\left(F/K\left(\mu_{\mathrm{M}}\right)\right)$, avec $\varepsilon_{\mathrm{Tch}}$ le caractère de Teichmuller. D'après (3.3.1.5) le morphisme de restriction est un isomorphisme de $\mathbb{Z}[G]$-modules,

$$\mathrm{Gal}\left(\left(\mathrm{H}^{(\psi)}(K) \cap K'\right) \cdot \left(K\left(\mu_{\mathrm{M}}\right)\right)/K\left(\mu_{\mathrm{M}}\right)\right) \xrightarrow{\sim} \mathrm{Gal}\left(\left(\mathrm{H}^{(\psi)}(K) \cap K'\right)/K\right) \tag{3.3.1.7}$$

Puisque $\left(\mathrm{H}^{(\psi)}(K) \cap K'\right) \cdot K\left(\mu_{\mathrm{M}}\right) \subseteq F$, on déduit de (3.3.1.6) et de (3.3.1.7) que

$$\mathrm{Gal}\left(\mathrm{H}^{(\psi)}(K) \cap K'/K\right) = \begin{cases} 0 & \text{si } \mu_p \not\subset K, \\ \mathrm{Gal}\left(\mathrm{H}^{(\psi)}(K) \cap K'/K\right)_{\mathrm{Tch}} & \text{si } \mu_p \subset K \text{ et } \mu_p \not\subset k, \\ \mathrm{Gal}\left(\mathrm{H}^{(\psi)}(K) \cap K'/K\right)_1 & \text{si } \mu_p \subset k. \end{cases} \tag{3.3.1.8}$$

Des hypothèses de l'énoncé, il résulte alors que $\mathrm{H}^{(\psi)}(K) \cap K' = K$. $\square$

3.3.2 Génération d'idéaux premiers.

Soit $H \subseteq \mathrm{H}^{(\psi)}(K)$ une extension de K, galoisienne sur k. Soit $\xi \in K^{\times}$ tel que l'image ξ_{M} de ξ dans $K^{\times}/\left(K^{\times}\right)^{\mathrm{M}}$ appartienne à $\left(K^{\times}/\left(K^{\times}\right)^{\mathrm{M}}\right)_{\psi}$. Soit m l'ordre de ξ dans $K^{\times}/\left(K^{\times}\right)^{\mathrm{M}}$. Soit W le sous-$\mathbb{Z}[G]$-module de $K^{\times}$ engendré par ξ et $\left(K^{\times}\right)^{\mathrm{M}}$. Soit W_{M} l'image de W dans $K^{\times}/\left(K^{\times}\right)^{\mathrm{M}}$, et $L := H \cap K'\left(\sqrt[M]{W}\right)$.

Proposition 3.3.2.1 *On suppose $p \nmid [K : k]$. Soit ψ un $\mathbb{Q}_p$-caractère irréductible non trivial de G. Dans le cas particulier où on a simultanément $\mu_p \not\subset k$, $\mu_p \subset K$, et $p | \# \mathrm{Cl}\,(\mathcal{O}_k)$, on suppose que ψ n'est pas le caractère de Teichmuller.*

---

3. Voir définition A.2.3.2.

Il existe un générateur γ du $\mathbb{Z}[G]$-module $\operatorname{Gal}(L/K)$ vérifiant la condition suivante. Pour tout prolongement $\tilde{\gamma}$ de γ à H, il existe une infinité d'idéaux maximaux λ de $\mathcal{O}_K$ tels que :

- *(i) $(\lambda, H/K) = \tilde{\gamma}$.*
- *(ii) $\ell \in \mathcal{L}_K$, où $\ell := \lambda \cap \mathcal{O}_k$.*
- *(iii) $[\xi]_\ell = 0$, et il existe $u \in ((\mathbb{Z}/\mathrm{M}\mathbb{Z})[G])_\psi^\times$ tel que $\varphi_{K,\ell}(\xi) = \mathrm{M}m^{-1}u\lambda$.*

DÉMONSTRATION. D'après la proposition A.4.1.3, $\operatorname{Gal}\left(K'\left(\sqrt[\mathrm{M}]{W}\right)/K'\right)$ est monogène sur $\mathbb{Z}[\operatorname{Gal}(K'/k)]$. Soit τ un générateur du $\mathbb{Z}[\operatorname{Gal}(K'/k)]$-module $\operatorname{Gal}\left(K'\left(\sqrt[\mathrm{M}]{W}\right)/K'\right)$. D'après le lemme 3.3.1.1, on a

$$L \cap K' = L \cap \mathrm{H}^{(\psi)}(K) \cap K' = L \cap K = K. \tag{3.3.2.1}$$

De (3.3.2.1) on déduit que le morphisme de restriction $\operatorname{Gal}\left(K'\left(\sqrt[\mathrm{M}]{W}\right)/K'\right) \longrightarrow \operatorname{Gal}(L/K)$ est un morphisme surjectif de $\mathbb{Z}[\operatorname{Gal}(K'/k)]$-modules. On en déduit que $\gamma := \tau|_L$ est un générateur du $\mathbb{Z}[G]$-module $\operatorname{Gal}(L/K)$. Soit $\tilde{\gamma}$ un prolongement de γ à H. Par définition de L, il existe $\sigma \in \operatorname{Gal}\left(HK'\left(\sqrt[\mathrm{M}]{W}\right)/K\right)$ tel que

$$\sigma|_H = \tilde{\gamma} \quad \text{et} \quad \sigma|_{K'\left(\sqrt[\mathrm{M}]{W}\right)} = \tau. \tag{3.3.2.2}$$

Il existe [4] une infinité d'idéaux premiers non nuls λ' de $\mathcal{O}_{HK'\left(\sqrt[\mathrm{M}]{W}\right)}$, premiers à p et non ramifiés dans $HK'\left(\sqrt[\mathrm{M}]{W}\right)/k$, tels que

$$\left(\lambda', HK'\left(\sqrt[\mathrm{M}]{W}\right)/k\right) = \sigma, \tag{3.3.2.3}$$

où $\left(\lambda', HK'\left(\sqrt[\mathrm{M}]{W}\right)/k\right)$ est le morphisme de Fröbenius en λ'. On pose $\lambda := \lambda' \cap \mathcal{O}_K$ et $\ell := \lambda \cap \mathcal{O}_k$. De (3.3.2.3) et (3.3.2.2), on déduit

$$(\ell, K'/k) = \sigma|_{K'} = \tau|_{K'} = \operatorname{Id}_{K'}, \tag{3.3.2.4}$$

et il en résulte que ℓ est totalement décomposé dans K'. On a donc $\ell \in \mathcal{L}_K$. On a vérifié (ii). Puisque ℓ est totalement décomposé dans K/k, on déduit de (3.3.2.3) et (3.3.2.2) que

$$(\lambda, H/K) = \sigma|_H = \tilde{\gamma}. \tag{3.3.2.5}$$

On a vérifié (i). Les idéaux premiers de $\mathcal{O}_K$ au-dessus de ℓ sont non ramifiés dans $K'\left(\sqrt[\mathrm{M}]{W}\right)$, et ξ admet une racine M-ième dans $K'\left(\sqrt[\mathrm{M}]{W}\right)$. On en déduit que $[\xi]_\ell = 0$. En particulier, il existe $y \in K^\times$ tel que ξy^M est une unité en toutes les places de K au-dessus de ℓ. Soit t un diviseur de M. Puisque $\tilde{\varphi}_{K,\ell}$ est un isomorphisme, et par définition de $\varphi_{K,\ell}$, on a

$$\begin{aligned}
\varphi_{K,\ell}(\xi) \in t\mathcal{I}_\ell &\iff \tilde{\varphi}_{K,\ell}([\xi y^\mathrm{M}]) \in t\mathcal{I}_\ell \\
&\iff \overline{\xi y^\mathrm{M}} \in \left((\mathcal{O}_K/\ell\mathcal{O}_K)^\times\right)^t,
\end{aligned} \tag{3.3.2.6}$$

---

4. Voir par exemple [66, XIII, Theorem 12, p. 289].

où $\overline{\xi y^{\mathrm{M}}}$ est l'image de ξy^{M} dans $(\mathcal{O}_K/\ell\mathcal{O}_K)^{\times}$. Puisque ℓ est non ramifié dans $K'\left(\sqrt[\ell]{W}\right)/k$ et totalement décomposé dans K/k, on déduit de (3.3.2.6) que

$$\varphi_{K,\ell}(\xi) \in t\mathcal{I}_\ell \iff \ell \text{ est totalement décomposé dans } K'\left(\sqrt[\ell]{W}\right). \qquad (3.3.2.7)$$

Mais d'après (3.3.2.3) et (3.3.2.2) $\left(\ell, K'\left(\sqrt[\ell]{W}\right)/k\right) = \sigma|_{K'(\sqrt[\ell]{W})} = \tau|_{K'(\sqrt[\ell]{W})}$ est un générateur de $\mathrm{Gal}\left(K'\left(\sqrt[\ell]{W}\right)/K'\right)$, donc on déduit de (3.3.2.7) et (3.3.2.3) que

$$\begin{aligned}
\varphi_{K,\ell}(\xi) \in t\mathcal{I}_\ell &\iff W \subseteq \left((K')^{\times}\right)^t \\
&\iff \Theta\left(W_{\mathrm{M}}\right) \subseteq \left((K')^{\times}\right)^t / \left((K')^{\times}\right)^{\mathrm{M}},
\end{aligned} \qquad (3.3.2.8)$$

où $\Theta : K^{\times}/\left(K^{\times}\right)^{\mathrm{M}} \longrightarrow (K')^{\times}/\left((K')^{\times}\right)^{\mathrm{M}}$ est le morphisme canonique. Si $\mu_p \subset k$ ou si $\mu_p \not\subset K$, Θ est injectif sur W d'après le corollaire A.4.2.3, (i). Si $\mu_p \not\subset k$ et $p \nmid \#\mathrm{Cl}(\mathcal{O}_k)$, Θ est injectif sur W d'après la proposition A.4.2.2, (iv). Enfin dans le cas particulier où on a simultanément $\mu_p \not\subset k$, $\mu_p \subset K$, et $p|\#\mathrm{Cl}(\mathcal{O}_k)$, Θ est injectif sur W d'après le corollaire A.4.2.3, (ii). De (3.3.2.8), on déduit alors

$$\varphi_{K,\ell}(\xi) \in t\mathcal{I}_\ell \iff m|\,(\mathrm{M}/t). \qquad (3.3.2.9)$$

Puisque $\xi_{\mathrm{M}} \in \left(K^{\times}/\left(K^{\times}\right)^{\mathrm{M}}\right)_\psi$, on déduit de (3.3.2.9) appliqué avec $t := \mathrm{M}m^{-1}$ que (iii) est vérifié. $\qquad \square$

3.4 Systèmes d'Euler initialisés en des unités spéciales.

3.4.1 Le cas de la caractéristique positive.

Dans cette sous-section, on se place dans le cas $\rho \neq 0$. On fixe une fonction signe sgn, et on conserve les notations de la sous-section 2.2.5.

Proposition 3.4.1.1 *([21, Theorem 4.12]) Soient ϕ un module de Drinfel'd sgn-normalisé de rang 1, $\mathfrak{m} \neq (1)$ et $\mathfrak{a}$ deux idéaux non nuls de $\mathcal{O}_k$, premiers entre eux, et $\lambda \in \Lambda_{\mathfrak{m}}(\phi)$. On a*

$$\lambda^{(\mathfrak{a}, k_{\mathfrak{m}}/k)} = \phi_{\mathfrak{a}}(\lambda).$$

Corollaire 3.4.1.2 *([21, Corollary 4.14]) Soient ϕ un module de Drinfel'd sgn-normalisé de rang 1, $\mathfrak{m}$ un idéal propre non nul de $\mathcal{O}_k$, $x \in k^{\times}$ un élément congru à 1 modulo $\mathfrak{m}$, et $\lambda \in \Lambda_{\mathfrak{m}}(\phi)$. Il existe $\zeta \in \mu\left(k_{(1)}\right)$ tel que*

$$\lambda^{(x\mathcal{O}_k, k_{\mathfrak{m}}/k)} = \zeta\lambda.$$

Proposition 3.4.1.3 *([22, Proposition 11.3 et Proposition 11.4]) Soient ϕ un module de Drinfel'd sgn-normalisé de rang 1, $\mathfrak{p}$ un idéal maximal de $\mathcal{O}_k$, et λ un générateur du $\mathcal{O}_k$-module $\Lambda_{\mathfrak{p}}(\phi)$. Le polynôme minimal de λ sur $k_{(1)}$ est $\phi_{\mathfrak{p}}(t)t^{-1}$.*

Corollaire 3.4.1.4 *Soient ϕ un module de Drinfel'd sgn-normalisé de rang 1, $\mathfrak{p}$ un idéal maximal de $\mathcal{O}_k$, et $\mathfrak{m}$ un idéal propre non nul de $\mathcal{O}_k$ premier à $\mathfrak{p}$. Soient λ un générateur du $\mathcal{O}_k$-module $\Lambda_{\mathfrak{m}}(\phi)$ et λ' un générateur du $\mathcal{O}_k$-module $\Lambda_{\mathfrak{p}}(\phi)$. On a*

$$N_{k_{\mathfrak{mp}}/k_{\mathfrak{m}}}(\lambda + \lambda') = \lambda^{(\mathfrak{p}, k_{\mathfrak{m}}/k)-1}$$

DÉMONSTRATION. D'après la proposition 3.4.1.3, le polynôme minimal de λ' sur $k_{(1)}$ est $\phi_{\mathfrak{p}}(t)t^{-1}$. Or $k_{\mathfrak{m}}$ et $k_{\mathfrak{p}}$ sont linéairement disjointes sur $k_{(1)}$, et $k_{\mathfrak{mp}} = k_{\mathfrak{m}}(\lambda')$. On en déduit que $\phi_{\mathfrak{p}}(t)t^{-1}$ est aussi le polynôme minimal de λ' sur $k_{\mathfrak{m}}$. Alors le polynôme minimal de $\lambda + \lambda'$ sur $k_{\mathfrak{m}}$ est $\phi_{\mathfrak{p}}(t - \lambda)(t - \lambda)^{-1}$. On en déduit

$$N_{k_{\mathfrak{mp}}/k_{\mathfrak{m}}}(\lambda + \lambda') = \phi_{\mathfrak{p}}(-\lambda)(-\lambda)^{-1} = \phi_{\mathfrak{p}}(\lambda)\lambda^{-1},$$

car $\phi_{\mathfrak{p}}(t)t^{-1}$ est de degré pair si $\rho \neq 2$. Utilisant la proposition 3.4.1.1, on obtient le corollaire. $\square$

Proposition 3.4.1.5 *Soient ϕ un module de Drinfel'd sgn-normalisé de rang 1, $\mathfrak{m}$ un idéal propre non nul de $\mathcal{O}_k$, et $\lambda \in \Lambda_{\mathfrak{m}}(\phi) \setminus \{0\}$. Soit $\mathfrak{q}$ un idéal maximal de $\mathcal{O}_k$, premier à $\mathfrak{m}$. Alors $\lambda^{N(\mathfrak{q})-(\mathfrak{q}, k_{\mathfrak{m}}/k)} \in H_{\mathfrak{m}}$.*

DÉMONSTRATION. Soit Ω le groupe des idéaux fractionnaires non nuls $\mathfrak{a}$ de $\mathcal{O}_k$ tels qu'il existe $x \in k^{\times}$, congru à 1 modulo $\mathfrak{m}$ et vérifiant $\mathfrak{a} = x\mathcal{O}_k$. Soit G_{∞}^{*} l'image de Ω dans $\mathrm{Gal}(k_{\mathfrak{m}}/k)$ par le morphisme d'Artin. D'après [21, Theorem 4.17], $H_{\mathfrak{m}}$ est le sous-corps de $k_{\mathfrak{m}}$ fixé par G_{∞}^{*}. Soit $\sigma \in \mathrm{Gal}(k_{\mathfrak{m}}/H_{\mathfrak{m}})$. Il existe $x \in k^{\times}$, congru à 1 modulo $\mathfrak{m}$ et tel que $\sigma = (x\mathcal{O}_k, k_{\mathfrak{m}}/k)$. D'après le corollaire 3.4.1.2, il existe $\zeta \in \mu(k_{(1)})$ tel que $\lambda^{\sigma} = \zeta\lambda$. Puisque $N(\mathfrak{q}) - (\mathfrak{q}, k_{\mathfrak{m}}/k)$ appartient à $\mathcal{J}_{k_{\mathfrak{m}}}$, on en déduit

$$\left(\lambda^{N(\mathfrak{q})-(\mathfrak{q}, k_{\mathfrak{m}}/k)}\right)^{\sigma} = (\lambda^{\sigma})^{N(\mathfrak{q})-(\mathfrak{q}, k_{\mathfrak{m}}/k)}$$
$$= (\zeta\lambda)^{N(\mathfrak{q})-(\mathfrak{q}, k_{\mathfrak{m}}/k)}$$
$$= \lambda^{N(\mathfrak{q})-(\mathfrak{q}, k_{\mathfrak{m}}/k)}.$$

Ceci étant valable pour tout $\sigma \in \mathrm{Gal}(k_{\mathfrak{m}}/H_{\mathfrak{m}})$, on en déduit $\lambda^{N(\mathfrak{q})-(\mathfrak{q}, k_{\mathfrak{m}}/k)} \in H_{\mathfrak{m}}$. $\square$

Théorème 3.4.1.6 *Pour tout $x \in \mathcal{P}_K$, il existe $\varepsilon \in \mathcal{U}_K$ tel que $x = \varepsilon(1)$.*

DÉMONSTRATION. D'après (2.2.5.3), pour tout idéal $\mathfrak{m} \notin \{(0), (1)\}$ de $\mathcal{O}_k$ et tout $\eta \in \mathcal{J}_K$, il existe $\zeta \in \mu(H_{\mathfrak{m}})$ tel que

$$\varepsilon_{\mathfrak{m}}(\eta) = \zeta\lambda_{\mathfrak{m}}^{\eta}.$$

Par définition de $\mathcal{P}_K$, et d'après la description de $\mathcal{J}_K$ donnée en [21, Lemma 2.5], il suffit de prouver la proposition dans deux cas particuliers : le cas où $x \in \mu(K)$ et le cas où il existe un idéal $\mathfrak{m} \notin \{(0), (1)\}$ de $\mathcal{O}_k$ et un idéal maximal $\mathfrak{q}$ de $\mathcal{O}_k$, premier à $\mathfrak{m}$, tels que $x = N_{H_{\mathfrak{m}}/K \cap H_{\mathfrak{m}}}\left(\lambda_{\mathfrak{m}}^{N(\mathfrak{q})-(\mathfrak{q}, H_{\mathfrak{m}}/k)}\right)$.

<u>Premier cas</u> : $x \in \mu(K)$. Pour tout $\mathfrak{n} \in \mathcal{S}_K$, on pose

$$\varepsilon(\mathfrak{n}) := x^{\Phi(\mathfrak{n})/M^{\#(\mathfrak{n})}},$$

43

où on a noté $\#(\mathfrak{n})$ le nombre d'idéaux maximaux divisant $\mathfrak{n}$. Les conditions (E1) et (E2) de la définition 3.2.2.1 sont clairement vérifiées. Pour $\mathfrak{n} \in \mathcal{S}_K$ et $\ell \in \mathcal{L}_K(\mathfrak{n})$, on a

$$
\begin{aligned}
\mathrm{N}_{K(\mathfrak{n}\ell)/K(\mathfrak{n})}\left(\varepsilon\left(\mathfrak{n}\ell\right)\right) &= \mathrm{N}_{K(\mathfrak{n}\ell)/K(\mathfrak{n})}\left(x\right)^{\Phi(\mathfrak{n}\ell)/\mathrm{M}^{\#(\mathfrak{n}\ell)}} \\
&= x^{\Phi(\mathfrak{n}\ell)/\mathrm{M}^{\#(\mathfrak{n}\ell)-1}} \\
&= x^{\Phi(\mathfrak{n}\ell)/\mathrm{M}^{\#(\mathfrak{n})}} \\
&= \varepsilon(\mathfrak{n})^{\mathrm{N}(\ell)-1} \\
&= \varepsilon(\mathfrak{n})^{(\ell,K(\mathfrak{n})/k)-1},
\end{aligned}
$$

ce qui montre que la condition (E3) est vérifiée. On a aussi

$$
\begin{aligned}
\varepsilon\left(\mathfrak{n}\ell\right) &= x^{\Phi(\mathfrak{n}\ell)/\mathrm{M}^{\#(\mathfrak{n}\ell)}} \\
&= \left(x^{\Phi(\mathfrak{n})/\mathrm{M}^{\#(\mathfrak{n})}}\right)^{(\mathrm{N}(\ell)-1)/\mathrm{M}} \\
&= \varepsilon(\mathfrak{n})^{(\mathrm{N}(\ell)-1)/\mathrm{M}},
\end{aligned}
$$

ce qui montre que la condition (E4) est vérifiée.

<u>Deuxième cas</u> : il existe un idéal $\mathfrak{m} \notin \{(0),(1)\}$ de $\mathcal{O}_k$ et un idéal maximal $\mathfrak{q}$ de $\mathcal{O}_k$, premier à $\mathfrak{m}$, tels que $x = \mathrm{N}_{\mathrm{H}_{\mathfrak{m}}/K \cap \mathrm{H}_{\mathfrak{m}}}\left(\lambda_{\mathfrak{m}}^{\mathrm{N}(\mathfrak{q})-(\mathfrak{q},\mathrm{H}_{\mathfrak{m}}/k)}\right)$. Pour tout $\ell \in \mathcal{L}_K(\mathfrak{m}\mathfrak{q})$ on fixe un générateur λ'_ℓ de $\Lambda_\ell\left(\Phi^{\tilde{\mathfrak{m}}}\right)$. Pour tout $\mathfrak{n} \in \mathcal{S}_K(\mathfrak{m}\mathfrak{q})$, $\lambda_{\mathfrak{m}} - \sum_{\ell|\mathfrak{n}} \lambda'_\ell$ est un générateur de $\Lambda_{\mathfrak{m}\mathfrak{n}}(\Phi^{\tilde{\mathfrak{m}}})$. La proposition 3.4.1.5 nous permet de poser

$$
\varepsilon(\mathfrak{n}) := \mathrm{N}_{K \cdot \mathrm{H}_{\mathfrak{m}\mathfrak{n}}/K(\mathfrak{n})}\left(\left(\lambda_{\mathfrak{m}} - \sum_{\ell|\mathfrak{n}} \lambda'_\ell\right)^{\eta(\mathfrak{n})}\right), \quad \text{où} \quad \eta(\mathfrak{n}) := \mathrm{N}(\mathfrak{q}) - (\mathfrak{q}, k_{\mathfrak{m}\mathfrak{n}}/k).
$$

La condition (E1) est trivialement vérifiée. Pour tout $\mathfrak{n} \in \mathcal{S}_K(\mathfrak{m}) \setminus \{(1)\}$, $\lambda_{\mathfrak{m}} - \sum_{\ell|\mathfrak{n}} \lambda'_\ell$ est une unité de $\mathcal{O}_{k_{\mathfrak{m}\mathfrak{n}}}$, car c'est un générateur de $\Lambda_{\mathfrak{m}\mathfrak{n}}(\Phi^{\tilde{\mathfrak{m}}})$, et d'après 2.2.5.1. On en déduit que la condition (E2) est vérifiée. Soient $\mathfrak{n} \in \mathcal{S}_K(\mathfrak{m})$ et $\ell_0 \in \mathcal{L}_K(\mathfrak{m}\mathfrak{n})$. Puisque ℓ_0 est premier au conducteur de K,

$$
k_{\mathfrak{m}\mathfrak{n}\ell_0} \text{ et } K \cdot k_{\mathfrak{m}\mathfrak{n}} \text{ sont linéairement disjointes sur } k_{\mathfrak{m}\mathfrak{n}}. \tag{3.4.1.1}
$$

L'extension $K \cdot \mathrm{H}_{\mathfrak{m}\mathfrak{n}\ell_0}/K \cdot \mathrm{H}_{\mathfrak{m}\mathfrak{n}}$ est de degré $\mathrm{N}(\ell_0)-1$, totalement décomposée en toutes les places au-dessus de ∞. D'autre part l'extension $K \cdot k_{\mathfrak{m}\mathfrak{n}}/K \cdot \mathrm{H}_{\mathfrak{m}\mathfrak{n}}$ est totalement ramifiée en toutes les places au-dessus de ∞. Puisque par ailleurs l'extension $K \cdot k_{\mathfrak{m}\mathfrak{n}\ell_0}$ contient $(K \cdot \mathrm{H}_{\mathfrak{m}\mathfrak{n}\ell_0}) \cdot (K \cdot k_{\mathfrak{m}\mathfrak{n}})$ et est de degré au plus $\mathrm{N}(\ell_0)-1$ sur $K \cdot k_{\mathfrak{m}\mathfrak{n}}$, on a finalement

$$
(K \cdot \mathrm{H}_{\mathfrak{m}\mathfrak{n}\ell_0}) \cap (K \cdot k_{\mathfrak{m}\mathfrak{n}}) = K \cdot \mathrm{H}_{\mathfrak{m}\mathfrak{n}}, \quad \text{et} \quad (K \cdot \mathrm{H}_{\mathfrak{m}\mathfrak{n}\ell_0}) \cdot (K \cdot k_{\mathfrak{m}\mathfrak{n}}) = K \cdot k_{\mathfrak{m}\mathfrak{n}\ell_0}. \tag{3.4.1.2}
$$

Utilisant successivement (3.4.1.2) et (3.4.1.1), on a

$$
\begin{aligned}
N_{K(\mathfrak{n}\ell_0)/K(\mathfrak{n})}\left(\varepsilon\left(\mathfrak{n}\ell_0\right)\right) &= N_{K\cdot H_{\mathfrak{mn}\ell_0}/K(\mathfrak{n})}\left(\left(\lambda_\mathfrak{m}-\sum_{\ell|\mathfrak{n}\ell_0}\lambda'_\ell\right)^{\eta(\mathfrak{n}\ell_0)}\right) \\
&= N_{K\cdot H_{\mathfrak{mn}}/K(\mathfrak{n})}\left(N_{K\cdot k_{\mathfrak{mn}\ell_0}/K\cdot k_{\mathfrak{mn}}}\left(\lambda_\mathfrak{m}-\sum_{\ell|\mathfrak{n}\ell_0}\lambda'_\ell\right)^{\eta(\mathfrak{n}\ell_0)}\right) \\
&= N_{K\cdot H_{\mathfrak{mn}}/K(\mathfrak{n})}\left(N_{k_{\mathfrak{mn}\ell_0}/k_{\mathfrak{mn}}}\left(\lambda_\mathfrak{m}-\sum_{\ell|\mathfrak{n}\ell_0}\lambda'_\ell\right)^{\eta(\mathfrak{n})}\right).
\end{aligned}
$$

D'après le corollaire 3.4.1.4, on en déduit

$$
\begin{aligned}
N_{K(\mathfrak{n}\ell_0)/K(\mathfrak{n})}\left(\varepsilon\left(\mathfrak{n}\ell_0\right)\right) &= N_{K\cdot H_{\mathfrak{mn}}/K(\mathfrak{n})}\left(\left(\left(\lambda_\mathfrak{m}-\sum_{\ell|\mathfrak{n}}\lambda'_\ell\right)^{\eta(\mathfrak{n})}\right)^{(\ell_0,K(\mathfrak{n})/k)-1}\right) \\
&= \varepsilon\left(\mathfrak{n}\right)^{(\ell_0,K(\mathfrak{n})/k)-1},
\end{aligned}
$$

ce qui prouve que la condition (E3) est vérifiée. Soit ℓ'_0 le produit des idéaux maximaux de $\mathcal{O}_{K\cdot k_{\mathfrak{n}\ell_0}}$ au-dessus de ℓ_0. D'après (2.2.5.1), ℓ'_0 divise $\lambda'_{\ell_0}\mathcal{O}_{K\cdot k_{\mathfrak{n}\ell_0}}$, et on en déduit

$$
\begin{aligned}
\varepsilon\left(\mathfrak{n}\ell_0\right) &= N_{K\cdot H_{\mathfrak{mn}\ell_0}/K(\mathfrak{n}\ell_0)}\left(\left(\lambda_\mathfrak{m}-\sum_{\ell|\mathfrak{n}\ell_0}\lambda'_\ell\right)^{\eta(\mathfrak{n}\ell_0)}\right) \\
&\equiv N_{K\cdot H_{\mathfrak{mn}\ell_0}/K(\mathfrak{n}\ell_0)}\left(\left(\lambda_\mathfrak{m}-\sum_{\ell|\mathfrak{n}}\lambda'_\ell\right)^{\eta(\mathfrak{n}\ell_0)}\right) \qquad \text{mod } \ell'_0.
\end{aligned}
$$

Puisque $K\cdot H_{\mathfrak{mn}}$ et $H_{\mathfrak{mn}\ell_0}$ sont linéairement disjointes sur $H_{\mathfrak{mn}}$, d'après la figure 2.2.5.1 on a $[K\cdot H_{\mathfrak{mn}\ell_0}:K\cdot H_{\mathfrak{mn}}]=N(\ell_0)-1$. Or $[K(\ell_0)\cdot H_{\mathfrak{mn}}:K\cdot H_{\mathfrak{mn}}]=\mathrm{M}$, de sorte qu'on a

$$
\begin{aligned}
\varepsilon\left(\mathfrak{n}\ell_0\right) &\equiv N_{K(\ell_0)\cdot H_{\mathfrak{mn}}/K(\mathfrak{n}\ell_0)}\left(N_{K\cdot H_{\mathfrak{mn}\ell_0}/K(\ell_0)\cdot H_{\mathfrak{mn}}}\left(\left(\lambda_\mathfrak{m}-\sum_{\ell|\mathfrak{n}}\lambda'_\ell\right)^{\eta(\mathfrak{n})}\right)\right) \qquad \text{mod } \ell'_0 \\
&\equiv N_{K(\ell_0)\cdot H_{\mathfrak{mn}}/K(\mathfrak{n}\ell_0)}\left(\left(\lambda_\mathfrak{m}-\sum_{\ell|\mathfrak{n}}\lambda'_\ell\right)^{\eta(\mathfrak{n})(N(\ell_0)-1)/\mathrm{M}}\right) \qquad \text{mod } \ell'_0.
\end{aligned}
$$

Puisque $(K\cdot H_{\mathfrak{mn}})\cap K\left(\mathfrak{n}\ell_0\right)=K(\mathfrak{n})$ et $(K\cdot H_{\mathfrak{mn}})\cdot K\left(\mathfrak{n}\ell_0\right)=K\left(\ell_0\right)\cdot H_{\mathfrak{mn}}$, on déduit

$$
\begin{aligned}
\varepsilon\left(\mathfrak{n}\ell_0\right) &\equiv N_{K\cdot H_{\mathfrak{mn}}/K(\mathfrak{n})}\left(\left(\left(\lambda_\mathfrak{m}-\sum_{\ell|\mathfrak{n}}\lambda'_\ell\right)^{\eta(\mathfrak{n})}\right)^{(N(\ell_0)-1)/\mathrm{M}}\right) \qquad \text{mod } \ell'_0 \\
&\equiv \varepsilon(\mathfrak{n})^{(N(\ell_0)-1)/\mathrm{M}} \quad \text{mod } \ell'_0.
\end{aligned}
$$

On a vérifié la condition (E4). $\qquad\qquad\square$

45

3.4.2 Le cas quadratique imaginaire.

Dans cette sous-section, on se place dans le cas où k est quadratique imaginaire.

Théorème 3.4.2.1 *Pour tout $x \in \mathcal{P}_K$, il existe $\varepsilon \in \mathcal{U}_K$ tel que $x = \varepsilon(1)$.*

DÉMONSTRATION. D'après la remarque 2.2.4.2, il suffit de prouver la proposition dans deux cas particuliers : le cas où $x \in \mu(K)$ et le cas où il existe un idéal $\mathfrak{m} \notin \{(0),(1)\}$ de $\mathcal{O}_k$ vérifiant $w_\mathfrak{m} = 1$, et un idéal non nul $\mathfrak{a}$ de $\mathcal{O}_k$ premier à $6\mathfrak{m}$, tels que $x = \mathrm{N}_{\mathrm{H}_\mathfrak{m}/K \cap \mathrm{H}_\mathfrak{m}}\left(\psi\left(1;\mathfrak{m},\mathfrak{a}^{-1}\mathfrak{m}\right)\right)$.

<u>Premier cas :</u> $x \in \mu(K)$. Pour tout $\mathfrak{n} \in \mathcal{S}_K\left(e_K\mathcal{O}_k\right)$, on pose

$$\varepsilon(\mathfrak{n}) \quad := \quad x^{\Phi(\mathfrak{n})/_\mathrm{M}\#(\mathfrak{n})},$$

où on a noté $\#(\mathfrak{n})$ le nombre d'idéaux maximaux divisant $\mathfrak{n}$. Puisqu'on a écarté les $\ell \in \mathcal{L}_K$ qui divisent $e_K\mathcal{O}_k$, on vérifie les conditions de la définition 3.2.2.1 exactement de la même façon que lors de la preuve du théorème 3.4.1.6.

<u>Deuxième cas :</u> il existe un idéal $\mathfrak{m} \notin \{(0),(1)\}$ de $\mathcal{O}_k$ vérifiant $w_\mathfrak{m} = 1$, et un idéal non nul $\mathfrak{a}$ de $\mathcal{O}_k$ premier à $6\mathfrak{m}$, tels que $x = \mathrm{N}_{\mathrm{H}_\mathfrak{m}/K \cap \mathrm{H}_\mathfrak{m}}\left(\psi\left(1;\mathfrak{m},\mathfrak{a}^{-1}\mathfrak{m}\right)\right)$. Pour tout $\mathfrak{n} \in \mathcal{S}_K\left(\mathfrak{m}\mathfrak{a}e_K\right)$, on pose

$$\varepsilon(\mathfrak{n}) \quad := \quad \mathrm{N}_{\mathrm{H}_{\mathfrak{m}\mathfrak{n}}/K(\mathfrak{n}) \cap \mathrm{H}_{\mathfrak{m}\mathfrak{n}}}\left(\psi\left(1;\mathfrak{m}\mathfrak{n},\mathfrak{a}^{-1}\mathfrak{m}\mathfrak{n}\right)\right)^{\prod_{\ell|\mathfrak{n}} f_\ell(\mathfrak{n})},$$

où $f_\ell(\mathfrak{n})$ est défini en sous-section 3.2.3. La condition (E1) est clairement vérifiée. La condition (E2) résulte immédiatement de (2.2.4.1). Soient $\mathfrak{n} \in \mathcal{S}_K\left(\mathfrak{m}\mathfrak{a}e_K\right)$ et $\ell_0 \in \mathcal{L}_K\left(\mathfrak{m}\mathfrak{n}\mathfrak{a}e_K\right)$. Les corps $K(\mathfrak{n})$ et $K\left(\mathfrak{n}\ell_0\right) \cap \mathrm{H}_{\mathfrak{m}\mathfrak{n}\ell_0}$ sont linéairement disjoints sur $K(\mathfrak{n}) \cap \mathrm{H}_{\mathfrak{m}\mathfrak{n}}$, et on a $K(\mathfrak{n}) \cdot \left(K\left(\mathfrak{n}\ell_0\right) \cap \mathrm{H}_{\mathfrak{m}\mathfrak{n}\ell_0}\right) = K\left(\mathfrak{n}\ell_0\right).$ [5] On en déduit

$$\mathrm{N}_{K(\mathfrak{n}\ell_0)/K(\mathfrak{n})}\left(\varepsilon\left(\mathfrak{n}\ell_0\right)\right)$$
$$= \quad \mathrm{N}_{K(\mathfrak{n}\ell_0)/K(\mathfrak{n})}\left(\mathrm{N}_{\mathrm{H}_{\mathfrak{m}\mathfrak{n}\ell_0}/K(\mathfrak{n}\ell_0) \cap \mathrm{H}_{\mathfrak{m}\mathfrak{n}\ell_0}}\left(\psi\left(1;\mathfrak{m}\mathfrak{n}\ell_0,\mathfrak{a}^{-1}\mathfrak{m}\mathfrak{n}\ell_0\right)\right)^{\prod_{\ell|\mathfrak{n}\ell_0} f_\ell(\mathfrak{n}\ell_0)}\right)$$
$$= \quad \mathrm{N}_{K(\mathfrak{n}\ell_0) \cap \mathrm{H}_{\mathfrak{m}\mathfrak{n}\ell_0}/K(\mathfrak{n}) \cap \mathrm{H}_{\mathfrak{m}\mathfrak{n}}}\left(\mathrm{N}_{\mathrm{H}_{\mathfrak{m}\mathfrak{n}\ell_0}/K(\mathfrak{n}\ell_0) \cap \mathrm{H}_{\mathfrak{m}\mathfrak{n}\ell_0}}\left(\psi\left(1;\mathfrak{m}\mathfrak{n}\ell_0,\mathfrak{a}^{-1}\mathfrak{m}\mathfrak{n}\ell_0\right)\right)^{\prod_{\ell|\mathfrak{n}\ell_0} f_\ell(\mathfrak{n}\ell_0)}\right)$$
$$= \quad \mathrm{N}_{\mathrm{H}_{\mathfrak{m}\mathfrak{n}\ell_0}/K(\mathfrak{n}) \cap \mathrm{H}_{\mathfrak{m}\mathfrak{n}}}\left(\psi\left(1;\mathfrak{m}\mathfrak{n}\ell_0,\mathfrak{a}^{-1}\mathfrak{m}\mathfrak{n}\ell_0\right)\right)^{\prod_{\ell|\mathfrak{n}\ell_0} f_\ell(\mathfrak{n}\ell_0)}$$

D'après (2.2.4.2), on a ensuite

$$\mathrm{N}_{K(\mathfrak{n}\ell_0)/K(\mathfrak{n})}\left(\varepsilon\left(\mathfrak{n}\ell_0\right)\right) \quad = \quad \mathrm{N}_{\mathrm{H}_{\mathfrak{m}\mathfrak{n}}/K(\mathfrak{n}) \cap \mathrm{H}_{\mathfrak{m}\mathfrak{n}}}\left(\psi\left(1;\mathfrak{m}\mathfrak{n},\mathfrak{a}^{-1}\mathfrak{m}\mathfrak{n}\right)\right)^{((\ell_0,K(\mathfrak{n})/k)-1)\prod_{\ell|\mathfrak{n}} f_\ell(\mathfrak{n})}$$
$$= \quad \varepsilon(\mathfrak{n})^{(\ell_0,K(\mathfrak{n})/k)-1}.$$

On a vérifié la condition (E3). Soit ℓ_0' le produit des idéaux maximaux de $\mathcal{O}_{k(\mathfrak{n}\ell_0)}$ au-dessus de ℓ_0. D'après (2.2.4.3), on a

$$\varepsilon\left(\mathfrak{n}\ell_0\right) \quad = \quad \mathrm{N}_{\mathrm{H}_{\mathfrak{m}\mathfrak{n}\ell_0}/K(\mathfrak{n}\ell_0) \cap \mathrm{H}_{\mathfrak{m}\mathfrak{n}\ell_0}}\left(\psi\left(1;\mathfrak{m}\mathfrak{n}\ell_0,\mathfrak{a}^{-1}\mathfrak{m}\mathfrak{n}\ell_0\right)\right)^{\prod_{\ell|\mathfrak{n}\ell_0} f_\ell(\mathfrak{n}\ell_0)}$$
$$\equiv \quad \mathrm{N}_{\mathrm{H}_{\mathfrak{m}\mathfrak{n}\ell_0}/K(\mathfrak{n}\ell_0) \cap \mathrm{H}_{\mathfrak{m}\mathfrak{n}\ell_0}}\left(\psi\left(1;\mathfrak{m}\mathfrak{n},\mathfrak{a}^{-1}\mathfrak{m}\mathfrak{n}\right)^{(\ell_0,\mathrm{H}_{\mathfrak{m}\mathfrak{n}}/k)^{-1}}\right)^{\prod_{\ell|\mathfrak{n}\ell_0} f_\ell(\mathfrak{n}\ell_0)} \quad \mathrm{mod} \quad \ell_0'$$
$$\equiv \quad \mathrm{N}_{\mathrm{H}_{\mathfrak{m}\mathfrak{n}\ell_0}/K(\mathfrak{n}\ell_0) \cap \mathrm{H}_{\mathfrak{m}\mathfrak{n}\ell_0}}\left(\psi\left(1;\mathfrak{m}\mathfrak{n},\mathfrak{a}^{-1}\mathfrak{m}\mathfrak{n}\right)\right)^{\prod_{\ell|\mathfrak{n}} f_\ell(\mathfrak{n}\ell_0)} \quad \mathrm{mod} \quad \ell_0'$$
$$\equiv \quad \mathrm{N}_{K \cdot \mathrm{H}_{\mathfrak{m}\mathfrak{n}\ell_0}/K(\mathfrak{n}\ell_0)}\left(\psi\left(1;\mathfrak{m}\mathfrak{n},\mathfrak{a}^{-1}\mathfrak{m}\mathfrak{n}\right)\right)^{\prod_{\ell|\mathfrak{n}} f_\ell(\mathfrak{n}\ell_0)} \quad \mathrm{mod} \quad \ell_0'.$$

---

5. Pour cette égalité, l'inclusion $K(\mathfrak{n}) \cdot \left(K\left(\mathfrak{n}\ell_0\right) \cap \mathrm{H}_{\mathfrak{m}\mathfrak{n}\ell_0}\right) \subseteq K\left(\mathfrak{n}\ell_0\right)$ est triviale. Puisque $K \subseteq K(\ell_0) \subseteq K \cdot \mathrm{H}_{\ell_0}$,avec H_{ℓ_0} et K linéairement disjoints sur $K \cap \mathrm{H}_{\ell_0}$, on a $K(\ell_0) = K \cdot \left(K(\ell_0) \cap \mathrm{H}_{\ell_0}\right)$. Donc $K\left(\mathfrak{n}\ell_0\right) = K(\mathfrak{n}) \cdot K\left(\ell_0\right) \subseteq K(\mathfrak{n}) \cdot \left(K\left(\mathfrak{n}\ell_0\right) \cap \mathrm{H}_{\mathfrak{m}\mathfrak{n}\ell_0}\right)$.

Or $[K \cdot \mathrm{H}_{mn\ell_0} : K \cdot \mathrm{H}_{mn}] = \mathrm{N}(\ell_0) - 1$ et $[K(\ell_0) \cdot \mathrm{H}_{mn} : K \cdot \mathrm{H}_{mn}] = \mathrm{M}$, donc on a

$$
\begin{aligned}
\varepsilon(n\ell_0) &\equiv \mathrm{N}_{K(\ell_0) \cdot \mathrm{H}_{mn}/K(n\ell_0)} \left(\psi \left(1; mn, \mathfrak{a}^{-1}mn \right) \right)^{((\mathrm{N}(\ell_0)-1)/\mathrm{M}) \prod_{\ell \mid n} f_\ell(n\ell_0)} \mod \ell_0' \\
&\equiv \mathrm{N}_{\mathrm{H}_{mn}/K(n) \cap \mathrm{H}_{mn}} \left(\psi \left(1; mn, \mathfrak{a}^{-1}mn \right) \right)^{((\mathrm{N}(\ell_0)-1)/\mathrm{M}) \prod_{\ell \mid n} f_\ell(n)} \mod \ell_0' \\
&\equiv \varepsilon(n)^{(\mathrm{N}(\ell_0)-1)/\mathrm{M}} \mod \ell_0'.
\end{aligned}
$$

On a vérifié la condition (E4). $\qquad\square$

Chapitre 4

La conjecture de Gras.

4.1 Introduction.

On fixe un nombre premier p, un corps global k de caractéristique $\rho \neq p$. Si $\rho = 0$ on suppose que k est un corps quadratique imaginaire. On fixe une extension abélienne K/k de degré fini, de groupe de Galois G, telle que $p \nmid [K : k]$. On conserve les notations des chapitres précédents. L'objectif de ce chapitre est la preuve du théorème 4.1.0.2 ci-dessous (conjecture de Gras).

Théorème 4.1.0.2 *Soit ψ un $\mathbb{Q}_p$-caractère irréductible et non trivial de G. Dans le cas particulier où on a à la fois $p | \# (\mathrm{Cl}\,(\mathcal{O}_k))$, $\mu_p \not\subset k$, et $\mu_p \subset K$, on suppose que ψ n'est pas $\mathbb{Q}$-conjugué au caractère de Teichmuller*[1]. *Alors*

$$\# \left(\mathrm{A}_{K,\psi} \right) \; = \; \# \left(\mathcal{E}_K / \mathcal{S}t_K \right)_\psi .$$

La méthode utilisée est celle développée par K. Rubin. Rappelons que ce dernier a prouvé le théorème 4.1.0.2 dans le cas quadratique imaginaire, lorsque $p \nmid e_k[K : k]$ (voir [50] et [52]). Notre résultat étend celui de K. Rubin lorsque $p | e_k$ et $p \nmid [K : k]$ (voir [41]). Dans le cas où $\rho \neq 0$, K. Feng et F. Xu ont prouvé le théorème 4.1.0.2 lorsque $k := \mathbb{F}_q(T)$ est un corps de fractions rationnelles, $\mathcal{O}_k := \mathbb{F}_q[T]$, $K := \mathrm{H}_{\mathfrak{m}}$ pour un certain idéal $\mathfrak{m} \neq (0)$ de $\mathbb{F}_q[T]$, et $p \nmid q(q-1)[K : k]$ (voir [14]). Leur résultat a été généralisé par F. Xu et J. Zhao. Dans [67], ils prouvent (0.0.0.1) lorsque $K := \mathrm{H}_{\mathfrak{m}}$ pour un certain idéal $\mathfrak{m} \neq (0)$ de $\mathbb{F}_q[T]$, et $p \nmid q(\mathrm{N}(\infty) - 1)[K : k]$, où $\mathrm{N}(\infty)$ est le cardinal du corps résiduel en ∞. Nous étendons donc leur résultat au cas où K n'est pas un corps de rayons et au cas où $p | (\mathrm{N}(\infty) - 1)$ et $p \nmid q[K : k]$ (voir [42]). Signalons aussi que pour $\rho \neq 0$, C. Popescu a construit un groupe d'unités de Rubin-Stark, pour lequel il a obtenu des résultats similaires, par des méthodes différentes (voir [44]).

4.2 Preuve de la conjecture.

4.2.1 Preuve d'une divisibilité par les systèmes d'Euler.

Dans cette section, ψ désigne un $\mathbb{Q}_p$-caractère irréductible et non trivial de G. Dans le cas particulier où on a à la fois $p | \# (\mathrm{Cl}\,(\mathcal{O}_k))$, $\mu_p \not\subset k$, et $\mu_p \subset K$, on suppose que ψ

---

1. Voir les définitions A.2.1.7 et A.2.3.2.

n'est pas le caractère de Teichmuller. On pose $\mathcal{E}_K := \mathbb{Z}_p \otimes_{\mathbb{Z}} \mathcal{O}_K^\times$ et $\mathcal{S}t_K := \mathbb{Z}_p \otimes_{\mathbb{Z}} \mathrm{St}_K$. En utilisant le logarithme de Dirichlet, on voit qu'il existe $\alpha \in \mathcal{E}_{K,\psi}$ tel que

$$\mathcal{E}_{K,\psi} = \mathbb{Z}_p[G]_\psi \alpha \oplus \mu_{p^\infty}(K)_\psi. \qquad (4.2.1.1)$$

Puisque $\mathcal{O}_K^\times / \mathrm{St}_K$ est fini, il existe une unique puissance t de p telle que

$$\mathcal{S}t_{K,\psi} = \mathbb{Z}_p[G]_\psi \, t\alpha \oplus \mu_{p^\infty}(K)_\psi. \qquad (4.2.1.2)$$

En particulier, on a $\#(\mathcal{E}_K/\mathcal{S}t_K)_\psi = t$. On fixe $\mathrm{M} > \#(\mathrm{A}_k)$ une puissance de p telle que

$$t\#(A_{K,\psi})\#(\mathcal{E}_K/\mathcal{S}t_K)_\psi \mid \mathrm{M}. \qquad (4.2.1.3)$$

On dispose d'un morphisme naturel $\mathcal{E}_K \to K^\times / (K^\times)^{\mathrm{M}}$. Soit W_{M} le sous-$\mathbb{Z}_p[G]$-module de $K^\times / (K^\times)^{\mathrm{M}}$ engendré par l'image de α. Alors le $\mathbb{Z}_p[G]$-module W_{M} est isomorphe à $(\mathbb{Z}/\mathrm{M}\mathbb{Z})[G]_\psi$.

Soit $\xi \in \mathcal{O}_K^\times$ tel que l'image ξ_{M} de ξ dans $K^\times / (K^\times)^{\mathrm{M}}$ engendre le $\mathbb{Z}_p[G]$-module W_{M}. D'après les théorèmes 3.4.2.1 et 3.4.1.6, et par définition de t, il existe $\mathfrak{m} \neq (0)$ un idéal de $\mathcal{O}_k$ et $\varepsilon \in \mathcal{U}_K(\mathfrak{m})$ tel que $\varepsilon(1) = \xi^t$. Dans $K^\times / (K^\times)^{\mathrm{M}}$, on a

$$\kappa_\varepsilon(1)_{\mathrm{M}} = \varepsilon(1)_{\mathrm{M}} = \xi_{\mathrm{M}}^t. \qquad (4.2.1.4)$$

Pour tout $n \in \mathbb{N}$, et tout n-uplet $\lambda := (\lambda_i)_{i=1}^n$ d'éléments de $\mathcal{L}_K$, on pose :
- ℓ_i la restriction à $\mathcal{O}_k$ de λ_i, pour tout $i \in \{1, ..., n\}$.
- $\mathfrak{a}_0 = (1)$, et pour tout $i \in \{1, ..., n\}$, $\mathfrak{a}_i = \prod\limits_{j=1}^{i} \ell_j$.
- c_i l'image de λ_i dans $\mathrm{A}_{K,\psi}$, pour tout $i \in \{1, ..., n\}$.

Pour tout $n \in \mathbb{N}^*$, on note Λ_n l'ensemble des n-uplets $\lambda \in \mathcal{L}_K^n$ tels que :

- (i) Pour tout $i \in \{1, ..., n\}$, $\ell_i \in \mathcal{L}_{\mathrm{M}}(\mathfrak{m})$. On note alors m_i l'ordre de $\kappa_\varepsilon(\mathfrak{a}_i)_{\mathrm{M}}^{e_\psi}$ dans $K^\times / (K^\times)^{\mathrm{M}}$, et on pose $t_i := \mathrm{M}m_i^{-1}$. En particulier, de (4.2.1.4) on déduit $t_0 = t$ et $m_0 = \mathrm{M}t^{-1}$.

- (ii) Pour tout $(i, j) \in \{1, ..., n\}^2$, $c_i \neq c_j$ si $i \neq j$.

- (iii) Pour tout $i \in \{1, ..., n\}$, $t_i | t_{i-1}$ et

$$c_i^{t_{i-1}t_i^{-1}} \equiv 1 \quad \text{modulo} \quad \langle c_1, ..., c_{i-1} \rangle_G,$$

où $\langle c_1, ..., c_{i-1} \rangle_G$ est le sous-$\mathbb{Z}_p[G]$-module de $\mathrm{A}_{K,\psi}$ engendré par $\{c_1, ..., c_{i-1}\}$.

On rappelle que $K' := K(\mu_{\mathrm{M}'}, \sqrt[\mathrm{M}]{\alpha_1}, ..., \sqrt[\mathrm{M}]{\alpha_r})$, avec $\mathrm{M}' := \mathrm{M}\#\mu_{p^\infty}(k)$.

Lemme 4.2.1.1 *L'ensemble Λ_1 n'est pas vide.*

DÉMONSTRATION. D'après (4.2.1.4) le sous-$\mathbb{Z}[G]$-module de $K^\times / (K^\times)^{\mathrm{M}}$ engendré par $\kappa_\varepsilon(1)_{\mathrm{M}}$ est W_{M}^t. On pose $L := \mathrm{H}^{(\psi)}(K) \cap K'\left(\sqrt[\mathrm{M}]{W}\right)$, où W est l'image réciproque de W_{M} dans $K^\times$. D'après la proposition 3.3.2.1, il existe un générateur γ du $\mathbb{Z}[G]$-module $\mathrm{Gal}(L/K)$ vérifiant la condition suivante. Pour tout prolongement $\tilde{\gamma}$ de γ à $\mathrm{H}^{(\psi)}(K)$, il existe un idéal maximal λ de $\mathcal{O}_K$, premier à p, tel que :

- (a) $\left(\lambda, \mathrm{H}^{(\psi)}(K)/K\right) = \tilde{\gamma}$.
- (b) L'idéal $\ell := \lambda \cap \mathcal{O}_k$ appartient à $\mathcal{L}_K$.
- (c) $[\kappa_\varepsilon(1)]_\ell = 0$, et il existe $u \in \left(\left(\mathbb{Z}/\mathrm{M}\mathbb{Z}\right)[G]_\psi\right)^\times$ tel que

$$\varphi_{K,\ell}(\kappa_\varepsilon(1)) = u \cdot t\lambda.$$

- (d) On a $\ell \nmid \mathfrak{m}$.

Il s'agit de prouver $\lambda \in \Lambda_1$. De (b) et (d) on déduit que λ vérifie la condition (i). Il est trivial que λ vérifie la condition (ii). Il ne reste qu'à prouver que λ vérifie la condition (iii). D'après la seconde partie de la proposition 3.2.6.3, et d'après (c), on a

$$[\kappa_\varepsilon(\ell)]_\ell = \varphi_{K,\ell}(\kappa_\varepsilon(1)) = u \cdot t\lambda, \tag{4.2.1.5}$$

et en particulier on a $[\kappa_\varepsilon(\ell)]_\ell = e_\psi[\kappa_\varepsilon(\ell)]_\ell$. Soit $x \in K^\times$ tel que $x_{\mathrm{M}} = \kappa_\varepsilon(\ell)_{\mathrm{M}}^{e_\psi}$. Puisque $\kappa_\varepsilon(\ell)_{\mathrm{M}}^{m_1 e_\psi} = 1$, il existe $y \in K^\times$ tel que $x^{m_1} = y^{\mathrm{M}}$. Il existe une racine m_1-ième de l'unité ζ dans $K^\times$, telle que $x = \zeta y^{t_1}$. Alors on déduit de (4.2.1.5) que

$$t_1[y]_\ell = [x]_\ell = e_\psi[\kappa_\varepsilon(\ell)]_\ell = u \cdot t\lambda. \tag{4.2.1.6}$$

De (4.2.1.6) on déduit que

$$t_1 \mid t. \tag{4.2.1.7}$$

Pour conclure il ne nous reste qu'à prouver

$$c_1^{t/t_1} = 1. \tag{4.2.1.8}$$

De (4.2.1.3) et (4.2.1.7), on déduit

$$\mathrm{A}_{K,\psi}^{m_1} = \{1\}. \tag{4.2.1.9}$$

Pour tout $z \in \mathcal{I}_\ell$ et tout idéal fractionnaire non nul $\mathfrak{n}$ de $\mathcal{O}_K$, on note $c(z)$ et $c(\mathfrak{n})$ les images canoniques de z et de $\mathfrak{n}$ dans $\mathrm{A}_{K,\psi}$. Puisque $\zeta_{\mathrm{M}} y_{\mathrm{M}}^{t_1} = x_{\mathrm{M}} = \kappa_\varepsilon(\ell)_{\mathrm{M}}$, on déduit de la première partie de la proposition 3.2.6.3 que pour tout idéal maximal $\mathfrak{q}$ de $\mathcal{O}_K$, si $\mathfrak{q} \cap \mathcal{O}_k \neq \ell$, alors la valuation normalisée de y en $\mathfrak{q}$ est un multiple de m_1. De (4.2.1.9) il résulte alors

$$c([y]_\ell) = c(y\mathcal{O}_K) = 1. \tag{4.2.1.10}$$

D'autre part, de (4.2.1.6) on déduit que

$$u^{-1} e_\psi[y]_\ell \equiv (t/t_1) e_\psi \lambda \quad \text{modulo} \quad m_1 \mathcal{I}_\ell. \tag{4.2.1.11}$$

Combinant (4.2.1.11) et (4.2.1.9), on obtient

$$c_1^{t/t_1} = c(\lambda)^{t/t_1} = c([y]_\ell)^{u^{-1}}. \tag{4.2.1.12}$$

Alors (4.2.1.12) et (4.2.1.10) impliquent (4.2.1.8), ce qui achève la démonstration. $\quad\square$

Lemme 4.2.1.2 *Soit* $n \in \mathbb{N}^*$. *On suppose qu'il existe* $\lambda \in \Lambda_n$ *tel que*

$$\mathrm{A}_{K,\psi} \neq \langle c_1, ..., c_n \rangle_G. \tag{4.2.1.13}$$

Alors $\Lambda_{n+1} \neq \varnothing$.

DÉMONSTRATION. Soit H_λ le sous-corps de $\mathrm{H}^{(\psi)}(K)$ tel que l'isomorphisme $\mathrm{A}_{K,\psi} \simeq \mathrm{Gal}\left(\mathrm{H}^{(\psi)}(K)/K\right)$ induit un isomorphisme

$$\mathrm{A}_{K,\psi}/\left\langle c_1, ..., c_n\right\rangle_G \simeq \mathrm{Gal}\left(H_\lambda/K\right). \tag{4.2.1.14}$$

D'après (4.2.1.13), on a

$$H_\lambda \neq K. \tag{4.2.1.15}$$

Soit $W_{\lambda,\mathrm{M}}$ le sous-$\mathbb{Z}[G]$-module de $K^\times/\left(K^\times\right)^{\mathrm{M}}$ engendré par $\kappa_\varepsilon\left(\mathfrak{a}_n\right)_{\mathrm{M}}^{e_\psi}$. On pose $L := H_\lambda \cap K'\left(\sqrt[\mathrm{M}]{W_\lambda}\right)$, où W_λ est l'image réciproque de $W_{\lambda,\mathrm{M}}$ dans $K^\times$. D'après la proposition 3.3.2.1, il existe un générateur γ du $\mathbb{Z}[G]$-module $\mathrm{Gal}\left(L/K\right)$ vérifiant la condition suivante. Pour tout prolongement $\tilde\gamma$ de γ à H_λ, il existe un idéal maximal λ_{n+1} de $\mathcal{O}_K$, premier à p tel que :
  - (a) $(\lambda_{n+1}, H_\lambda/K) = \tilde\gamma$.
  - (b) L'idéal $\ell_{n+1} := \lambda_{n+1} \cap \mathcal{O}_k$ appartient à $\mathcal{L}_K$.
  - (c) $e_\psi\left[\kappa_\varepsilon\left(\mathfrak{a}_n\right)\right]_{\ell_{n+1}} = 0$, et il existe $u \in \left(\left(\left(\mathbb{Z}/\mathrm{M}\mathbb{Z}\right)[G]\right)_\psi\right)^\times$ tel que

$$e_\psi\varphi_{K,\ell_{n+1}}\left(\kappa_\varepsilon\left(\mathfrak{a}_n\right)\right) = u \cdot t_n\lambda_{n+1}.$$

  - (d) On a $\ell_{n+1} \nmid \mathfrak{m}$.

On pose

$$\lambda' := \left(\lambda_1, ..., \lambda_n, \lambda_{n+1}\right),$$

Il s'agit de prouver que $\lambda' \in \Lambda_{n+1}$. De (b) et (d) on déduit que λ' vérifie la condition (i). D'après (4.2.1.15) on peut choisir[2] $\tilde\gamma \neq \mathrm{Id}_{H_\lambda}$ et alors de (a) on déduit que λ' vérifie la condition (ii). Il ne reste qu'à prouver que λ' vérifie la condition (iii). D'après la seconde partie de la proposition 3.2.6.3, puis d'après (c), on a

$$\begin{aligned}
e_\psi\left[\kappa_\varepsilon\left(\mathfrak{a}_{n+1}\right)\right]_{\ell_{n+1}} &= e_\psi\varphi_{K,\ell_{n+1}}\left(\kappa_\varepsilon\left(\mathfrak{a}_n\right)\right) \\
&= u \cdot t_n\lambda_{n+1}. \tag{4.2.1.16}
\end{aligned}$$

Soit $x \in K^\times$ tel que $x_{\mathrm{M}} = \kappa_\varepsilon\left(\mathfrak{a}_{n+1}\right)_{\mathrm{M}}^{e_\psi}$. Puisque $\kappa_\varepsilon\left(\mathfrak{a}_{n+1}\right)_{\mathrm{M}}^{m_{n+1}e_\psi} = 1$, il existe $y \in K^\times$ tel que $x^{m_{n+1}} = y^{\mathrm{M}}$. Il existe une racine m_{n+1}-ième de l'unité ζ dans $K^\times$, telle que $x = \zeta y^{t_{n+1}}$. Alors on déduit de (4.2.1.16) que

$$\begin{aligned}
t_{n+1}[y]_{\ell_{n+1}} = [x]_{\ell_{n+1}} &= e_\psi\left[\kappa_\varepsilon\left(\mathfrak{a}_{n+1}\right)\right]_{\ell_{n+1}} \\
&= u \cdot t_n\lambda_{n+1}. \tag{4.2.1.17}
\end{aligned}$$

De (4.2.1.17) on déduit que

$$t_{n+1} \mid t_n. \tag{4.2.1.18}$$

Pour conclure il ne nous reste qu'à prouver

$$c_{n+1}^{t_n/t_{n+1}} \equiv 1 \quad \text{modulo} \quad \left\langle c_1, ..., c_n\right\rangle_G. \tag{4.2.1.19}$$

Puisque $\lambda \in \Lambda_n$, on a $t_n | t_0 = t$, donc d'après (4.2.1.18), on a $t_{n+1}|t$. De (4.2.1.3), on déduit

$$\left(\mathrm{A}_{K,\psi}/\left\langle c_1, ..., c_n\right\rangle_G\right)^{m_{n+1}} = \{1\}. \tag{4.2.1.20}$$

Pour tout $z \in \mathcal{I}_{\ell_{n+1}}$ et tout idéal fractionnaire non nul $\mathfrak{n}$ de $\mathcal{O}_K$, on note $c(z)$ et $c(\mathfrak{n})$ les images canoniques de z et de $\mathfrak{n}$ dans $\mathrm{A}_{K,\psi}$. Puisque $\zeta_{\mathrm{M}}y_{\mathrm{M}}^{t_{n+1}} = x_{\mathrm{M}} = \kappa_\varepsilon\left(\mathfrak{a}_{n+1}\right)_{\mathrm{M}}^{e_\psi}$, on

---

2. Si $L \neq K$, on a $\tilde\gamma \neq \mathrm{Id}_{H_\lambda}$ quel que soit le choix de $\tilde\gamma$.

déduit de la première partie de la proposition 3.2.6.3 que pour tout idéal maximal $\mathfrak{q}$ de $\mathcal{O}_K$, si $(\mathfrak{q} \cap \mathcal{O}_k) \nmid \mathfrak{a}_{n+1}$, alors la valuation normalisée de y en $\mathfrak{q}$ est un multiple de m_{n+1}. De (4.2.1.20), il résulte alors

$$c\left([y]_{\ell_{n+1}}\right) \equiv c\left(y\mathcal{O}_K\right) \equiv 1 \quad \text{modulo} \quad \langle c_1, ..., c_n \rangle_G. \qquad (4.2.1.21)$$

D'autre part, de (4.2.1.17) on déduit que

$$u^{-1}e_\psi[y]_{\ell_{n+1}} \equiv (t_n/t_{n+1})\, e_\psi \lambda_{n+1} \quad \text{modulo} \quad m_{n+1}\mathcal{I}_{\ell_{n+1}}. \qquad (4.2.1.22)$$

Combinant (4.2.1.22) et (4.2.1.20), on obtient

$$c_{n+1}^{t_n/t_{n+1}} \equiv c\left([y]_{\ell_{n+1}}\right)^{u^{-1}} \quad \text{modulo} \quad \langle c_1, ..., c_n \rangle_G. \qquad (4.2.1.23)$$

Alors (4.2.1.23) et (4.2.1.21) impliquent (4.2.1.19), ce qui achève la démonstration. $\qquad \square$

Proposition 4.2.1.3 *Soit ψ un $\mathbb{Q}_p$-caractère irréductible et non trivial de G. Dans le cas particulier où on a à la fois $p|\#\left(\mathrm{Cl}\left(\mathcal{O}_k\right)\right)$, $\mu_p \not\subset k$, et $\mu_p \subset K$, on suppose que ψ n'est pas le caractère de Teichmuller. Alors*

$$\#\left(\mathrm{A}_{K,\psi}\right) \mid \#\left(\mathcal{E}_K/\mathcal{S}t_K\right)_\psi.$$

DÉMONSTRATION D'après le lemme 4.2.1.1, l'ensemble des $n \in \mathbb{N}^*$ tels que $\Lambda_n \neq \varnothing$ est non vide. Puisque $\mathrm{A}_{K,\psi}$ est fini, et d'après la condition (ii), il existe un plus grand entier $n \in \mathbb{N}^*$ tel que $\Lambda_n \neq \varnothing$. Soit $\lambda \in \Lambda_n$. D'après le lemme 4.2.1.2, et par maximalité de n, on a nécessairement

$$\mathrm{A}_{K,\psi} = \langle c_1, ..., c_n \rangle_G. \qquad (4.2.1.24)$$

D'après la condition (iii), on a

$$[\langle c_1, ..., c_i \rangle_G : \langle c_1, ..., c_{i-1} \rangle_G] \mid (t_{i-1}/t_i)^{\dim(\psi)}, \qquad (4.2.1.25)$$

pour tout $i \in \{1, ..., n\}$. D'après (4.2.1.25) et (4.2.1.24), on a

$$\#\left(\mathrm{A}_{K,\psi}\right) \mid \prod_{i=1}^n (t_{i-1}/t_i)^{\dim(\psi)} = (t_0/t_n)^{\dim(\psi)}. \qquad (4.2.1.26)$$

Puisque $\#\left(\mathcal{E}_K/\mathcal{S}t_K\right)_\psi = t^{\dim(\psi)} = t_0^{\dim(\psi)}$, la proposition résulte de (4.2.1.26). $\qquad \square$

4.2.2 Preuve de la conjecture de Gras.

Cette sous-section est dévolue à la preuve du théorème 4.1.0.2, dont nous rappelons l'énoncé ci-dessous.

Théorème. *Soit ψ un $\mathbb{Q}_p$-caractère irréductible et non trivial de G. Dans le cas particulier où on a à la fois $p|\#\left(\mathrm{Cl}\left(\mathcal{O}_k\right)\right)$, $\mu_p \not\subset k$, et $\mu_p \subset K$, on suppose que ψ n'est pas $\mathbb{Q}$-conjugué au caractère de Teichmuller. Alors*

$$\#\left(\mathrm{A}_{K,\psi}\right) = \#\left(\mathcal{E}_K/\mathcal{S}t_K\right)_\psi.$$

DÉMONSTRATION. Soit φ le $\mathbb{Q}$-caractère irréductible de G tel que[3] $\psi|\varphi$. Il résulte du théorème 2.3.4.2 que

$$\#\left(\mathrm{A}_{K,\varphi}\right) \;=\; \#\left(\mathcal{E}_K/\mathcal{S}t_K\right)_\varphi, \tag{4.2.2.1}$$

où $\mathcal{E}_K/\mathcal{S}t_K$ est identifié à la p-partie de $\mathbb{Z}\left[(\#G)^{-1}\right] \otimes_{\mathbb{Z}} \left(\mathcal{O}_K^\times/\mathrm{St}_K\right)$, et où A_K est identifié à la p-partie de $\mathbb{Z}\left[(\#G)^{-1}\right] \otimes_{\mathbb{Z}} \mathrm{Cl}\left(\mathcal{O}_K\right)$. L'égalité (4.2.2.1) se réécrit

$$\prod_{\psi'|\varphi} \#\left(\mathrm{A}_{K,\psi'}\right) \;=\; \prod_{\psi'|\varphi} \#\left(\mathcal{E}_K/\mathcal{S}t_K\right)_{\psi'}, \tag{4.2.2.2}$$

où les produits sont sur tous les $\mathbb{Q}_p$-caractères irréductibles ψ' de G au-dessus de φ. D'autre part, la proposition 4.2.1.3 nous donne, pour un tel caractère ψ', une divisibilité

$$\#\left(\mathrm{A}_{K,\psi'}\right) \;\mid\; \#\left(\mathcal{E}_K/\mathcal{S}t_K\right)_{\psi'}. \tag{4.2.2.3}$$

De (4.2.2.2) et (4.2.2.3) on déduit

$$\#\left(\mathrm{A}_{K,\psi'}\right) \;=\; \#\left(\mathcal{E}_K/\mathcal{S}t_K\right)_{\psi'},$$

pour tout $\mathbb{Q}_p$-caractère irréductible ψ' de G au-dessus de φ. Le théorème s'ensuit. $\quad\square$

---

3. Voir la proposition-définition A.2.1.6.

Chapitre 5

Modules d'unités en théorie d'Iwasawa.

5.1 Introduction.

Dans ce chapitre, on fixe k un corps quadratique imaginaire et p un nombre premier totalement décomposé dans k. Soient $\mathfrak{p}$ et $\bar{\mathfrak{p}}$ les deux idéaux maximaux de $\mathcal{O}_k$ au-dessus de p. Par la théorie du corps de classes, il existe une unique $\mathbb{Z}_p$-extension k_∞ de k non-ramifiée en dehors de $\mathfrak{p}$. On considère une extension K_∞ de degré fini de k_∞, abélienne sur k. On pose $G_\infty := \mathrm{Gal}\,(K_\infty/k)$, et on fixe une décomposition [1]

$$G_\infty \;=\; G \times \Gamma,$$

où $G = \mathrm{Gal}\,(K_\infty/k_\infty)$ est le sous-groupe de torsion de G_∞ et Γ est un groupe topologique isomorphe à $\mathbb{Z}_p$. Remarquons que le choix de Γ est arbitraire, cependant d'après le lemme A.1.5.3, pour $n \in \mathbb{N}$ le groupe $\Gamma_n := \Gamma^{p^n}$ ne dépend pas du choix de Γ dès que p^n annule le p-Sylow de G. Pour tout $n \in \mathbb{N}$, on note K_n le sous-corps de K_∞ fixé par Γ_n. Enfin, on note $\Lambda := \mathbb{Z}_p\,[[G_\infty]]$ l'algèbre d'Iwasawa (voir la sous-section A.1.2).

Dans ce chapitre, nous établissons quelques résultats élémentaires concernant divers Λ-modules d'unités, résultats qui seront utilisés au chapitre 6.

5.2 Unités semi-locales.

5.2.1 Définitions, notations.

Pour toute extension abélienne finie L de k, rappelons que le $\mathbb{Z}\,[\mathrm{Gal}\,(L/k)]$-module des unités semi-locales $\mathcal{O}_{L,\mathrm{s.l}}^\times$ de L au-dessus de $\mathfrak{p}$ est défini par

$$\mathcal{O}_{L,\mathrm{s.l}}^\times \;:=\; \prod_{\mathfrak{P}|\mathfrak{p}} \mathcal{O}_{L_\mathfrak{P}}^\times,$$

où le produit est pris sur tous les idéaux premiers de $\mathcal{O}_L$ au-dessus de $\mathfrak{p}$, et où pour un tel idéal $\mathfrak{P}$, $L_\mathfrak{P}$ est le complété de L en $\mathfrak{P}$. Une unité semi-locale $x := (x_\mathfrak{P})_{\mathfrak{P}|\mathfrak{p}}$ est dite principale si pour tout $\mathfrak{P}|\mathfrak{p}$, $x_\mathfrak{P}$ est congru à 1 modulo l'idéal maximal de $\mathcal{O}_{L_\mathfrak{P}}$.

On note $\mathcal{U}_L$ le pro-p-complété de $\mathcal{O}_{L,\mathrm{s.l}}^\times$. On rappelle que le morphisme canonique $\mathcal{O}_{L,\mathrm{s.l}}^\times \to \mathcal{U}_L$ se restreint en un isomorphisme du sous-groupe des unités semi-locales principales vers $\mathcal{U}_L$ (dans la suite, nous identifions donc $\mathcal{U}_L$ au sous-groupe des unités semi-locales principales).

---

1. Une telle décomposition est possible d'après le lemme A.1.5.1.

Pour toute extension finie L' de L, abélienne sur k, on définit la norme

$$N_{L'/L} : \quad \mathcal{O}_{L',s.1}^{\times} \longrightarrow \mathcal{O}_{L,s.1}^{\times}, \qquad (x_{\mathfrak{P}'})_{\mathfrak{P}'|\mathfrak{p}} \longmapsto \left(\textstyle\prod_{\mathfrak{P}'|\mathfrak{P}} N_{L'_{\mathfrak{P}'}/L_{\mathfrak{P}}} (x_{\mathfrak{P}'}) \right)_{\mathfrak{P}|\mathfrak{p}}.$$

On définit la norme $N_{L'/L} : \mathcal{U}_{L'} \to \mathcal{U}_L$ par restriction. Pour tout $n \in \mathbb{N}$, on pose $\mathcal{U}_n := \mathcal{U}_{K_n}$, et on définit

$$\mathcal{U}_{\infty} := \varprojlim_{n} \mathcal{U}_n,$$

en prenant la limite projective par rapport aux normes. Pour tout idéal maximal $\mathfrak{P}$ de $\mathcal{O}_{K_{\infty}} := \bigcup_{n=0}^{\infty} \mathcal{O}_{K_n}$, on note $\mathfrak{P}_n := \mathfrak{P} \cap \mathcal{O}_{K_n}$ l'idéal premier[2] de $\mathcal{O}_{K_n}$ en dessous de $\mathfrak{P}$. Pour tout $n \in \mathbb{N}$, on note $\mathcal{U}_{n,\mathfrak{P}}$ le sous-groupe de $\mathcal{O}_{K_{n,\mathfrak{P}_n}}^{\times}$ formé des unités congrues à 1 modulo l'idéal maximal de $\mathcal{O}_{K_{n,\mathfrak{P}_n}}$. On pose

$$\mathcal{U}_{\infty,\mathfrak{P}} := \varprojlim_{n} \mathcal{U}_{n,\mathfrak{P}},$$

en prenant la limite projective par rapport aux normes $N_{K_{n+1,\mathfrak{P}_{n+1}}/K_{n,\mathfrak{P}_n}}$. On a alors la décomposition suivante,

$$\mathcal{U}_{\infty} = \prod_{\mathfrak{P}|\mathfrak{p}} \mathcal{U}_{\infty,\mathfrak{P}},$$

où le produit est pris sur tous les idéaux maximaux de $\mathcal{O}_{K_{\infty}}$ au-dessus de $\mathfrak{p}$ (qui sont en nombre fini, puisque K_{∞}/K_n est totalement ramifiée en les places au-dessus de $\mathfrak{p}$, pour n assez grand).

5.2.2 Liberté du $\mathbb{Q}_p \otimes_{\mathbb{Z}_p} \Lambda$-module des unités semi-locales.

Soit $K_{\infty,\mathfrak{P}} := \bigcup_{n=0}^{\infty} K_{n,\mathfrak{P}_n}$. Pour tout $n \in \mathbb{N} \cup \{\infty\}$, on identifie $\mathrm{Gal}\,(K_{n,\mathfrak{P}_n}/k_{\mathfrak{p}})$ au sous-groupe de décomposition G'_n de $\mathfrak{p}$ dans K_n/k. On pose $\Lambda' := \mathbb{Z}_p[[G'_{\infty}]]$. On fixe une décomposition $G'_{\infty} = G' \times \Gamma'$, où G' est un groupe fini et Γ' est un groupe topologique isomorphe à $\mathbb{Z}_p$. Pour tout $n \in \mathbb{N}$, on pose $\Gamma'_n := (\Gamma')^{p^n}$.

Lemme 5.2.2.1 *Soit $\mathfrak{P}$ un idéal maximal de $\mathcal{O}_{K_{\infty}}$ au-dessus de $\mathfrak{p}$. Le groupe $\mu_{p^{\infty}}(K_{\infty,\mathfrak{P}})$ est fini.*

DÉMONSTRATION. On note k' la complétion de k en $\mathfrak{p}$. Puisque $k' = \mathbb{Q}_p$, il est bien connu que le noyau du symbole local des résidus normiques

$$(\cdot, k'(\mu_{p^{\infty}})/k') : (k')^{\times} \to \mathrm{Gal}\,(k'(\mu_{p^{\infty}})/k')$$

est le groupe $\langle p \rangle$ librement engendré par p (voir par exemple [35, p. 323, Proposition (1.8)]). Supposons $\mu_{p^{\infty}} \subset K'_{\infty}$. Alors le noyau du symbole local des résidus normiques

$$(\cdot, K'_{\infty}/k') : (k')^{\times} \to \mathrm{Gal}\,(K'_{\infty}/k')$$

est un sous-groupe de $\langle p \rangle$, d'indice fini car K'_{∞}/k'_{∞} est de degré fini. Soit $\mathfrak{Q}$ un idéal maximal de $\mathcal{O}_{K_{\infty}}$ au-dessus de $\bar{\mathfrak{p}}$. On note k'' la complétion de k en $\bar{\mathfrak{p}}$. Pour tout $n \in \mathbb{N}$,

---

2. L'application $\mathfrak{P} \mapsto (\mathfrak{P}_n)_{n \in \mathbb{N}}$ est une bijection du spectre maximal de $\mathcal{O}_{K_{\infty}}$ vers l'ensemble des suites d'idéaux maximaux $\mathfrak{P}_n$ de $\mathcal{O}_{K_n}$ telles que $\mathfrak{P}_{n+1} \cap \mathcal{O}_{K_n} = \mathfrak{P}_n$ pour tout $n \in \mathbb{N}$.

on désigne par k'_n (resp. k''_n) la complétion de k_n en $\mathfrak{P}$ (resp. $\mathfrak{Q}$). On pose $k'_\infty := \overset{n}{\underset{i=0}{\cup}} k'_n$ et $k''_\infty := \overset{n}{\underset{i=0}{\cup}} k''_n$. L'extension k''_∞/k'' est infinie et non ramifiée. Donc son groupe de Galois est topologiquement engendré par $(p, k''_\infty/k'')$. Puisque k_∞/k est non ramifiée en dehors de $\mathfrak{p}$, on a $(p, k''_\infty/k'')_{|k_\infty} = \left(p^{-1}, k'_\infty/k'\right)_{|k_\infty}$, et on déduit que pour tout $n \in \mathbb{Z} \setminus \{0\}$, $(p^n, K'_\infty/k') \neq 1$. Alors $(\cdot, K'_\infty/k')$ est injectif, ce qui est absurde. $\square$

Pour n assez grand on a $\Gamma_n \subseteq G'_\infty$, donc d'après le lemme A.1.5.2 il existe $n_0 \in \mathbb{N}$ tel que

$$\Gamma_{n_0} \subseteq \Gamma'. \tag{5.2.2.1}$$

Alors il existe un unique entier relatif $c \geq -n_0$, tel que pour tout idéal maximal $\mathfrak{P}$ de $\mathcal{O}_{K_\infty}$ au-dessus de $\mathfrak{p}$, et tout entier $n \geq n_0$, on a

$$\Gamma_n = \Gamma'_{n+c}, \qquad K_{n,\mathfrak{P}_n} = K'_{n+c,\mathfrak{P}} \qquad \text{et} \qquad G'_n = G' \times \left(\Gamma'/\Gamma'_{n+c}\right), \tag{5.2.2.2}$$

où $K'_{m,\mathfrak{P}}$ est le sous-corps de $K_{\infty,\mathfrak{P}}$ fixé par Γ'_m, pour tout $m \in \mathbb{N}$.

Lemme 5.2.2.2 *Soient $\mathfrak{P}$ un idéal maximal de $\mathcal{O}_{K_\infty}$ au-dessus de $\mathfrak{p}$ et $n \in \mathbb{N}$. Pour tout $n \in \mathbb{N}$, on note $\mathcal{U}_{n,\mathfrak{P}}$ le groupe des unités de $\mathcal{O}_{K'_{n,\mathfrak{P}}}$ congrues à 1 modulo l'idéal maximal de $\mathcal{O}_{K'_{n,\mathfrak{P}}}$.*

Le noyau et le conoyau du morphisme canonique $\pi_{n,\mathfrak{P}} : (\mathcal{U}_{\infty,\mathfrak{P}})_{\Gamma'_n} \longrightarrow \mathcal{U}'_{n,\mathfrak{P}}$ sont invariants sous l'action de G'_∞, et de rang 1 sur $\mathbb{Z}_p$.

DÉMONSTRATION. Pour tout $n \in \mathbb{N}$, on note $\tilde{M}'_n$ la pro-p-extension abélienne maximale de K'_n et M'_n la pro-p-extension abélienne maximale non ramifiée de K'_n. On pose $\tilde{M}'_\infty := \overset{\infty}{\underset{n=0}{\cup}} \tilde{M}'_n$ et $M'_\infty := \overset{\infty}{\underset{n=0}{\cup}} M'_n$. On remarque que $M'_\infty = K_{\infty,\mathfrak{P}}L$, où L est l'unique $\mathbb{Z}_p$-extension non-ramifiée de $k_\mathfrak{p}$. Donc M'_∞ est abélienne sur $k_\mathfrak{p}$. Pour tout $n \in \mathbb{N}$, la théorie du corps de classes locale nous donne un isomorphisme $\phi_n : \mathcal{U}'_{n,\mathfrak{P}} \to \mathrm{Gal}\left(\tilde{M}'_n/M'_n\right)$ de $\mathbb{Z}_p\left[\mathrm{Gal}\left(K'_{n,\mathfrak{P}}/k_\mathfrak{p}\right)\right]$-modules. Pour tout $(m,n) \in \mathbb{N}^2$ avec $n \leq m$, on a le diagramme commutatif ci-dessous,

$$
\begin{array}{ccc}
\mathcal{U}'_{m,\mathfrak{P}} & \overset{\phi_m}{\longrightarrow} & \mathrm{Gal}\left(\tilde{M}'_m/M'_m\right) \\
\downarrow{\scriptstyle N_{m,n}} & & \downarrow{\scriptstyle \mathrm{res}_{m,n}} \\
\mathcal{U}'_{n,\mathfrak{P}} & \overset{\phi_n}{\longrightarrow} & \mathrm{Gal}\left(\tilde{M}'_n/M'_n\right),
\end{array}
$$

où $N_{m,n}$ est l'application norme et $\mathrm{res}_{m,n}$ est le morphisme de restriction. Prenant les limites projectives, on obtient un isomorphisme

$$\phi_\infty : \mathcal{U}_{\infty,\mathfrak{P}} \to \mathrm{Gal}\left(\tilde{M}'_\infty/M'_\infty\right) \tag{5.2.2.3}$$

de Λ'-modules, qui induit pour tout $n \in \mathbb{N}$ un isomorphisme

$$\mathrm{Cok}\left(\pi_{n,\mathfrak{P}}\right) \quad \simeq \quad \mathrm{Gal}\left(M'_\infty/M'_n\right). \tag{5.2.2.4}$$

D'après le corollaire A.1.4.9, le morphisme de restriction $\mathrm{Gal}\left(\tilde{M}'_\infty/K_{\infty,\mathfrak{P}}\right) \to \mathrm{Gal}\left(\tilde{M}'_n/K'_{n,\mathfrak{P}}\right)$ induit un isomorphisme

$$\mathrm{Gal}\left(\tilde{M}'_\infty/K_{\infty,\mathfrak{P}}\right)_{\Gamma'_n} \simeq \mathrm{Gal}\left(\tilde{M}'_n/K_{n,\mathfrak{P}}\right). \tag{5.2.2.5}$$

D'après le lemme 5.2.2.1, et en vertu de [25, Theorem 25 (i)], il existe une suite exacte de $\mathbb{Z}_p\,[[\Gamma]]$-modules

$$0 \longrightarrow \mathrm{Gal}\left(\tilde{\mathrm{M}}'_\infty/K_{\infty,\mathfrak{P}}\right) \longrightarrow \mathbb{Z}_p\,[[\Gamma]]^d \longrightarrow \mu_{p^\infty}\left(K_{\infty,\mathfrak{P}}\right) \longrightarrow 0, \quad (5.2.2.6)$$

où $d := \#\,(G')$. Cette suite exacte implique en particulier que

$$\mathrm{Gal}\left(\tilde{\mathrm{M}}'_\infty/K_{\infty,\mathfrak{P}}\right)^{\Gamma'_n} = 0. \tag{5.2.2.7}$$

Puisque M'_∞ est abélienne sur $k_\mathfrak{p}$, on a

$$\mathrm{Gal}\left(\mathrm{M}'_\infty/K_{\infty,\mathfrak{P}}\right)^{\Gamma'_n} = \mathrm{Gal}\left(\mathrm{M}'_\infty/K_{\infty,\mathfrak{P}}\right) \simeq \mathrm{Gal}\left(\mathrm{M}'_\infty/K_{\infty,\mathfrak{P}}\right)_{\Gamma'_n}. \tag{5.2.2.8}$$

La suite exacte $0 \to \mathcal{U}_{\infty,\mathfrak{P}} \to \mathrm{Gal}\left(\tilde{\mathrm{M}}'_\infty/K_{\infty,\mathfrak{P}}\right) \to \mathrm{Gal}\left(\mathrm{M}'_\infty/K_{\infty,\mathfrak{P}}\right) \to 0$ nous donne une suite exacte dite des invariants et co-invariants[3]. Compte tenu de (5.2.2.5), (5.2.2.7) et (5.2.2.8), on obtient donc le diagramme commutatif suivant,

$$\begin{array}{ccccccccc}
0 & \longrightarrow & \mathrm{Gal}\,(\mathrm{M}'_\infty/K_{\infty,\mathfrak{P}}) & \longrightarrow & (\mathcal{U}_{\infty,\mathfrak{P}})_{\Gamma'_n} & \longrightarrow & \mathrm{Gal}\left(\tilde{\mathrm{M}}'_n/K_{\infty,\mathfrak{P}}\right) & \longrightarrow & \mathrm{Gal}\,(\mathrm{M}'_\infty/K_{\infty,\mathfrak{P}}) & \longrightarrow & 0 \\
& & \downarrow & & \downarrow & & \downarrow & & \\
0 & \longrightarrow & \mathcal{U}'_{n,\mathfrak{P}} & \longrightarrow & \mathrm{Gal}\left(\tilde{\mathrm{M}}'_n/K'_{n,\mathfrak{P}}\right) & \longrightarrow & \mathrm{Gal}\left(\mathrm{M}'_n/K'_{n,\mathfrak{P}}\right) & \longrightarrow & 0,
\end{array}$$

dont les lignes sont exactes. De ce diagramme on déduit un isomorphisme de Λ'-modules

$$\mathrm{Ker}\,(\pi_{n,\mathfrak{P}}) \quad \simeq \quad \mathrm{Gal}\,(\mathrm{M}'_\infty/K_{\infty,\mathfrak{P}}). \tag{5.2.2.9}$$

Puisque M'_∞ est abélienne sur $k_\mathfrak{p}$ et que le rang de $\mathrm{Gal}\,(\mathrm{M}'_\infty/k_\mathfrak{p})$ sur $\mathbb{Z}_p$ est égal à 2, le lemme résulte de (5.2.2.4) et (5.2.2.9). $\qquad\qquad\square$

Proposition 5.2.3 *Le $\mathbb{Z}_p\,[[\Gamma]]$-module $\mathcal{U}_\infty$ est de type fini et sans torsion. En outre, le $\mathbb{Q}_p \otimes_{\mathbb{Z}_p} \Lambda$-module $\mathbb{Q}_p \otimes_{\mathbb{Z}_p} \mathcal{U}_\infty$ est isomorphe à $\mathbb{Q}_p \otimes_{\mathbb{Z}_p} \Lambda$.*

DÉMONSTRATION. Le fait que le $\mathbb{Z}_p\,[[\Gamma]]$-module $\mathcal{U}_\infty$ est de type fini et sans torsion résulte directement de (5.2.2.6) et de (5.2.2.3). Soit $\mathfrak{P}$ un idéal maximal de $\mathcal{O}_{K_\infty}$ au-dessus de $\mathfrak{p}$. On considère le morphisme de Λ'-modules

$$\iota : \mathcal{U}_{\infty,\mathfrak{P}} \longrightarrow \mathcal{U}_\infty, \quad x_\mathfrak{P} \mapsto (x_\mathfrak{Q})_{\mathfrak{Q}|\mathfrak{p}},$$

où pour tout idéal maximal $\mathfrak{Q} \neq \mathfrak{P}$ de $\mathcal{O}_{K_\infty}$ au-dessus de $\mathfrak{p}$, $x_\mathfrak{Q} := 1$. Utilisant le fait que $\mathbb{Q}_p \otimes_{\mathbb{Z}_p} \Lambda$ est libre sur $\mathbb{Q}_p \otimes_{\mathbb{Z}_p} \Lambda'$, on remarque que ι induit un isomorphisme de $\mathbb{Q}_p \otimes_{\mathbb{Z}_p} \Lambda$-modules

$$\left(\mathbb{Q}_p \otimes_{\mathbb{Z}_p} \Lambda\right) \otimes_{\left(\mathbb{Q}_p \otimes_{\mathbb{Z}_p} \Lambda'\right)} \left(\mathbb{Q}_p \otimes_{\mathbb{Z}_p} \mathcal{U}_{\infty,\mathfrak{P}}\right) \quad \xrightarrow{\sim} \quad \mathbb{Q}_p \otimes_{\mathbb{Z}_p} \mathcal{U}_\infty.$$

Il nous suffit donc de montrer que $\mathbb{Q}_p \otimes_{\mathbb{Z}_p} \mathcal{U}_{\infty,\mathfrak{P}}$ est un $\mathbb{Q}_p \otimes_{\mathbb{Z}_p} \Lambda'$-module isomorphe à $\mathbb{Q}_p \otimes_{\mathbb{Z}_p} \Lambda'$.

---

3. Voir la proposition A.1.3.3.

Pour tout $n \in \mathbb{N}$, soit G'_n le groupe de décomposition de $\mathfrak{p}$ dans K_n/k, et soit $\widehat{\mathfrak{P}}_n$ l'idéal maximal de $\mathcal{O}_{K_n,\mathfrak{P}_n}$. Il est bien connu que pour $m \in \mathbb{N}$ suffisamment grand, le logarithme p-adique définit un isomorphisme de $\mathbb{Z}_p[G'_n]$-modules de $1 + \widehat{\mathfrak{P}}_n^m$ vers $\widehat{\mathfrak{P}}_n^m$. Tensorisant cet isomorphisme par $\mathbb{Q}_p$ au-dessus de $\mathbb{Z}_p$, on voit que

$$\mathbb{Q}_p \otimes_{\mathbb{Z}_p} \mathcal{U}_{n,\mathfrak{P}} \quad \simeq \quad K_{n,\mathfrak{P}_n} \quad \simeq \quad \mathbb{Q}_p[G'_n], \tag{5.2.2.10}$$

le dernier isomorphisme provenant du théorème de la base normale (en tenant compte du fait que $k_\mathfrak{p} = \mathbb{Q}_p$).

Soit χ un $\mathbb{C}_p$-caractère irréductible de G'. Soit ψ l'unique $\mathbb{Q}_p$-caractère irréductible de G' tel que $\chi|\psi$. Il suffit de prouver que $e_\psi\left(\mathbb{Q}_p \otimes_{\mathbb{Z}_p} \mathcal{U}_{\infty,\mathfrak{P}}\right)$ est libre sur [4]

$$e_\psi\left(\mathbb{Q}_p \otimes_{\mathbb{Z}_p} \Lambda'\right) \quad \simeq \quad \mathbb{Q}_p \otimes_{\mathbb{Z}_p} \mathbb{Z}_p(\chi)[[\Gamma']],$$

de rang 1. D'après le corollaire A.3.2.2, on sait que $e_\psi\left(\mathbb{Q}_p \otimes_{\mathbb{Z}_p} \Lambda'\right)$ est principal. Puisque $\mathcal{U}_\infty$ est sans torsion sur $\mathbb{Z}_p[[\Gamma]]$, $e_\psi\left(\mathbb{Q}_p \otimes_{\mathbb{Z}_p} \mathcal{U}_{\infty,\mathfrak{P}}\right)$ est sans torsion sur $\mathbb{Q}_p \otimes_{\mathbb{Z}_p} \mathbb{Z}_p[[\Gamma']]$. Du lemme A.3.5.1 on déduit que $e_\psi\left(\mathbb{Q}_p \otimes_{\mathbb{Z}_p} \mathcal{U}_{\infty,\mathfrak{P}}\right)$ est un $e_\psi\left(\mathbb{Q}_p \otimes_{\mathbb{Z}_p} \Lambda'\right)$-module sans torsion et de type fini, donc libre. Soit r_ψ son rang. Il ne reste à prouver que $r_\psi = 1$. On choisit un entier $n \geq n_0$, voir (5.2.2.1). Alors

$$e_\psi\left(\mathbb{Q}_p \otimes_{\mathbb{Z}_p} \left((\mathcal{U}_{\infty,\mathfrak{P}})_{\Gamma_n}\right)\right) \quad \simeq \quad e_\psi\left(\mathbb{Q}_p[G'_n]\right)^{r_\psi}. \tag{5.2.2.11}$$

D'après (5.2.2.2) et le lemme 5.2.2.2, le noyau et le conoyau du morphisme canonique $(\mathcal{U}_{\infty,\mathfrak{P}})_{\Gamma_n} \to \mathcal{U}_{n,\mathfrak{P}}$ sont des $\mathbb{Z}_p$-modules de rang 1, et invariants sous l'action de G'_∞. On en déduit que

$$\dim_{\mathbb{Q}_p}\left(e_\psi\left(\mathbb{Q}_p \otimes_{\mathbb{Z}_p} \left((\mathcal{U}_{\infty,\mathfrak{P}})_{\Gamma_n}\right)\right)\right) \quad = \quad \dim_{\mathbb{Q}_p}\left(e_\psi\left(\mathbb{Q}_p \otimes_{\mathbb{Z}_p} \mathcal{U}_{n,\mathfrak{P}}\right)\right). \tag{5.2.2.12}$$

Or $e_\psi\left(\mathbb{Q}_p \otimes_{\mathbb{Z}_p} \mathcal{U}_{n,\mathfrak{P}}\right) \simeq e_\psi\left(\mathbb{Q}_p[G'_n]\right)$ d'après (5.2.2.10). On en déduit $r_\psi = 1$ par (5.2.2.12) et (5.2.2.11). $\qquad\square$

5.3 Unités globales

5.3.1 Définitions, notations.

Définition 5.3.1.1 *Pour tout $n \in \mathbb{N}$, on pose $\mathcal{E}_n := \mathbb{Z}_p \otimes_{\mathbb{Z}} \mathcal{O}_{K_n}^\times$. On définit ensuite*

$$\mathcal{E}_\infty \quad := \quad \varprojlim_n \mathcal{E}_n,$$

la limite projective étant par rapport aux normes.

Remarque 5.3.1.2 *D'après le théorème de Dirichlet, pour tout $n \in \mathbb{N}$, $\mathcal{E}_n$ est de rang $[K_n : k] - 1$ sur $\mathbb{Z}_p$.*

---

4. L'isomorphisme $e_\psi\left(\mathbb{Q}_p \otimes_{\mathbb{Z}_p} \Lambda'\right) \simeq \mathbb{Q}_p \otimes_{\mathbb{Z}_p} \mathbb{Z}_p(\chi)[[\Gamma']]$ résulte de la proposition A.2.2.5.

5.3.2 Unités de Minkowski.

Proposition et définition 5.3.2.1 *Soit L/k une extension abélienne. Il existe une unité $\varepsilon \in \mathcal{O}_L^\times$ telle que le sous-$\mathbb{Z}\left[\operatorname{Gal}(L/k)\right]$-module de $\mathcal{O}_L^\times$ engendré par ε est d'indice fini. Une telle unité est appelée une unité de Minkowski.*

DÉMONSTRATION. Puisque l'image de $\mathcal{O}_L^\times$ par ℓ_L est un réseau de $\mathbb{R}\left[\operatorname{Gal}(L/k)\right](1 - e_1)$ de rang $[L:k] - 1$ (sous-section 2.3.1), on a un isomorphisme

$$\mathbb{R} \otimes_{\mathbb{Z}} \mathcal{O}_L^\times \simeq \mathbb{R}\left[\operatorname{Gal}(L/k)\right](1 - e_1) \simeq \prod_{\phi \neq 1} \mathbb{R}\left[\operatorname{Gal}(L/k)\right] e_\phi, \tag{5.3.2.1}$$

le produit étant sur tous les caractères rationnels non triviaux de $\operatorname{Gal}(L/k)$. Puisque pour un tel caractère ϕ, on a $\mathbb{R} \otimes_{\mathbb{Z}} \left(\mathbb{Q} \otimes_{\mathbb{Z}} \mathcal{O}_L^\times\right)_\phi = \left(\mathbb{R} \otimes_{\mathbb{Z}} \mathcal{O}_L^\times\right)_\phi$, on déduit de (5.3.2.1) un isomorphisme

$$\mathbb{Q} \otimes_{\mathbb{Z}} \mathcal{O}_L^\times \simeq \mathbb{Q}\left[\operatorname{Gal}(L/k)\right](1 - e_1) \simeq \prod_{\phi \neq 1} \mathbb{Q}\left[\operatorname{Gal}(L/k)\right] e_\phi. \tag{5.3.2.2}$$

En particulier $\mathbb{Q} \otimes_{\mathbb{Z}} \mathcal{O}_L^\times$ est un $\mathbb{Q}\left[\operatorname{Gal}(L/k)\right]$-module monogène : soit α un $\mathbb{Q}\left[\operatorname{Gal}(L/k)\right]$-générateur de $\mathbb{Q} \otimes_{\mathbb{Z}} \mathcal{O}_L^\times$. Il existe $m \in \mathbb{N}^*$ tel que α^m appartient à l'image de $\mathcal{O}_L^\times$ dans $\mathbb{Q} \otimes_{\mathbb{Z}} \mathcal{O}_L^\times$. Il suffit alors de prendre pour unité de Minkowski un antécédent ε de α^m dans $\mathcal{O}_L^\times$. $\qquad\square$

Remarque 5.3.2.2 *Soient L/k une extension abélienne, ε une unité de Minkowski, et $(\alpha_g)_{g \in \operatorname{Gal}(L/k)} \in \mathbb{Z}^{\operatorname{Gal}(L/k)}$ une famille telle que $\displaystyle\prod_{g \in \operatorname{Gal}(L/k)} \varepsilon^{\alpha_g g}$ est une racine de l'unité. Alors pour tout $(g, h) \in \operatorname{Gal}(L/k)^2$, $\alpha_g = \alpha_h$.*

DÉMONSTRATION. Puisque le sous-$\mathbb{Z}\left[\operatorname{Gal}(L/k)\right]$-module de $\mathcal{O}_{K_n}^\times$ engendré par ε est d'indice fini, $1 \otimes \varepsilon$ engendre le $\mathbb{Q}\left[\operatorname{Gal}(L/k)\right]$-module $\mathbb{Q} \otimes_{\mathbb{Z}} \mathcal{O}_L^\times$. De (5.3.2.2) on déduit que $\displaystyle\sum_{g \in \operatorname{Gal}(L/k)} \alpha_g g$ est invariant sous l'action de $\operatorname{Gal}(L/k)$. $\qquad\square$

5.3.3 Un analogue de la conjecture de Leopoldt.

On note $\log_p : \mathbb{C}_p^\times \to \mathbb{C}_p$ le logarithme d'Iwasawa. On rappelle que

$$\operatorname{Ker}\left(\log_p\right) = \left\{ x \in \mathbb{C}_p^\times / \exists\, (m, n) \in \mathbb{N}^* \times \mathbb{Z}, x^m = p^n \right\}. \tag{5.3.3.1}$$

On réfère le lecteur à [24, p. 40].

Théorème 5.3.3.1 *(Brumer, [11]) Soient $\alpha_1, ..., \alpha_n$ des éléments non nuls de $\mathbb{C}_p$, et soit $\log_p : \mathbb{C}_p^\times \to \mathbb{C}_p$ le logarithme d'Iwasawa. Les conditions suivantes sont équivalentes :*
  - *La famille $\left(\log_p(\alpha_i)\right)_{i=1}^n$ est $\mathbb{Q}$-linéairement indépendante.*
  - *La famille $\left(\log_p(\alpha_i)\right)_{i=1}^n$ est $\mathbb{Q}^{\mathrm{alg}}$-linéairement indépendante, où $\mathbb{Q}^{\mathrm{alg}}$ est la fermeture algébrique de $\mathbb{Q}$ dans $\mathbb{C}_p$.*

Lemme 5.3.3.2 ([34, (10.3.15) Lemma]) *Soit $\mathcal{G}$ un groupe fini et $f : \mathcal{G} \to \mathbb{C}_p$ une application. Alors*

$$\mathrm{rg}\left(f\left(\sigma^{-1}\tau\right)\right)_{(\sigma,\tau)\in\mathcal{G}^2} = \#\left\{\chi \in \mathrm{Hom}_{Gr}\left(\mathcal{G},\mathbb{C}_p^\times\right) / \sum_{\sigma\in\mathcal{G}}\chi(\sigma)f(\sigma) \neq 0\right\},$$

où $\mathrm{rg}\left(f\left(\sigma^{-1}\tau\right)\right)_{(\sigma,\tau)\in\mathcal{G}^2}$ désigne le rang de la matrice $\left(f\left(\sigma^{-1}\tau\right)\right)_{(\sigma,\tau)\in\mathcal{G}^2}$, et où l'ensemble $\mathrm{Hom}_{Gr}\left(\mathcal{G},\mathbb{C}_p^\times\right)$ est l'ensemble des morphismes de groupes de $\mathcal{G}$ vers $\mathbb{C}_p^\times$.

Théorème 5.3.3.3 *Pour tout $n \in \mathbb{N}\cup\{\infty\}$, le morphisme canonique $\mathcal{E}_n \to \mathcal{U}_n$ est injectif.*

DÉMONSTRATION. La démonstration qui suit est inspirée de la preuve de la conjecture de Leopoldt de [34, (10.3.16) Theorem]. Elle repose sur le théorème 5.3.3.1 dû à Brumer. Rappelons qu'on identifie $\mathcal{U}_n$ au sous-groupe de $\prod_{\mathfrak{P}|\mathfrak{p}}\mathcal{O}_{K_n,\mathfrak{P}}^\times$ formé des unités semi-locales principales. Soit ε une unité de Minkowski, telle que pour tout idéal premier $\mathfrak{P}$ de $\mathcal{O}_{K_n}$ au-dessus de $\mathfrak{p}$, ε est congrue à 1 modulo l'idéal maximal $\mathfrak{m}_{K_n,\mathfrak{P}}$ de $\mathcal{O}_{K_n,\mathfrak{P}}$. Un tel choix est toujours possible, quitte à élever une unité de Minkowski arbitrairement choisie à la puissance m, avec $m \in \mathbb{N}$ qui annule tous les $\left(\mathcal{O}_{K_n,\mathfrak{P}}/\mathfrak{m}_{K_n,\mathfrak{P}}\right)^\times$ où $\mathfrak{P}$ est un idéal premier de $\mathcal{O}_{K_n}$ au-dessus de $\mathfrak{p}$. Cette précaution nous assure que l'image de ε dans $\mathcal{U}_n$ est $(\varepsilon, \varepsilon, ..., \varepsilon)$. On note $\tilde{\mathcal{E}}_n$ le sous-$\mathbb{Z}_p[G_n]$-module de $\mathcal{E}_n$ engendré par ε. On raisonne par l'absurde et on suppose que $\mathcal{E}_n \to \mathcal{U}_n$ n'est pas injectif. La $\mathbb{Z}_p$-torsion de $\mathcal{E}_n$ s'identifie à $\mu_{p^\infty}(K_n)$, qui s'injecte dans $\mathcal{U}_n$. Donc l'image $\mathrm{Im}(\mathcal{E}_n)$ de $\mathcal{E}_n$ dans $\mathcal{U}_n$ est un $\mathbb{Z}_p$-module de rang inférieur où égal à $[K_n : k] - 2$. Il en va *a fortiori* de même pour l'image de $\tilde{\mathcal{E}}_n$,

$$\mathrm{rg}_{\mathbb{Z}_p}\left(\mathrm{Im}\left(\tilde{\mathcal{E}}_n\right)\right) \leq [K_n : k] - 2. \tag{5.3.3.2}$$

Soit $n \in \mathbb{N}$. Soit $\mathfrak{Q}$ un idéal de $\mathcal{O}_{K_n}$ au-dessus de $\mathfrak{p}$. On fixe un plongement $K_{n,\mathfrak{Q}} \hookrightarrow \mathbb{C}_p$. On pose

$$\ell : \mathcal{U}_n \longrightarrow \mathbb{C}_p[G_n], \quad (u_\mathfrak{P})_{\mathfrak{P}|\mathfrak{p}} \longmapsto \sum_{g\in G_n}\log_p\left(g^{-1}\left(u_{g(\mathfrak{Q})}\right)\right)g.$$

On remarque que ℓ est $\mathbb{Z}_p[G_n]$-linéaire. De (5.3.3.2) on déduit que le $\mathbb{C}_p$-espace vectoriel engendré par $\ell\left(\mathrm{Im}\left(\tilde{\mathcal{E}}_n\right)\right)$ est de dimension inférieure ou égale à $[K_n : k] - 2$. Autrement dit, le rang de la matrice $\left(\log_p\left(g^{-1}h\left(\varepsilon\right)\right)\right)_{(g,h)\in G_n^2}$ est inférieur ou égal à $[K_n : k] - 2$. Du lemme 5.3.3.2, on en déduit qu'il existe un $\mathbb{C}_p$-caractère irréductible et non trivial χ de G_n tel que

$$\sum_{g\in G_n}\chi(g)\log_p\left(g\left(\varepsilon\right)\right) = 0. \tag{5.3.3.3}$$

Puisque $\mathrm{N}_{K_n/k}(\varepsilon)$ est une racine de l'unité, on déduit de (5.3.3.1) et (5.3.3.3) que

$$\sum_{g\in G_n^*}(1 - \chi(g))\log_p\left(g\left(\varepsilon\right)\right) = 0, \tag{5.3.3.4}$$

où $G_n^* := G_n \setminus \{\mathrm{Id}_{K_n}\}$. Donc la famille $\left(\log_p\left(g\left(\varepsilon\right)\right)\right)_{g\in G_n^*}$ n'est pas $\mathbb{Q}^{\mathrm{alg}}$-linéairement indépendante, $\mathbb{Q}^{\mathrm{alg}}$ étant la fermeture algébrique de $\mathbb{Q}$ dans $\mathbb{C}_p$. Du théorème de Brumer nous déduisons donc que la famille $\left(\log_p\left(g\left(\varepsilon\right)\right)\right)_{g\in G_n^*}$ n'est pas $\mathbb{Q}$-linéairement indépendante : il existe une famille $(\alpha_g)_{g\in G_n^*} \in \mathbb{Z}^{G_n^*}$, non identiquement nulle, telle que

$$\log_p\left(\prod_{g\in G_n^*}\varepsilon^{\alpha_g g}\right) = \sum_{g\in G_n^*}\alpha_g\log_p\left(g\left(\varepsilon\right)\right) = 0. \tag{5.3.3.5}$$

De (5.3.3.1) il résulte que $\prod_{g\in G_n^*}\varepsilon^{\alpha_g g}$ est une racine de l'unité. De la remarque 5.3.2.2, on déduit $\alpha_g = 0$ pour tout $g \in G_n^*$, ce qui est contradictoire. Donc $\mathcal{E}_n \to \mathcal{U}_n$ est injectif.

Ceci est valable pour tout $n \in \mathbb{N}$, et les injections $\mathcal{E}_n \hookrightarrow \mathcal{U}_n$ sont compatibles avec les normes, donc en passant à la limite projective on obtient aussi une injection $\mathcal{E}_\infty \hookrightarrow \mathcal{U}_\infty$. $\square$

Corollaire 5.3.3.4 *Soit $n \in \mathbb{N} \cup \{\infty\}$. On note $\tilde{\mathrm{M}}_n$ la pro-p-extension abélienne de K_n maximale non ramifiée en dehors des places au-dessus de $\mathfrak{p}$, et M_n la pro-p-extension abélienne de K_n non ramifiée maximale. On pose $\mathrm{B}_n := \mathrm{Gal}\left(\tilde{\mathrm{M}}_n/K_n\right)$ et on identifie A_n à $\mathrm{Gal}\left(\mathrm{M}_n/K_n\right)$ par la théorie du corps de classes. Alors on a la suite exacte suivante,*

$$0 \longrightarrow \mathcal{E}_n \longrightarrow \mathcal{U}_n \longrightarrow \mathrm{B}_n \longrightarrow \mathrm{A}_n \longrightarrow 0, \tag{5.3.3.6}$$

où $\mathrm{B}_n \to \mathrm{A}_n$ est le morphisme de restriction, et $\mathcal{U}_n \to \mathrm{B}_n$ est le morphisme issu de la théorie du corps de classes.

En particulier si $n < \infty$, alors le $\mathbb{Z}_p$-rang de B_n est 1.

DÉMONSTRATION. Supposons d'abord $n < \infty$. Pour tout $m \in \mathbb{N}$, soit L_m la p-extension maximale de K_n incluse dans le corps de classes de rayons de K_n modulo $\mathfrak{p}^m\mathcal{O}_{K_n}$. Alors $\tilde{\mathrm{M}}_n = \bigcup_{m=0}^{\infty} L_m$. On note $\mathcal{F}$ le groupe des idéaux fractionnaires non nuls de K_n, et pour tout $m \in \mathbb{N}$ on note $\mathcal{P}_m$ le sous-groupe de $\mathcal{F}$ formé des idéaux principaux engendrés par un élément $x \in K_n^\times$ congru à 1 modulo $\mathfrak{p}^m\mathcal{O}_{K_n}$. La théorie du corps de classes nous donne le diagramme commutatif ci-dessous, à lignes exactes,

$$
\begin{array}{ccccccccc}
0 & \longrightarrow & \mathbb{Z}_p \otimes_{\mathbb{Z}} (\mathcal{P}_0/\mathcal{P}_m) & \longrightarrow & \mathbb{Z}_p \otimes_{\mathbb{Z}} (\mathcal{F}/\mathcal{P}_m) & \longrightarrow & \mathbb{Z}_p \otimes_{\mathbb{Z}} (\mathcal{F}/\mathcal{P}_0) & \longrightarrow & 0 \\
& & \downarrow\wr & & \downarrow\wr & & \downarrow\wr & & \\
0 & \longrightarrow & \mathrm{Gal}\left(L_m/L_0\right) & \longrightarrow & \mathrm{Gal}\left(L_m/K_n\right) & \longrightarrow & \mathrm{Gal}\left(L_0/K_n\right) & \longrightarrow & 0.
\end{array} \tag{5.3.3.7}
$$

D'autre part pour tout $m \in \mathbb{N}$ on a la suite exacte

$$\mathcal{E}_n \longrightarrow \mathbb{Z}_p \otimes_{\mathbb{Z}} (\mathcal{O}_{K_n}/\mathfrak{p}^m\mathcal{O}_{K_n})^\times \longrightarrow \mathbb{Z}_p \otimes_{\mathbb{Z}} (\mathcal{P}_0/\mathcal{P}_m) \longrightarrow 0. \tag{5.3.3.8}$$

Pour tout $m \in \mathbb{N}$, d'après le théorème des restes chinois on a un isomorphisme naturel

$$\mathbb{Z}_p \otimes_{\mathbb{Z}} (\mathcal{O}_{K_n}/\mathfrak{p}^m\mathcal{O}_{K_n})^\times \simeq \bigoplus_{\mathfrak{q}|\mathfrak{p}} \mathbb{Z}_p \otimes_{\mathbb{Z}} (\mathcal{O}_{K_{n,\mathfrak{q}}}/\mathfrak{q}^{em}\mathcal{O}_{K_{n,\mathfrak{q}}})^\times,$$

où la somme est sur tous les idéaux maximaux $\mathfrak{q}$ de $\mathcal{O}_{K_n}$ au-dessus de $\mathfrak{p}$, et où e est l'indice de ramification de $\mathfrak{p}$ dans K_n/k. Pour tout $m \in \mathbb{N}$, on a donc un morphisme naturel surjectif $\mathcal{U}_n \to \mathbb{Z}_p \otimes_{\mathbb{Z}} (\mathcal{O}_{K_n}/\mathfrak{p}^m\mathcal{O}_{K_n})^\times$. Passant à la limite, on en déduit un morphisme

$\mathcal{U}_n \to \varprojlim_m \mathbb{Z}_p \otimes_{\mathbb{Z}} (\mathcal{O}_{K_n}/\mathfrak{p}^m \mathcal{O}_{K_n})^{\times}$, qui est aussi surjectif par compacité de $\mathcal{U}_n$. Il est clair que le noyau de ce morphisme est nul, donc

$$\mathcal{U}_n \simeq \varprojlim_m \mathbb{Z}_p \otimes_{\mathbb{Z}} (\mathcal{O}_{K_n}/\mathfrak{p}^m \mathcal{O}_{K_n})^{\times} \quad \text{puis} \quad \varprojlim_m \mathbb{Z}_p \otimes_{\mathbb{Z}} (\mathcal{P}_0/\mathcal{P}_m) \simeq \mathcal{U}_n/\mathcal{E}_n,$$

en utilisant (5.3.3.8). Par passage aux limites projectives (par rapport à la variable m), on déduit alors de (5.3.3.7) la suite exacte (5.3.3.6), l'exactitude en $\mathcal{E}_n$ en vertu du théorème 5.3.3.3. De plus les $\mathbb{Z}_p$-rangs de $\mathcal{E}_n$ et $\mathcal{U}_n$ sont respectivement $[K_n : k] - 1$ et $[K_n : k]$, donc le $\mathbb{Z}_p$-rang de B_n est 1.

Lorsque $n = \infty$, on obtient la suite exacte (5.3.3.6) par passage aux limites projectives, compte tenu du fait que tous les Λ-modules considérés sont compacts. $\qquad\square$

Remarque 5.3.3.5 *D'après [25, Theorem 4], B_∞ est de type fini sur $\mathbb{Z}_p[[\Gamma]]$. D'après [43, Proposition 20, p. 45], il résulte du théorème 5.3.3.3 que B_∞ est de torsion sur $\mathbb{Z}_p[[\Gamma]]$.*

Proposition 5.3.3.6 *Pour tout $n \in \mathbb{N}$, on a $(\mathrm{B}_\infty)^{\Gamma_n} = 0$.*

DÉMONSTRATION. D'après le corollaire A.1.4.9, $(\mathrm{B}_\infty)_{\Gamma_n}$ s'identifie à $\mathrm{Gal}\left(\tilde{\mathrm{M}}_n/K_\infty\right)$, d'où une suite exacte

$$0 \longrightarrow (\mathrm{B}_\infty)_{\Gamma_n} \longrightarrow \mathrm{B}_n \longrightarrow \Gamma_n \longrightarrow 0. \qquad (5.3.3.9)$$

D'après le corollaire 5.3.3.4, B_n est de type fini sur $\mathbb{Z}_p$, et son $\mathbb{Z}_p$-rang est 1. De la suite exacte (5.3.3.9), on déduit alors que $(\mathrm{B}_\infty)_{\Gamma_n}$ est fini. Donc $(\mathrm{B}_\infty)^{\Gamma_n}$ est fini, d'après la proposition A.1.3.4. Or d'après [18, fin de la section 4], B_∞ ne contient pas de sous-$\mathbb{Z}_p[[\Gamma]]$-modules finis non nuls. $\qquad\square$

5.4 Unités de Stark.

5.4.1 Unités semi-locales modulo unités de Stark.

Définition 5.4.1.1 *Pour tout $n \in \mathbb{N}$, on pose $\mathrm{St}_n := \mathrm{St}_{K_n}$ et $\mathcal{St}_n := \mathbb{Z}_p \otimes_{\mathbb{Z}} \mathrm{St}_n$. On définit ensuite*

$$\mathcal{St}_\infty := \varprojlim_n \mathcal{St}_n,$$

la limite projective étant prise par rapport aux normes.

Proposition 5.4.1.2 *(A. Jilali et H. Oukhaba, [26, Proposition 2.1 et Theorem 3.2]) Le $\mathbb{Z}_p[[\Gamma]]$-module $\mathcal{St}_\infty$ est de type fini, sans torsion, et de rang $[K_0 : k]$.*

Corollaire 5.4.1.3 *Les $\mathbb{Z}_p[[\Gamma]]$-modules $\mathcal{U}_\infty/\mathcal{St}_\infty$, $\mathcal{E}_\infty/\mathcal{St}_\infty$ et $\mathcal{U}_\infty/\mathcal{E}_\infty$ sont de torsion et de type fini.*

DÉMONSTRATION. D'après la proposition 5.2.2.3, on sait que $\mathcal{U}_\infty$ est de type fini sur $\mathbb{Z}_p[[\Gamma]]$ et de rang $[K_0 : k]$. D'après le théorème 5.3.3.3, $\mathcal{St}_\infty$ s'injecte dans $\mathcal{U}_\infty$. De la proposition 5.4.1.2 on déduit que $\mathcal{U}_\infty/\mathcal{St}_\infty$ est de torsion et de type fini. Puisque $\mathcal{E}_\infty/\mathcal{St}_\infty$ s'injecte dans $\mathcal{U}_\infty/\mathcal{St}_\infty$ et que $\mathcal{U}_\infty/\mathcal{E}_\infty$ est un quotient de $\mathcal{U}_\infty/\mathcal{St}_\infty$, le corollaire s'ensuit. $\qquad\square$

5.4.2 Comparaison avec le module d'unités elliptiques de de Shalit.

On fixe $\mathfrak{f}$ un idéal non nul de $\mathcal{O}_k$, premier à $\mathfrak{p}$, et on note $\mathcal{D}_{\mathfrak{f}}$ l'ensemble des idéaux non nuls $\mathfrak{g}$ de $\mathcal{O}_k$ qui divisent $\mathfrak{f}$. Pour tout $\mathfrak{g} \in \mathcal{D}_{\mathfrak{f}}$, on pose $K_{\mathfrak{g},\infty} := \overset{\infty}{\underset{n=0}{\cup}} H_{\mathfrak{g}\mathfrak{p}^n}$, et on note $\mathcal{U}_{\mathfrak{g},\infty}$, $\mathcal{E}_{\mathfrak{g},\infty}$, $\mathcal{St}_{\mathfrak{g},\infty}$, etc, les différents objets attachés à $K_{\mathfrak{g},\infty}$. On fixe une décomposition

$$G_{\mathfrak{f},\infty} \;\; := \;\; G_{\mathfrak{f}} \times \Gamma_{\mathfrak{f}},$$

où $G_{\mathfrak{f}}$ est le sous-groupe de torsion de $G_{\mathfrak{f},\infty}$ et $\Gamma_{\mathfrak{f}}$ est un groupe topologique isomorphe à $\mathbb{Z}_p$. Pour tout $\mathfrak{g} \in \mathcal{D}_{\mathfrak{f}}$, on a $G_{\mathfrak{g},\infty} := G_{\mathfrak{g}} \times \Gamma_{\mathfrak{g}}$, où $G_{\mathfrak{g}}$ est le sous-groupe de torsion de $G_{\mathfrak{g},\infty}$ et $\Gamma_{\mathfrak{g}} \simeq \mathbb{Z}_p$ est l'image de $\Gamma_{\mathfrak{f}}$ par le morphisme de restriction.

D'après le lemme A.1.5.2, il existe $n_0 \in \mathbb{N}$ et $c \in \mathbb{Z}$ tels que $0 \leq n_0 + c$ et $K_{\mathfrak{g},n} = H_{\mathfrak{g}\mathfrak{p}^{n+c}}$ pour tout $\mathfrak{g} \in \mathcal{D}_{\mathfrak{f}}$ et tout entier naturel $n \geq n_0$.

Pour tout $\mathfrak{g} \in \mathcal{D}_{\mathfrak{f}}$ et tout $n \geq n_0$, notons $\mathcal{P}_{\mathfrak{g},n}$ le sous-groupe de $K_{\mathfrak{g},n}^{\times}$ engendré par $\mu\left(K_{\mathfrak{g},n}\right)$ et par les éléments de la forme $\psi\left(1; \mathfrak{g}\mathfrak{p}^{n+c}, \mathfrak{a}^{-1}\mathfrak{g}\mathfrak{p}^{n+c}\right)$, où $\mathfrak{a}$ est un idéal non nul de $\mathcal{O}_k$ premier à $6\mathfrak{g}\mathfrak{p}$. On pose $C_{\mathfrak{g},n} := \mathcal{P}_{\mathfrak{g},n} \cap \mathcal{O}_{K_{\mathfrak{g},n}}^{\times}$, puis

$$\mathcal{C}_{\mathfrak{g}} \;\; := \;\; \varprojlim_n \left(\mathbb{Z}_p \otimes_{\mathbb{Z}} C_{\mathfrak{g},n} \right),$$

ce qui coïncide avec la définition donnée en [12, III, 1.4, p. 101]. Le module d'unités elliptiques utilisé par E. de Shalit dans [12] pour $K_{\mathfrak{f},\infty}$ est

$$\mathcal{C}(\mathfrak{f}) \;\; := \;\; \prod_{\mathfrak{g} \in \mathcal{D}_{\mathfrak{f}}} \mathcal{C}_{\mathfrak{g}}.$$

Proposition 5.4.2.1 *On a* $\mathcal{St}_{\mathfrak{f},\infty} = \mathcal{C}(\mathfrak{f})$.

DÉMONSTRATION. Pour tout idéal $\mathfrak{m}$ de $\mathcal{O}_k$, notons $\operatorname{supp}(\mathfrak{m})$ l'ensemble des idéaux maximaux de $\mathcal{O}_k$ qui divisent $\mathfrak{m}$. Il est clair que pour tout $n \geq n_0$ et tout $\mathfrak{g} \in \mathcal{D}_{\mathfrak{f}}$, $\mathcal{P}_{\mathfrak{g},n} \subseteq \mathcal{P}_{K_{\mathfrak{f},n}}$. Il en résulte directement l'inclusion $\mathcal{C}(\mathfrak{f}) \subseteq \mathcal{St}_{\mathfrak{f},\infty}$. D'après la remarque 2.2.4.2 et (2.2.4.1), $\mathcal{St}_{\mathfrak{f},n}$ est engendré en tant que groupe par :

- les racines de l'unités $\zeta \in \mu\left(K_{\mathfrak{f},n}\right)$,
- toutes les normes $\beta_{\mathfrak{m},\mathfrak{a}} := \mathrm{N}_{\mathrm{H}_{\mathfrak{m}}/\mathrm{H}_{\mathfrak{m}} \cap \mathrm{H}_{\mathfrak{f}\mathfrak{p}^{n+c}}}\left(\psi\left(1; \mathfrak{m}, \mathfrak{a}^{-1}\mathfrak{m}\right)\right)$, où $\mathfrak{m} \notin \{(0), (1)\}$ est un idéal de $\mathcal{O}_k$ vérifiant $w_{\mathfrak{m}} = 1$ et $2 \leq \#\left(\operatorname{supp}(\mathfrak{m})\right)$, et $\mathfrak{a}$ est un idéal non nul de $\mathcal{O}_k$ premier à $6\mathfrak{m}$.

- toutes les normes $\beta_{\mathfrak{m},\mathfrak{a},\sigma} := \mathrm{N}_{\mathrm{H}_{\mathfrak{m}}/\mathrm{H}_{\mathfrak{m}} \cap \mathrm{H}_{\mathfrak{f}\mathfrak{p}^{n+c}}}\left(\prod_{t \in T} \psi\left(1; \mathfrak{m}, \mathfrak{a}_t^{-1}\mathfrak{m}\right)^{a_t \sigma_t}\right)$, où l'idéal $\mathfrak{m} \notin \{(0), (1)\}$ de $\mathcal{O}_k$ vérifie $w_{\mathfrak{m}} = 1$ et $\#\left(\operatorname{supp}(\mathfrak{m})\right) = 1$, $\mathfrak{a} := \left(\mathfrak{a}_t\right)_{t \in T}$ est une famille finie d'idéaux non nuls de $\mathcal{O}_k$ premiers à $6\mathfrak{m}$, $\sigma := \left(\sigma_t\right)_{t \in T} \in \operatorname{Gal}\left(\mathrm{H}_{\mathfrak{m}}/k\right)^T$, et $a := \left(a_t\right)_{t \in T} \in \mathbb{Z}^T$ vérifie $\sum_{t \in T} a_t \left(\mathrm{N}\left(\mathfrak{a}_t\right) - 1\right) = 0$.

Si $\mathfrak{m} \wedge \mathfrak{f}\mathfrak{p}^{n+c}$ divise $\mathfrak{f}\mathfrak{p}^{n_0+c}$, les normes $\beta_{\mathfrak{m},\mathfrak{a}}$ (ou $\beta_{\mathfrak{m},\mathfrak{a},\sigma}$ selon le cas) appartiennent à l'intersection $\mathcal{St}_{\mathfrak{f},n} \cap \mathrm{H}_{\mathfrak{f}\mathfrak{p}^{n_0+c}}$. Sinon, il existe $\mathfrak{g} \in \mathcal{D}_{\mathfrak{f}}$ et $m \in \mathbb{N}$ vérifiant $n \geq m \geq n_0$ tel que $\mathfrak{m} \wedge \mathfrak{f}\mathfrak{p}^{n+c} = \mathfrak{g}\mathfrak{p}^{m+c}$. Dans ce cas, de (2.2.4.2), on déduit que les normes $\beta_{\mathfrak{m},\mathfrak{a}}$ (ou $\beta_{\mathfrak{m},\mathfrak{a},\sigma}$ selon le cas) appartiennent à $C_{\mathfrak{g},n}$.

Alors le groupe $\mathcal{St}_{\mathfrak{f},n}$ est engendré par $\mathcal{St}_{\mathfrak{f},n} \cap \mathrm{H}_{\mathfrak{f}\mathfrak{p}^{n_0+c}}$, et par les $C_{\mathfrak{g},n}$, où $\mathfrak{g} \in \mathcal{D}_{\mathfrak{f}}$. D'après la proposition A.1.1.2, il nous suffit ensuite de prouver que

$$\varprojlim_n \left(\mathbb{Z}_p \otimes_{\mathbb{Z}} \left(\mathcal{St}_{\mathfrak{f},n} \cap \mathrm{H}_{\mathfrak{f}\mathfrak{p}^{n_0+c}} \right)\right) = 0, \tag{5.4.2.1}$$

où la limite projective est prise par rapport aux restrictions des normes

$$N_{H_{\mathfrak{f}p^{m+c}}, H_{\mathfrak{f}p^{n+c}}} : \mathbb{Z}_p \otimes_{\mathbb{Z}} \left(\mathrm{St}_{\mathfrak{f},m} \cap H_{\mathfrak{f}p^{n_0+c}} \right) \to \mathbb{Z}_p \otimes_{\mathbb{Z}} \left(\mathrm{St}_{\mathfrak{f},n} \cap H_{\mathfrak{f}p^{n_0+c}} \right),$$

où $m \geq n \geq n_0$. Un élément de $\varprojlim_{n} \left(\mathbb{Z}_p \otimes_{\mathbb{Z}} \left(\mathrm{St}_{\mathfrak{f},n} \cap H_{\mathfrak{f}p^{n_0+c}} \right) \right)$ s'identifie à une suite $(x_n)_{n \geq n_0}$ dans $\mathbb{Z}_p \otimes_{\mathbb{Z}} H_{\mathfrak{f}p^{n_0+c}}$ telle que pour tout $m \geq n \geq n_0$, $p^{m-n} x_m = x_n$. Une telle suite est nécessairement nulle, car $\bigcap_{n=0}^{\infty} \left(p^n \left(\mathbb{Z}_p \otimes_{\mathbb{Z}} H_{\mathfrak{f}p^{n_0+c}} \right) \right) = \{0\}$. Il en résulte (5.4.2.1), ce qui achève la preuve de la proposition. $\qquad\square$

Chapitre 6

Conjecture principale en théorie d'Iwasawa.

6.1 Introduction.

Dans ce chapitre, on fixe k un corps quadratique imaginaire et p un nombre premier totalement décomposé dans k. Soient $\mathfrak{p}$ et $\bar{\mathfrak{p}}$ les deux idéaux maximaux de $\mathcal{O}_k$ au-dessus de p. On considère l'extension K_∞ du chapitre 5. On garde les notations des chapitres précédents. Pour tout $\mathbb{C}_p$-caractère irréductible χ de G, et tout $\mathbb{Z}_p[G]$-module M, on note M_χ le χ-quotient [1] de M, défini par

$$M_\chi := \mathbb{Z}_p(\chi) \otimes_{\mathbb{Z}_p[G]} M,$$

où G agit sur $\mathbb{Z}_p(\chi)$ via χ. Notre objectif est la preuve du théorème 6.1.0.2 ci-dessous (voir [62]), qui est l'une des versions de la conjecture principale de la théorie d'Iwasawa.

Théorème 6.1.0.2 *Soit* χ *un* $\mathbb{C}_p$*-caractère irréductible de* G*. Alors :*
- (i) *Si* $p \notin \{2,3\}$, $\mathrm{char}_{\Lambda_\chi}(A_{\infty,\chi}) = \mathrm{char}_{\Lambda_\chi}(\mathcal{E}_\infty/\mathcal{S}t_\infty)_\chi$.
- (ii) *Si* $p \in \{2,3\}$, *il existe* $(a,b) \in \mathbb{N}^2$ *tel que*

$$u_\chi^a \mathrm{char}_{\Lambda_\chi}(A_{\infty,\chi}) \quad | \quad u_\chi^b \mathrm{char}_{\Lambda_\chi}(\mathcal{E}_\infty/\mathcal{S}t_\infty)_\chi,$$

où u_χ *est une uniformisante de* $\mathbb{Z}_p(\chi)$.

Nous rappelons que dans [50, Theorem 4.1] et [52, Theorem 2], K. Rubin a utilisé les systèmes d'Euler pour prouver la conjecture principale pour les $\mathbb{Z}_p$-extensions et $\mathbb{Z}_p^2$-extensions d'une extension abélienne F/k de degré fini, lorsque $p \nmid [F : k] e_k$. Inspiré par les idées de K. Rubin, C. Greither a prouvé la conjecture principale pour la $\mathbb{Z}_p$-extension cyclotomique d'un corps de nombre abélien [19, Theorem 3.2] (résultat obtenu auparavant par B. Mazur et A. Wiles dans [33]). W. Bley a prouvé le théorème 6.1.0.2 lorsque $p \nmid 2 \# \mathrm{Cl}(\mathcal{O}_k)$ et qu'il existe un idéal $\mathfrak{f} \neq (0)$ de $\mathcal{O}_k$ tel que $K_n := \mathrm{H}_{\mathfrak{f}\mathfrak{p}^{n+1}}$ (voir [5, Theorem 3.1]). D'autre part pour $p \in \{2,3\}$, nous avons pu montrer que la divisibilité de l'assertion (ii) est une égalité (voir [63]). Nous n'exposerons pas ce travail ici. Ajoutons que H. Oukhaba a récemment démontré que l'assertion (i) est vraie pour $p = 2$ si $p \nmid [K_0 : k]$ (voir [40]).

Signalons que J. Johnson-Leung et G. Kings ont très récemment prouvé une version cohomologique de la conjecture principale, qu'ils déduisent de la conjecture des nombres

---

1. Voir la définition A.2.2.3.

de Tamagawa (voir [27]). Dans leur travail, les χ-quotients sont remplacés par de la cohomologie à coefficients dans des représentations galoisiennes définies par χ, et ils utilisent les systèmes d'Euler à la Kato. Ils déduisent ensuite la version classique de la conjecture principale pour les $\mathbb{Z}_p^2$-extensions $F_\infty := \overset{\infty}{\underset{n=0}{\cup}} H_{p^n \mathfrak{f}}$, où $\mathfrak{f} \neq (0)$ est un idéal de $\mathcal{O}_k$ et p ne divise pas le sous-groupe de torsion de $\mathrm{Gal}(F_\infty/k)$.

Enfin, nous soulignons que le théorème 6.1.0.2 est pour nous une première étape afin de généraliser les résultats de K. Rubin concernant la conjecture principale « à deux variables », bien que ce travail ne soit pas exposé ici. Soit k'_∞ l'unique $\mathbb{Z}_p^2$-extension de k. Soit K'_∞ une extension de degré fini de k'_∞, abélienne sur k. Notons G'_∞ le groupe de Galois de K'_∞/k, et fixons une décomposition $G'_\infty = G' \times \Gamma'$ de G'_∞, où G' est un groupe fini et Γ' est un groupe topologique isomorphe à $\mathbb{Z}_p^2$. Pour tout $\mathbb{C}_p$-caractère irréductible χ de G', on pose $\Lambda'_\chi = \mathbb{Z}_p(\chi)\,[[\Gamma']]$. Dans [64], nous montrons que pour tout $\mathbb{C}_p$-caractère irréductible χ de G', on a l'égalité des idéaux caractéristiques des χ-quotients,

$$\mathrm{char}_{\Lambda'_\chi}\left(A_{K'_\infty,\chi}\right) = \mathrm{char}_{\Lambda'_\chi}\left(\mathcal{E}_{K'_\infty}/St_{K'_\infty}\right)_\chi,$$

étendant ainsi les résultats de K. Rubin au cas général où p peut diviser $\#(G')$.

Dans la suite du chapitre, nous suivons de près la démarche de W. Bley.

6.2 Réduction de la conjecture à une divisibilité.

6.2.1 Un lemme préparatoire.

Lemme 6.2.1.1 *On suppose $p \neq 2$. Soit K' une extension de K, abélienne de degré fini sur k. On pose $K'_\infty := K' \cdot k_\infty$, et on fixe une décomposition*

$$\mathrm{Gal}(K'_\infty/k) \quad = \quad G' \times \Gamma',$$

où G' est le sous-groupe de torsion de $\mathrm{Gal}(K'_\infty/k)$, et Γ' est un groupe topologique isomorphe à $\mathbb{Z}_p$. Pour tout $n \in \mathbb{N}$, on note K'_n le sous-corps de K'_∞ fixé par $\Gamma'_n := (\Gamma')^{p^n}$. Il existe $\mathrm{N} \in \mathbb{N}$ tel que pour tout entier naturel $n \geq \mathrm{N}$, $K_n \subseteq K'_n$ et K'_n/K_n est modérément ramifiée.

DÉMONSTRATION. On fixe $\mathrm{N} \in \mathbb{N}$ assez grand, de sorte que :

(a) p^{N} annule le p-Sylow de G' (donc p^{N} annule aussi le p-Sylow de G).

(b) Pour tout entier naturel $n \geq \mathrm{N}$, K_n/K_{N} et K'_n/K'_{N} sont totalement ramifiées en toutes les places au-dessus de $\mathfrak{p}$.

D'après (a) et le lemme A.1.5.3 (appliqué à l'image $\tilde{\Gamma}$ de Γ' dans G_∞), pour tout entier naturel $n \geq \mathrm{N}$, K_n est le sous-corps de K'_n fixé par $\mathrm{Gal}(K'_\infty, K_\infty)$. Il ne reste qu'à montrer que K'_n/K_n est modérément ramifiée. Soit $\mathrm{In}(\infty)$ le sous-groupe d'inertie de $\mathfrak{p}$ dans K'_∞/k. Le groupe d'inertie de $\mathfrak{p}$ dans k_∞/k est isomorphe à $\mathbb{Z}_p$, et est un quotient de $\mathrm{In}(\infty)$. D'autre part $\mathrm{In}(\infty)$ est un quotient de $\mathbb{Z}_p^\times \simeq \mu_{p-1} \times \mathbb{Z}_p$. D'après le lemme A.1.5.1, il existe donc une décomposition

$$\mathrm{In}(\infty) \quad = \quad J \times I,$$

où I est un sous-groupe topologique de $\text{In}\,(\infty)$ isomorphe à $\mathbb{Z}_p$, et J est un groupe cyclique d'ordre divisant $p-1$. Pour tout entier naturel $n \geq \text{N}$, on a $\Gamma'_n \subseteq \text{In}\,(\infty)$ d'après (b). Puisque le p-Sylow de J est trivial, on a $\Gamma'_n \subseteq I$. On en déduit en particulier que le groupe d'inertie $\text{In}\,(K'_\infty/K_n)$ des places au-dessus de $\mathfrak{p}$ dans K'_∞/K_n est

$$\text{In}\,(K'_\infty/K_n) = (\text{Gal}\,(K'_\infty/K_\infty) \times \Gamma'_n) \cap (J \times I) = (J \cap \text{Gal}\,(K'_\infty/K_\infty)) \times \Gamma'_n.$$

Donc le groupe d'inertie des places au-dessus de $\mathfrak{p}$ dans K'_n/K_n est isomorphe au groupe $J \cap \text{Gal}\,(K'_\infty/K_\infty)$. Or $\#(J)$ est premier à p, donc K'_n/K_n est modérément ramifiée. $\qquad\square$

Corollaire 6.2.1.2 *On se place sous les hypothèses du lemme 6.2.1.1, et on fixe* $\text{N} \in \mathbb{N}$ *vérifiant le lemme 6.2.1.1. Pour tout* $n \in \mathbb{N} \cup \{\infty\}$ *on définit* $\mathcal{U}'_n$ *relativement à l'extension* K'_∞ *(comme à la sous-section 5.2.1). Pour tout entier naturel* $n \geq \text{N}$*, la norme* $\text{N}_{K'_n/K_n} :$ $\mathcal{U}'_n \to \mathcal{U}_n$ *est surjective. Passant aux limites projectives, on a une application norme surjective*

$$\text{N}_{K'_\infty/K_\infty} : \mathcal{U}'_\infty \longrightarrow \mathcal{U}_\infty.$$

DÉMONSTRATION. Soit un entier naturel $n \geq \text{N}$. Par la théorie du corps de classes, dire que K'_n/K_n est modérément ramifiée équivaut à dire que $\text{N}_{K'_n/K_n} : \mathcal{U}'_n \to \mathcal{U}_n$ est surjective. L'application $\text{N}_{K'_\infty/K_\infty} : \mathcal{U}'_\infty \to \mathcal{U}_\infty$ obtenue par passage aux limites projectives est encore surjective par compacité des $\mathcal{U}'_m$, $m \in \mathbb{N}$. $\qquad\square$

6.2.2 Invariants d'Iwasawa.

On pose $\text{B}_\infty := \text{Gal}\left(\tilde{\text{M}}_\infty/K_\infty\right)$, où $\tilde{\text{M}}_\infty$ est la pro-p-extension abélienne maximale de K_∞ non ramifiée en dehors des places au-dessus de $\mathfrak{p}$. On rappelle que la théorie du corps de classes identifie A_∞ à $\text{Gal}\,(\text{M}_\infty/K_\infty)$, où M_∞ est la pro-p-extension abélienne maximale de K_∞ non ramifiée. D'après le corollaire 5.3.3.4, on a la suite exacte

$$0 \longrightarrow \mathcal{E}_\infty/St_\infty \longrightarrow \mathcal{U}_\infty/St_\infty \longrightarrow \text{B}_\infty \longrightarrow \text{A}_\infty \longrightarrow 0. \qquad (6.2.2.1)$$

On conserve les notations de la sous-section 5.4.2. Soit $\mathfrak{f}$ un idéal non nul de $\mathcal{O}_k$, premier à $\mathfrak{p}$, tel que $K_\infty \subseteq K_{\mathfrak{f},\infty} := \overset{\infty}{\underset{n=0}{\cup}} \text{H}_{\mathfrak{f}\mathfrak{p}^n}$. On pose $G_{\mathfrak{f},\infty} := \text{Gal}\,(K_{\mathfrak{f},\infty}/k)$ et on fixe une décomposition

$$G_{\mathfrak{f},\infty} \;=\; G_{\mathfrak{f}} \times \Gamma_{\mathfrak{f}},$$

où $G_{\mathfrak{f}}$ est un groupe fini et $\Gamma_{\mathfrak{f}}$ est un groupe topologique isomorphe à $\mathbb{Z}_p$. On pose $\Lambda_{\mathfrak{f}} :=$ $\mathbb{Z}_p[[G_{\mathfrak{f},\infty}]]$. On note $\mathcal{U}_{\mathfrak{f},\infty}$, $\mathcal{E}_{\mathfrak{f},\infty}$, $St_{\mathfrak{f},\infty}$, *etc*, les différents objets attachés à $K_{\mathfrak{f},\infty}$.

Pour tout Λ-module (resp. $\Lambda_{\mathfrak{f}}$-module) M on note $\mu(M)$ et $\lambda(M)$ les invariants d'Iwasawa sur $\mathbb{Z}_p[[\Gamma]]$ (resp. $\mathbb{Z}_p[[\Gamma_{\mathfrak{f}}]]$). Pour tout $\mathbb{C}_p$-caractère irréductible χ de G (resp. $G_{\mathfrak{f}}$), on note $\mu_\chi(M_\chi)$ et $\lambda_\chi(M_\chi)$ les invariants d'Iwasawa sur Λ_χ (resp. $\Lambda_{\mathfrak{f},\chi}$). Compte tenu de la proposition 5.4.2.1, on a le théorème suivant.

Théorème 6.2.2.1 *(de Shalit, [12, III.2.1 Theorem, p. 109]) On suppose* $p \notin \{2,3\}$*. On a*

$$\sum_\chi \mu_\chi \left((\text{B}_{\mathfrak{f},\infty})_\chi\right) \;=\; \sum_\chi \mu_\chi \left((\mathcal{U}_{\mathfrak{f},\infty}/St_{\mathfrak{f},\infty})_\chi\right),$$

$$\sum_\chi \lambda_\chi \left((\text{B}_{\mathfrak{f},\infty})_\chi\right) \;=\; \sum_\chi \lambda_\chi \left((\mathcal{U}_{\mathfrak{f},\infty}/St_{\mathfrak{f},\infty})_\chi\right),$$

où les sommes sont sur tous les $\mathbb{C}_p$*-caractères irréductibles de* $G_{\mathfrak{f}}$*.*

Remarque 6.2.2.2 *Dans [12], le théorème ci-dessus est énoncé aussi pour $p = 3$. Cependant la preuve utilise un résultat de Gillard (la nullité du μ-invariant, voir[16]), qui n'est énoncé que pour $p \notin \{2, 3\}$.*

Corollaire 6.2.2.3 *On suppose que $p \notin \{2, 3\}$, et que pour tout $\mathbb{C}_p$-caractère irréductible χ de $G_{\mathfrak{f}, \infty}$ on a*

$$\mathrm{char}_{\Lambda_{\mathfrak{f}, \chi}} \left((A_{\mathfrak{f}, \infty})_\chi \right) \, | \mathrm{char}_{\Lambda_{\mathfrak{f}, \chi}} \left((\mathcal{E}_{\mathfrak{f}, \infty} / \mathcal{S}t_{\mathfrak{f}, \infty})_\chi \right). \tag{6.2.2.2}$$

Alors pour tout $\mathbb{C}_p$-caractère irréductible χ de $G_{\mathfrak{f}, \infty}$ on a

$$\mathrm{char}_{\Lambda_{\mathfrak{f}, \chi}} \left((A_{\mathfrak{f}, \infty})_\chi \right) = \mathrm{char}_{\Lambda_{\mathfrak{f}, \chi}} \left((\mathcal{E}_{\mathfrak{f}, \infty} / \mathcal{S}t_{\mathfrak{f}, \infty})_\chi \right). \tag{6.2.2.3}$$

DÉMONSTRATION. D'après [16, 3.4. Théorème], on a

$$\mu \left(B_{\mathfrak{f}, \infty} \right) = 0 \quad \text{puis} \quad \mu_\chi \left((\mathcal{U}_{\mathfrak{f}, \infty} / \mathcal{S}t_{\mathfrak{f}, \infty})_\chi \right) = 0 \tag{6.2.2.4}$$

pour tout $\mathbb{C}_p$-caractère irréductible χ de $G_{\mathfrak{f}}$, compte tenu du théorème 6.2.2.1. D'après (6.2.2.4) et le lemme A.3.4.7 (appliqué à $M_1 = 0$, $M_2 = \mathcal{E}_{\mathfrak{f}, \infty} / \mathcal{S}t_{\mathfrak{f}, \infty}$, $M_3 = \mathcal{U}_{\mathfrak{f}, \infty} / \mathcal{S}t_{\mathfrak{f}, \infty}$ et M_4 l'image de $\mathcal{U}_{\mathfrak{f}, \infty} / \mathcal{S}t_{\mathfrak{f}, \infty}$ dans $B_{\mathfrak{f}, \infty}$), on a

$$\mu_\chi \left((\mathcal{E}_{\mathfrak{f}, \infty} / \mathcal{S}t_{\mathfrak{f}, \infty})_\chi \right) = \mu_\chi \left((\mathcal{U}_{\mathfrak{f}, \infty} / \mathcal{S}t_{\mathfrak{f}, \infty})_\chi \right) = 0. \tag{6.2.2.5}$$

D'après (6.2.2.2), on est alors réduit à montrer que

$$\sum_\chi \lambda_\chi \left((A_{\mathfrak{f}, \infty})_\chi \right) \; = \; \sum_\chi \lambda_\chi \left((\mathcal{E}_{\mathfrak{f}, \infty} / \mathcal{S}t_{\mathfrak{f}, \infty})_\chi \right), \tag{6.2.2.6}$$

où les sommes sont sur tous les $\mathbb{C}_p$-caractères irréductibles de $G_{\mathfrak{f}}$. Compte tenu de la remarque A.3.4.9 et de la suite exacte (6.2.2.1), on a

$$\lambda_\chi \left((A_{\mathfrak{f}, \infty})_\chi \right) + \lambda_\chi \left((\mathcal{U}_{\mathfrak{f}, \infty} / \mathcal{S}t_{\mathfrak{f}, \infty})_\chi \right) \; = \; \lambda_\chi \left((B_{\mathfrak{f}, \infty})_\chi \right) + \lambda_\chi \left((\mathcal{E}_{\mathfrak{f}, \infty} / \mathcal{S}t_{\mathfrak{f}, \infty})_\chi \right),$$

pour tout $\mathbb{C}_p$-caractère irréductible χ de $G_{\mathfrak{f}}$. Alors (6.2.2.6) résulte du théorème 6.2.2.1. $\square$

Proposition 6.2.2.4 *Soit K'_∞ une extension cyclique de K_∞, abélienne sur k. On pose $G'_\infty := \mathrm{Gal}(K'_\infty / k)$, $\Lambda' := \mathbb{Z}_p[[G'_\infty]]$, et on fixe une décomposition $G'_\infty := G' \times \Gamma'$, où G' est un groupe fini et Γ' est un groupe topologique isomorphe à $\mathbb{Z}_p$. On note A'_∞, $\mathcal{E}'_\infty$, $\mathcal{S}t'_\infty$, etc, les différents objets attachés à K'_∞. On suppose que*

– (a) Pour tout $\mathbb{C}_p$-caractère irréductible χ de G', on a

$$\mathrm{char}_{\Lambda'_\chi} \left(A'_{\infty, \chi} \right) = \mathrm{char}_{\Lambda'_\chi} \left((\mathcal{E}'_\infty / \mathcal{S}t'_\infty)_\chi \right).$$

– (b) Pour tout $\mathbb{C}_p$-caractère irréductible χ de G, on a

$$\mathrm{char}_{\Lambda_\chi} \left(A_{\infty, \chi} \right) \, | \mathrm{char}_{\Lambda_\chi} \left((\mathcal{E}_\infty / \mathcal{S}t_\infty)_\chi \right).$$

Alors pour tout $\mathbb{C}_p$-caractère irréductible χ de G, on a

$$\mathrm{char}_{\Lambda_\chi} \left(A_{\infty, \chi} \right) \; = \; \mathrm{char}_{\Lambda_\chi} \left((\mathcal{E}_\infty / \mathcal{S}t_\infty)_\chi \right). \tag{6.2.2.7}$$

DÉMONSTRATION. On divise la démonstration en plusieurs étapes. On note H le groupe de Galois de K'_∞/K_∞. On fixe un entier naturel $\mathrm{N} \in \mathbb{N}$ tel que p^{N} annule le p-Sylow de G' (alors p^{N} annule aussi le p-Sylow de G). En appliquant le lemme A.1.5.3 à l'image $\tilde{\Gamma}$ de Γ' dans G_∞, on voit que pour tout entier naturel $n \geq \mathrm{N}$, K_n est le sous-corps de K'_n fixé par H.

Première étape : on montre que pour tout $\mathbb{C}_p$-caractère irréductible χ de G, on a $\mu_\chi \overline{(\mathcal{E}_\infty/\mathcal{S}t_\infty)_\chi} = 0$. D'après [16, 3.4. Théorème], on a

$$\mu\,(\mathrm{B}_\infty) = 0 \quad \text{et} \quad \mu\,(\mathrm{B}'_\infty) = 0. \tag{6.2.2.8}$$

D'après la proposition A.3.4.7, la suite exacte (6.2.2.1) et (6.2.2.8) nous donnent

$$\mu_\chi \left((\mathcal{E}_\infty/\mathcal{S}t_\infty)_\chi\right) = \mu_\chi \left((\mathcal{U}_\infty/\mathcal{S}t_\infty)_\chi\right) \quad \left(\text{resp. } \mu_\chi \left((\mathcal{E}'_\infty/\mathcal{S}t'_\infty)_\chi\right) = \mu_\chi \left((\mathcal{U}'_\infty/\mathcal{S}t'_\infty)_\chi\right)\right), \tag{6.2.2.9}$$

pour tout $\mathbb{C}_p$-caractère irréductible χ de G (resp. G'). D'autre part, (6.2.2.8) implique $\mu\,(\mathrm{A}'_\infty) = 0$, ce qui d'après la remarque A.3.4.8 et (a) entraîne

$$\mu_\chi \left((\mathcal{E}'_\infty/\mathcal{S}t'_\infty)_\chi\right) = \mu_\chi \left(\mathrm{A}'_{\infty,\chi}\right) = 0, \tag{6.2.2.10}$$

pour tout $\mathbb{C}_p$-caractère irréductible χ de G'. Combinant (6.2.2.9) et (6.2.2.10), on obtient

$$\mu_\chi \left((\mathcal{U}'_\infty/\mathcal{S}t'_\infty)_\chi\right) = 0, \tag{6.2.2.11}$$

pour tout $\mathbb{C}_p$-caractère irréductible χ de G'. Du corollaire 6.2.1.2 on déduit que $\mathcal{U}'_\infty/\mathcal{S}t'_\infty$ est un quotient de $\mathcal{U}'_\infty/\mathcal{S}t'_\infty$. Donc pour tout $\mathbb{C}_p$-caractère irréductible χ de G, $(\mathcal{U}_\infty/\mathcal{S}t_\infty)_\chi$ est un quotient de $(\mathcal{U}'_\infty/\mathcal{S}t'_\infty)_{\tilde{\chi}}$, où $\tilde{\chi}$ est le caractère de G' défini par χ. De (6.2.2.11) on déduit alors

$$\mu_\chi \left((\mathcal{U}_\infty/\mathcal{S}t_\infty)_\chi\right) = 0,$$

ce qui combiné à (6.2.2.9) nous donne

$$\mu_\chi \left((\mathcal{E}_\infty/\mathcal{S}t_\infty)_\chi\right) = 0,$$

pour tout $\mathbb{C}_p$-caractère irréductible χ de G.

Seconde étape : on montre que $(\mathrm{A}'_\infty)_H$ et A_∞ sont des $\mathbb{Z}_p[[\Gamma]]$-modules pseudo-isomorphes, où $\overline{(\mathrm{A}'_\infty)_H}$ est le Λ-module des H-co-invariants de A'_∞. Pour tout $n \in \mathbb{N}$, on note M_n (resp. M'_n) la p-extension maximale non ramifiée de K_n (resp. K'_n). On pose $\mathrm{M}_\infty := \overset{\infty}{\underset{n=0}{\cup}} \mathrm{M}_n$ et $\mathrm{M}'_\infty := \overset{\infty}{\underset{n=0}{\cup}} \mathrm{M}'_n$. Par la théorie du corps de classes, on a des isomorphismes

$$\mathrm{A}_\infty \simeq \mathrm{Gal}\,(\mathrm{M}_\infty/K_\infty) \quad \text{et} \quad \mathrm{A}'_\infty \simeq \mathrm{Gal}\,(\mathrm{M}'_\infty/K'_\infty). \tag{6.2.2.12}$$

D'après (6.2.2.12), et puisque H est cyclique, le corollaire A.1.4.9 nous donne un isomorphisme de Λ-modules

$$(\mathrm{A}'_\infty)_H \quad \simeq \quad \mathrm{Gal}\,(L_\infty/K'_\infty), \tag{6.2.2.13}$$

où L_∞ est la fermeture abélienne de K_∞ dans M'_∞. Il suffit donc de montrer que le morphisme de restriction

$$\mathrm{res} : \mathrm{Gal}\,(L_\infty/K'_\infty) \longrightarrow \mathrm{Gal}\,(\mathrm{M}_\infty/K_\infty)$$

est un pseudo-isomorphisme. Le conoyau de res est $\mathrm{Gal}(\mathrm{M}_\infty \cap K'_\infty/K_\infty)$ qui est fini (c'est un quotient de H). On en est donc réduit à vérifier que $\mathrm{Ker}(\mathrm{res})$ est fini. On a $\mathrm{Ker}(\mathrm{res}) \subseteq \mathrm{Gal}(L_\infty/\mathrm{M}_\infty)$, donc il suffit de prouver que $\mathrm{Gal}(L_\infty/\mathrm{M}_\infty)$ est fini. Or il est clair que $\mathrm{Gal}(L_\infty/\mathrm{M}_\infty)$ est le sous-groupe de $\mathrm{Gal}(L_\infty/K_\infty)$ engendré par tous les groupes d'inertie dans L_∞/K_∞. Puisque L_∞/K'_∞ est non ramifiée et que seul un nombre fini d'idéaux maximaux de $\mathcal{O}_{K_\infty}$ sont ramifiés dans K'_∞, il suffit de remarquer que chacun de ces groupes d'inertie est fini (d'ordre divisant $\#(H)$).

Troisième étape : on montre l'inégalité $\lambda\left(\mathcal{E}_\infty/\mathcal{S}t_\infty\right) \leq \lambda\left(\mathrm{A}_\infty\right)$. Pour tout entier naturel $n \geq \mathrm{N}$, le conoyau Q_n de la norme

$$\mathrm{N}_{K'_n/K_n} : (\mathcal{E}'_n/\mathcal{S}t'_n)_H \longrightarrow \mathcal{E}_n/\mathcal{S}t_n$$

est annulé par $\#(H)$. Passant à la limite projective (et puisque tous les modules sont compacts), le conoyau $Q_\infty = \varprojlim_n Q_n$ de la norme

$$\mathrm{N}_{K'_\infty/K_\infty} : (\mathcal{E}'_\infty/\mathcal{S}t'_\infty)_H \longrightarrow \mathcal{E}_\infty/\mathcal{S}t_\infty$$

est aussi annulé par $\#(H)$. On en déduit

$$\lambda\left(\mathcal{E}_\infty/\mathcal{S}t_\infty\right) \leq \lambda\left((\mathcal{E}'_\infty/\mathcal{S}t'_\infty)_H\right). \tag{6.2.2.14}$$

D'après la proposition A.3.4.10, on a

$$\lambda\left((\mathcal{E}'_\infty/\mathcal{S}t'_\infty)_H\right) = \sum_\chi \lambda_\chi\left((\mathcal{E}'_\infty/\mathcal{S}t'_\infty)_\chi\right) \quad \text{et} \quad \lambda\left((\mathrm{A}'_\infty)_H\right) = \sum_\chi \lambda_\chi\left((\mathrm{A}'_\infty)_\chi\right),$$

où les sommes sont sur tous les $\mathbb{C}_p$-caractères irréductibles de G' triviaux sur H. De (a) on déduit donc que

$$\lambda\left((\mathcal{E}'_\infty/\mathcal{S}t'_\infty)_H\right) = \lambda\left((\mathrm{A}'_\infty)_H\right). \tag{6.2.2.15}$$

D'après la seconde étape, on a

$$\lambda\left((\mathrm{A}'_\infty)_H\right) = \lambda\left(\mathrm{A}_\infty\right). \tag{6.2.2.16}$$

Combinant (6.2.2.14), (6.2.2.15) et (6.2.2.16), on obtient $\lambda\left(\mathcal{E}_\infty/\mathcal{S}t_\infty\right) \leq \lambda\left(\mathrm{A}_\infty\right)$.

Conclusion. D'après (b) et la première étape, pour démontrer le théorème il suffit de prouver que

$$\lambda_\chi\left((\mathcal{E}_\infty/\mathcal{S}t_\infty)_\chi\right) = \lambda_\chi\left(\mathrm{A}_{\infty,\chi}\right), \tag{6.2.2.17}$$

pour tout $\mathbb{C}_p$-caractère irréductible χ de G. D'après la troisième étape et la proposition A.3.4.10, on a

$$\sum_\chi \lambda_\chi\left((\mathcal{E}_\infty/\mathcal{S}t_\infty)_\chi\right) \leq \sum_\chi \lambda_\chi\left(\mathrm{A}_{\infty,\chi}\right), \tag{6.2.2.18}$$

où la somme est sur tous les $\mathbb{C}_p$-caractères irréductibles de G. D'autre part pour tous ces caractères χ, on a

$$\lambda_\chi\left(\mathrm{A}_{\infty,\chi}\right) \leq \lambda_\chi\left((\mathcal{E}_\infty/\mathcal{S}t_\infty)_\chi\right) \tag{6.2.2.19}$$

d'après (b). En combinant (6.2.2.18) et (6.2.2.19), on déduit (6.2.2.17), ce qui achève la preuve de la proposition. $\qquad\square$

Remarque 6.2.2.5 *On suppose $p \notin \{2, 3\}$. Il résulte du corollaire 6.2.2.3 et de la proposition 6.2.2.4 que si pour toute extension finie K'_∞ de k_∞, abélienne sur k, et tout $\mathbb{C}_p$-caractère irréductible χ' du sous-groupe de torsion de $\mathrm{Gal}\,(K'_\infty/k)$, on a*

$$\mathrm{char}_{\Lambda'_{\chi'}} \left(A'_{\infty, \chi} \right) \quad \textit{divise} \quad \mathrm{char}_{\Lambda'_{\chi'}} \left(\mathcal{E}'_\infty / \mathcal{S}t'_\infty \right)_{\chi'},$$

alors pour tout $\mathbb{C}_p$-caractère irréductible χ de G, on a

$$\mathrm{char}_{\Lambda_\chi} \left(A_{\infty, \chi} \right) = \mathrm{char}_{\Lambda_\chi} \left(\mathcal{E}_\infty / \mathcal{S}t_\infty \right)_\chi. \tag{6.2.2.20}$$

DÉMONSTRATION. Sous les hypothèses de la remarque 6.2.2.5, le corollaire 6.2.2.3 entraîne que (6.2.2.3) est vérifiée pour tout $\mathbb{C}_p$-caractère irréductible de $G_{\mathfrak{f}}$. Il existe ensuite $m \in \mathbb{N}$ et $K_\infty = K_\infty^{(0)} \subseteq K_\infty^{(1)} \subseteq ... \subseteq K_\infty^{(m)} = K_{\mathfrak{f},\infty}$ une tour d'extensions telle que pour tout $i \in \{1, ..., m\}$, $K_\infty^i / K_\infty^{(i-1)}$ est cyclique. Une récurrence à partir de la proposition 6.2.2.4 montre alors que (6.2.2.7) est vérifiée pour tout $i \in \{0, ..., m\}$ et tout $\mathbb{C}_p$-caractère irréductible du sous-groupe de torsion de $\mathrm{Gal}\,(K_\infty^{(i)}/k)$. Considérant $i = 0$, on voit que (6.2.2.20) est vérifiée. $\qquad\square$

6.3 Le module des classes d'idéaux.

6.3.1 Finitude des modules des invariants et co-invariants.

Théorème 6.3.1.1 *(Iwasawa, [23] ou [25, Theorem 5, p. 258]) Le $\mathbb{Z}_p[[\Gamma]]$-module A_∞ est de type fini et de torsion.*

Proposition 6.3.1.2 *Pour tout $n \in \mathbb{N}$, A_{∞, Γ_n} et $A_\infty^{\Gamma_n}$ sont finis.*

DÉMONSTRATION. La preuve qui suit est dûe à K. Rubin (voir [49, Theorem 1.4]). Elle repose sur le corollaire 5.3.3.4. D'après la proposition A.1.3.4, il suffit de montrer que A_{∞, Γ_n} est fini, pour $n \in \mathbb{N}$. La théorie du corps de classes nous donne un isomorphisme

$$A_\infty \simeq \mathrm{Gal}\,(M_\infty/K_\infty),$$

où M_∞ est la pro-p-extension non ramifiée maximale de K_∞. D'après le corollaire A.1.4.9, on a alors

$$A_{\infty, \Gamma_n} \simeq \mathrm{Gal}\,(L_n/K_\infty), \tag{6.3.1.1}$$

où L_n est la fermeture abélienne de K_n dans M_∞. Puisque A_∞ est de type fini sur $\mathbb{Z}_p[[\Gamma]]$, A_{∞, Γ_n} est de type fini sur $\mathbb{Z}_p$. Raisonnons par l'absurde et supposons que A_{∞, Γ_n} n'est pas fini. Alors le $\mathbb{Z}_p$-rang de A_{∞, Γ_n} est supérieur ou égal à 1. De (6.3.1.1) on déduit que le $\mathbb{Z}_p$-rang de $\mathrm{Gal}\,(L_n/K_n)$ est supérieur ou égal à 2. Alors en notant M_n la pro-p-extension maximale de K_n non ramifiée en dehors des places au-dessus de $\mathfrak{p}$, le $\mathbb{Z}_p$-rang de $B_n := \mathrm{Gal}\left(\tilde{M}_n/K_n\right)$ est supérieur ou égal à 2. On a alors une contradiction avec le corollaire 5.3.3.4. $\qquad\square$

6.3.2 Construction de certains morphismes.

On fixe un $\mathbb{C}_p$-caractère irréductible χ de G. Soit $\tau : A_{\infty,\chi} \to \overset{s}{\underset{j=1}{\oplus}} \Lambda_\chi / P_j$ un pseudo-isomorphisme de Λ_χ-modules [2], où $P_1, ..., P_s$ sont des polynômes non nuls dans Λ_χ.

Soit $M_\infty := \underset{n}{\varprojlim} M_n$ un $\mathbb{Z}_p[[\Gamma]]$-module, limite projective de $\mathbb{Z}_p[\Gamma/\Gamma_n]$-modules M_n, $n \in \mathbb{N}$. Pour tout $n \in \mathbb{N}$, on note $\mathrm{Ker}_n M_\infty$ et $\mathrm{Cok}_n M_\infty$ respectivement le noyau et le conoyau du morphisme canonique $M_{\infty,\Gamma_n} \to M_n$.

Lemme 6.3.2.1 *Il existe $c_3 \in \mathbb{N}$, et pour tout $n \in \mathbb{N}$, il existe un morphisme de Λ_χ-modules*

$$\tau_n : A_{n,\chi} \to \overset{s}{\underset{j=1}{\oplus}} \Lambda_\chi / (P_j, 1 - \gamma_n)$$

tel que $\mathrm{Cok}(\tau_n)$ est annulé par p^{c_3}.

DÉMONSTRATION. Soit $m \in \mathbb{N}$ tel que K_∞ / K_m est totalement ramifiée au-dessus de $\mathfrak{p}$. D'après [65, Lemma 13.15], il existe un $\mathbb{Z}_p[[\Gamma_m]]$-sous-module Y de A_∞ tel que pour tout $n \geq m$, le morphisme canonique $A_\infty \to A_n$ induit un isomorphisme

$$A_\infty / \nu_{m,n} Y \xrightarrow{\sim} A_n,$$

où $\nu_{m,n} \in \mathbb{Z}_p[[\Gamma_m]]$ est défini par $\nu_{m,n} := (1 - \gamma_n) / (1 - \gamma_m)$. Alors pour tout $n \geq m$, on a $\mathrm{Cok}_n A_\infty = 0$ et

$$\mathrm{Ker}_n A_\infty \simeq \nu_{m,n} Y / (1 - \gamma_n) A_\infty. \tag{6.3.2.1}$$

La multiplication par $\nu_{m,n}$ induit une surjection

$$Y / (1 - \gamma_m) A_\infty \longrightarrow \nu_{m,n} Y / (1 - \gamma_n) A_\infty, \tag{6.3.2.2}$$

de laquelle on déduit que pour tout $n \geq m$, $\mathrm{Ker}_n A_\infty$ est un quotient de $\mathrm{Ker}_m A_\infty$. La proposition 6.3.1.2 montre alors que les ordres des $\mathrm{Ker}_n A_\infty$ et des $\mathrm{Cok}_n A_\infty$ sont bornés indépendamment de n. On choisit $\alpha \in \mathbb{N}$ tel que pour tout $n \in \mathbb{N}$, p^α annule $\mathrm{Ker}_n A_\infty$ et $\mathrm{Cok}_n A_\infty$. D'autre part pour tout $n \geq m$, puisque $\mathrm{Cok}_n A_\infty = 0$ on a la suite exacte ci-dessous,

$$(\mathrm{Ker}_n A_\infty)_\chi \longrightarrow (A_{\infty,\Gamma_n})_\chi \longrightarrow A_{n,\chi} \longrightarrow 0.$$
$$\parallel$$
$$(A_{\infty,\chi})_{\Gamma_n}$$

Ceci montre que p^α annule $\mathrm{Ker}\left((A_{\infty,\chi})_{\Gamma_n} \to A_{n,\chi}\right)$, pour tout $n \geq m$. De plus pour tout $n \in \mathbb{N}$, $(A_{\infty,\Gamma_n})_\chi$ est fini d'après la proposition 6.3.1.2. Quitte à choisir α un peu plus grand, on peut donc supposer que p^α annule $\mathrm{Ker}\left((A_{\infty,\chi})_{\Gamma_n} \to A_{n,\chi}\right)$ pour tout $n \in \mathbb{N}$. Soit

$$\bar{\tau}_n : (A_{\infty,\chi})_{\Gamma_n} \to \overset{s}{\underset{j=1}{\oplus}} \Lambda_\chi / (P_j, 1 - \gamma_n)$$

le morphisme de Λ_χ-modules défini à partir de τ par passage aux quotients.

Pour tout $n \in \mathbb{N}$, p^α annule $\mathrm{Cok}_n A_\infty$, donc annule aussi $\mathrm{Cok}\left((A_{\infty,\chi})_{\Gamma_n} \to A_{n,\chi}\right)$. On en déduit que pour tout $x \in A_{n,\chi}$, il existe $y \in (A_{\infty,\chi})_{\Gamma_n}$ tel que l'image de y dans $A_{n,\chi}$ est $p^\alpha x$. De plus si $y' \in (A_{\infty,\chi})_{\Gamma_n}$ a pour image $p^\alpha x$, alors $(y - y') \in \mathrm{Ker}\left((A_{\infty,\chi})_{\Gamma_n} \to A_{n,\chi}\right)$,

---

2. Voir le théorème A.3.4.1.

donc $p^\alpha(y - y') = 0$, et $p^\alpha \bar{\tau}_n(y) = p^\alpha \bar{\tau}_n(y')$. On a alors vérifié que le morphisme de Λ_χ-modules suivant est bien défini,

$$\tau_n : A_{n,\chi} \longrightarrow \overset{s}{\underset{j=1}{\oplus}} \Lambda_\chi / (P_j, 1 - \gamma_n), \quad x \longmapsto p^\alpha \bar{\tau}_n(y),$$

où $y \in (A_{\infty,\chi})_{\Gamma_n}$ est tel que son image dans $A_{n,\chi}$ est $p^\alpha x$.

On choisit ensuite $\beta \in \mathbb{N}$ tel que p^β annule $\mathrm{Cok}(\tau)$, et on pose $c_3 := 2\alpha + \beta$. Vérifions que p^{c_3} annule $\mathrm{Cok}(\tau_n)$ pour tout $n \in \mathbb{N}$. Soient $n \in \mathbb{N}$ et $x \in \overset{s}{\underset{j=1}{\oplus}} \Lambda_\chi / (P_j, 1 - \gamma_n)$. Il existe $z \in (A_{\infty,\chi})_{\Gamma_n}$ tel que $\bar{\tau}_n(z) = p^\beta x$. Alors on a

$$\tau_n(\bar{z}) = p^\alpha \bar{\tau}_n(p^\alpha z) = p^{2\alpha} \bar{\tau}_n(z) = p^{2\alpha+\beta} x = p^{c_3} x,$$

où $\bar{z}$ est l'image de z dans $A_{n,\chi}$. On a bien vérifié que p^{c_3} annule $\mathrm{Cok}(\tau_n)$. $\qquad\square$

6.4 Retour sur les systèmes d'Euler.

6.4.1 Génération d'idéaux maximaux particuliers.

Le théorème qui suit est une adaptation de la proposition 3.3.2.1. C'est une étape classique dans la machinerie des systèmes d'Euler. Les premières versions sont dûes à K. Rubin (voir [50, Theorem 3.1]), et à C. Greither pour les extensions abéliennes de $\mathbb{Q}$ (voir [19, Theorem 3.7]). On suit la preuve de W. Bley (voir [5, Theorem 3.4]), avec quelques modifications pour couvrir le cas $p | \#(\mathrm{Cl}(\mathcal{O}_k))$. Nous reprenons les notations du chapitre 3.

Théorème 6.4.1.1 *Soit F une extension abélienne de degré fini de k de conducteur $\mathfrak{f}$, et soit $c := v_{\bar{\mathfrak{p}}}(\mathfrak{f})$. On pose $G_F := \mathrm{Gal}(F/k)$. Soient $\mathfrak{c} \in A_F$, W un $\mathbb{Z}[G_F]$-sous-module fini de $F^\times / (F^\times)^M$, et $\Psi : W \to \mathbb{Z}/M\mathbb{Z}[G_F]$ un morphisme de $\mathbb{Z}[G_F]$-modules.*
On suppose que :

(a) *Pour tout $w \in W$, tout $i \in \{1, ..., r\}$, et tout idéal maximal $\mathfrak{q}$ de F au-dessus de $\mathfrak{p}_i$, $\bar{v}_{\mathfrak{q}}(w) = 0$.*

(b) *Pour tout $i = 1, ..., r$, $\mathfrak{p}_i$ n'est pas ramifié dans F/k et est premier à p.*

Soit m un entier naturel positif divisible par p^{2c+1}. Alors il existe une infinité d'idéaux maximaux λ de $\mathcal{O}_F$ tels que :

(i) *$\mathrm{cl}_p(\lambda) = \mathfrak{c}^m$.*

(ii) *$\ell := \lambda \cap \mathcal{O}_k$ appartient à $\mathcal{L}_F$.*

(iii) *Pour tout $w \in W$, $[w]_\ell = 0$.*

(iv) *Il existe $u \in (\mathbb{Z}/M\mathbb{Z})^\times$, tel que pour tout $w \in W$, $\varphi_{F,\ell}(w) = u p^{3c+R+3} \Psi(w) \lambda$.*

DÉMONSTRATION. Soit H_p la p-extension maximale non ramifiée de F. On pose

$$F_i := \begin{cases} F\left(\mu_{\mathrm{M}}\right) & \text{si } i = 0, \\ F_{i-1}\left(\sqrt[\mathrm{M}]{\alpha_i}\right) & \text{si } 1 \leq i \leq r. \end{cases}$$

On divise la preuve en six étapes.

Première étape : On montre que $[H_p \cap F\left(\mu_{p^\infty}\right) : F] \leq p^c$. Soit $n \in \mathbb{N}^*$ tel que $c \leq n$ et tel que $\overline{H_p \cap F\left(\mu_{p^\infty}\right)} = H_p \cap F\left(\mu_{p^n}\right)$. On a le pictogramme suivant,

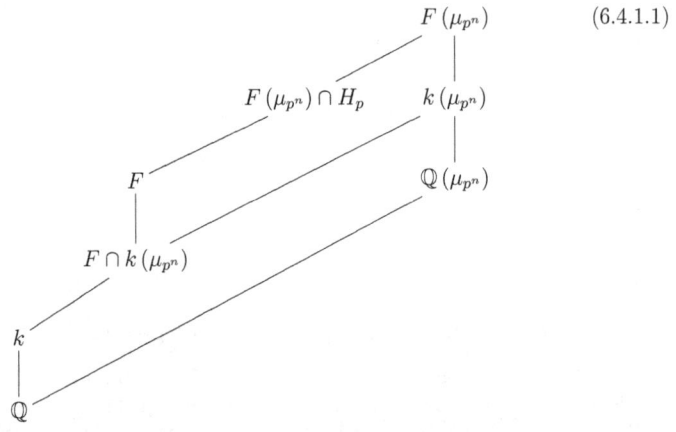

$$(6.4.1.1)$$

Puisque p est totalement ramifié dans $\mathbb{Q}\left(\mu_{p^n}\right)/\mathbb{Q}$ et décomposé dans $k/\mathbb{Q}$, $\bar{\mathfrak{p}}$ est totalement ramifié dans $k\left(\mu_{p^n}\right)/k$. Donc l'indice de ramification de $\bar{\mathfrak{p}}$ dans $F\left(\mu_{p^n}\right)/k$ est divisible par $\Phi\left(p^n\right)$ (indice d'Euler sur $\mathbb{Z}$). D'autre part l'indice de ramification de $\bar{\mathfrak{p}}$ dans F/k divise $\Phi\left(\bar{\mathfrak{p}}^c\right)$ (indice d'Euler sur $\mathcal{O}_k$). On en déduit que l'indice de ramification de $\bar{\mathfrak{p}}$ dans $F\left(\mu_{p^n}\right)/F$ est divisible par $\Phi\left(p^n\right)/\Phi\left(\bar{\mathfrak{p}}^c\right)$. D'autre part, $[F\left(\mu_{p^n}\right) : F]$ divise $\Phi\left(p^n\right)$, donc $[F\left(\mu_{p^n}\right) \cap H_p : F]$ divise $\Phi\left(\bar{\mathfrak{p}}^c\right)$. Puisque p est décomposé dans $k/\mathbb{Q}$, on a $\Phi\left(\bar{\mathfrak{p}}^c\right) \leq p^c$.

Seconde étape : On montre que $\mathrm{Gal}\left(F_r\left(\sqrt[\mathrm{M}]{\omega}, \sqrt[\mathrm{M}]{W}\right) \cap H_p/F\right)$ est annulé par p^{2c+1}, où $\omega = -1$ si $p = 2$ et $\omega = 1$ sinon. Soit $m \in \mathbb{N}$ tel que $\mathrm{M} = p^m$. Puisque $F_r\left(\sqrt[\mathrm{M}]{\omega}, \sqrt[\mathrm{M}]{W}\right)$ croît (pour l'inclusion) lorsque M croît, on peut supposer dans cette seconde étape que $c+1 < m$. L'extension $k\left(\mu_{\mathrm{M}}\right)/k$ est totalement ramifiée en $\bar{\mathfrak{p}}$ de degré $\Phi\left(\mathrm{M}\right) = (p-1)p^{m-1}$. L'indice de ramification de $\bar{\mathfrak{p}}$ dans F/k divise

$$\Phi\left(\bar{\mathfrak{p}}^c\right) = \begin{cases} (p-1)p^{c-1} & \text{si } c \neq 0, \\ 1 & \text{si } c = 0, \end{cases}$$

car p est décomposé dans k. Donc $k\left(\mu_{\mathrm{M}}\right)/\left(F \cap k\left(\mu_{\mathrm{M}}\right)\right)$ est cyclique de degré divisible par p^{m-1-c}. Soit $j \in \mathrm{Gal}\left(k\left(\mu_{\mathrm{M}}\right)/\left(F \cap k\left(\mu_{\mathrm{M}}\right)\right)\right)$ un élément d'ordre exactement p^{m-1-c}. Soit $s \in \mathbb{N}$ tel que $j\left(\zeta\right) = \zeta^s$ pour tout $\zeta \in \mu_{\mathrm{M}}$. Alors le choix de j fait que $s^{p^{m-1-c}} \equiv 1 \bmod \mathrm{M}$ et $s^i \not\equiv 1 \bmod \mathrm{M}$ pour tout $i \in \left\{1, ..., p^{m-1-c} - 1\right\}$. Puisque j est trivial sur $F \cap k\left(\mu_{\mathrm{M}}\right)$, on peut prolonger j en un automorphisme $j' \in \mathrm{Gal}\left(F_0/F\right)$.

L'extension $F_r\left(\sqrt[\mathrm{M}]{\omega}, \sqrt[\mathrm{M}]{W}\right)/F_0$ est kummérienne d'exposant divisant M, et galoisienne sur k. On pose

$$\mathcal{W} := \left(F_r\left(\sqrt[\mathrm{M}]{\omega}, \sqrt[\mathrm{M}]{W}\right)^\times\right)^{\mathrm{M}} \cap F_0^\times,$$

de sorte que $F_r \left(\sqrt[M]{\omega}, \sqrt[M]{W} \right) = F_0 \left(\sqrt[M]{W} \right)$. La théorie de Kummer nous donne un isomorphisme de $\mathbb{Z}\left[\mathrm{Gal}\left(F_0/k \right) \right]$-modules

$$\mathrm{Gal}\left(F_0 \left(\sqrt[M]{W} \right) / F_0 \right) \overset{\sim}{\longrightarrow} \mathrm{Hom}_{\mathbb{Z}} \left(\overline{W}, \mu_{\mathrm{M}} \right), \qquad (6.4.1.2)$$

où $\overline{W}$ est l'image de W dans $F_0^{\times} / \left(F_0^{\times} \right)^{\mathrm{M}}$ (voir la remarque A.4.1.1). On remarque que tout élément de $\overline{W}$ peut être représenté par un élément de F. Or $j'|_F = \mathrm{Id}_F$, donc on déduit de (6.4.1.2) que j' agit sur $\mathrm{Gal}\left(F_0 \left(\sqrt[M]{W} \right) / F_0 \right)$ par élévation à la puissance s. D'autre part j' agit trivialement sur $\mathrm{Gal}\left(F_0 \left(\sqrt[M]{W} \right) \cap \left(F_0 \cdot H_p \right) / F_0 \right)$, car $F_0 \left(\sqrt[M]{W} \right) \cap \left(F_0 \cdot H_p \right)$ est abélienne sur F. On en déduit que

$$\mathrm{pgcd}(s-1, \mathrm{M}) \quad \text{annule} \quad \mathrm{Gal}\left(F_0 \left(\sqrt[M]{W} \right) \cap \left(F_0 \cdot H_p \right) / F_0 \right). \qquad (6.4.1.3)$$

Soit $d \in \mathbb{N}$ tel que $\mathrm{pgcd}(s-1, \mathrm{M}) = p^d$. Par récurrence, on a $s^{p^{n-d}} \equiv 1 \bmod p^n$ pour tout entier naturel $n \geq d$ (c'est trivial pour $n = d$, puis ensuite on utilise la relation $s^{p^{n+1-d}} - 1 = \left(s^{p^{n-d}} - 1 \right) \sum_{i=0}^{p-1} s^{ip^{n-d}}$). En particulier $s^{p^{m-d}} - 1$ est divisible par M. On a vu que pour tout $i \in \left\{ 1, ..., p^{m-1-c} - 1 \right\}$, M ne divise pas $s^i - 1$, et on en déduit que $p^{m-1-c} \leq p^{m-d}$, c'est-à-dire $d \leq c+1$. De (6.4.1.3) il résulte alors que

$$p^{c+1} \quad \text{annule} \quad \mathrm{Gal}\left(F_0 \cdot \left(F_0 \left(\sqrt[M]{W} \right) \cap H_p \right) / F_0 \right). \qquad (6.4.1.4)$$

Or F_0 et $F_0 \left(\sqrt[M]{W} \right) \cap H_p$ sont linéairement disjoints sur $F_0 \cap H_p$, donc (6.4.1.4) montre que

$$p^{c+1} \quad \text{annule} \quad \mathrm{Gal}\left(\left(F_0 \left(\sqrt[M]{W} \right) \cap H_p \right) / \left(F_0 \cap H_p \right) \right). \qquad (6.4.1.5)$$

D'après la première étape on a $\left[H_p \cap F_0 : F \right] \leq p^c$, de sorte que (6.4.1.5) implique que p^{2c+1} annule $\mathrm{Gal}\left(\left(F_0 \left(\sqrt[M]{W} \right) \cap H_p \right) / F \right) = \mathrm{Gal}\left(F_r \left(\sqrt[M]{\omega}, \sqrt[M]{W} \right) \cap H_p / F \right)$.

<u>Troisième étape</u> : Montrons que le conoyau du morphisme canonique de la théorie de Kummer

$$\mathfrak{K} : \mathrm{Gal}\left(F_0 \left(\sqrt[M]{W} \right) / F_0 \right) \hookrightarrow \mathrm{Hom}_{\mathbb{Z}} \left(W, \mu_{\mathrm{M}} \right)$$

est annulé par p^{c+1}. Notons $\widetilde{W}$ l'image de W par le morphisme canonique $\iota : F^{\times} / \left(F^{\times} \right)^{\mathrm{M}} \to F_0^{\times} / \left(F_0^{\times} \right)^{\mathrm{M}}$. On rappelle que $\mathfrak{K} = \mathrm{Hom}_{\mathbb{Z}} \left(\iota, \mu_{\mathrm{M}} \right) \circ \mathfrak{K}'$, où

$$\mathfrak{K}' : \mathrm{Gal}\left(F_0 \left(\sqrt[M]{W} \right) / F_0 \right) \overset{\sim}{\longrightarrow} \mathrm{Hom}_{\mathbb{Z}} \left(\widetilde{W}, \mu_{\mathrm{M}} \right)$$

est l'isomorphisme de la théorie de Kummer et

$$\mathrm{Hom}_{\mathbb{Z}} \left(\iota, \mu_{\mathrm{M}} \right) : \mathrm{Hom}_{\mathbb{Z}} \left(\widetilde{W}, \mu_{\mathrm{M}} \right) \hookrightarrow \mathrm{Hom}_{\mathbb{Z}} \left(W, \mu_{\mathrm{M}} \right)$$

est l'injection induite par ι. Il s'agit donc de montrer que le conoyau de $\mathrm{Hom}_{\mathbb{Z}} \left(\iota, \mu_{\mathrm{M}} \right)$ est annulé par p^{c+1}. Pour $\eta \in \mathrm{Nul}_{\mathbb{Z}}\left(\mathrm{Ker}\left(\iota \right) \right)$,[3] et $u \in \mathrm{Hom}_{\mathbb{Z}} \left(W, \mu_{\mathrm{M}} \right)$, ηu est nul sur $\mathrm{Ker}\left(\iota \right) \cap W$, donc passe au quotient en un morphisme de groupes $\widetilde{W} \to \mu_{\mathrm{M}}$. On en déduit que le conoyau

---

3. Pour A un anneau commutatif et M un A-module, $\mathrm{Nul}_A(M)$ désigne l'annulateur de M.

de $\mathrm{Hom}_{\mathbb{Z}}\left(\iota, \mu_{\mathrm{M}}\right)$ est annulé par $\mathrm{Nul}_{\mathbb{Z}}\left(\mathrm{Ker}\left(\iota\right)\right)$. Il nous suffit donc de montrer que $\mathrm{Ker}\left(\iota\right)$ est annulé par p^{c+1}. La suite exacte

$$0 \longrightarrow \mu_{\mathrm{M}} \longrightarrow F\left(\mu_{\mathrm{M}}\right)^{\times} \stackrel{\mathrm{M}}{\longrightarrow} \left(F\left(\mu_{\mathrm{M}}\right)^{\times}\right)^{\mathrm{M}} \longrightarrow 0$$

nous donne le diagramme commutatif à lignes exactes suivant

$$\begin{array}{ccccccccc}
\mathrm{H}^0\left(\mu_{\mathrm{M}}\right) & \longrightarrow & \mathrm{H}^0\left(F_0^{\times}\right) & \stackrel{\mathrm{M}}{\longrightarrow} & \mathrm{H}^0\left(\left(F_0^{\times}\right)^{\mathrm{M}}\right) & \longrightarrow & \mathrm{H}^1\left(\mu_{\mathrm{M}}\right) & \longrightarrow & \mathrm{H}^1\left(F_0^{\times}\right) \\
\downarrow^{\iota} & & \downarrow^{\iota} & & \downarrow^{\iota} & & \downarrow^{\iota} & & \downarrow^{\iota} \\
\mu_{\mathrm{M}}\left(F\right) & \longrightarrow & F^{\times} & \stackrel{\mathrm{M}}{\longrightarrow} & F^{\times} \cap \left(F_0^{\times}\right)^{\mathrm{M}} & \longrightarrow & \mathrm{H}^1\left(\mu_{\mathrm{M}}\right) & \longrightarrow & 0
\end{array} \qquad (6.4.1.6)$$

où les groupes de cohomologie sont calculés par rapport au groupe de Galois $\mathrm{Gal}\left(F_0/F\right)$. Donc

$$\mathrm{H}^1\left(\mu_{\mathrm{M}}\right) \simeq \left(F^{\times} \cap \left(F_0^{\times}\right)^{\mathrm{M}}\right) / \left(F^{\times}\right)^{\mathrm{M}} = \mathrm{Ker}\left(\iota\right),$$

et il suffit de montrer que p^{c+1} annule $\mathrm{H}^1\left(\mu_{\mathrm{M}}\right)$. Puisque F_0/F est cyclique, et que μ_{M} est fini, le quotient de Herbrand[4] de μ_{M} est 1. Alors on a

$$\#\left(\mathrm{H}^1\left(\mu_{\mathrm{M}}\right)\right) = \#\left(\widehat{\mathrm{H}}^0\left(\mu_{\mathrm{M}}\right)\right) = \#\left(\mu_{\mathrm{M}}(F)/\mathrm{N}_{F_0/F}\left(\mu_{\mathrm{M}}\right)\right), \qquad (6.4.1.7)$$

où $\widehat{\mathrm{H}}^0\left(\mu_{\mathrm{M}}\right)$ est le 0-ième groupe de cohomologie de Tate[5] du $\mathbb{Z}\left[\mathrm{Gal}\left(F_0/F\right)\right]$-module μ_{M}. Il nous suffit alors de montrer que $\#\left(\mu_{\mathrm{M}}(F)\right)$ divise p^{c+1}. On raisonne par l'absurde et on suppose que ce n'est pas le cas. Alors p^{c+2} divise $\#\left(\mu_{\mathrm{M}}(F)\right)$. Or $\mathbb{Q}\left(\mu_{p^{c+2}}\right)/\mathbb{Q}$ est totalement ramifiée en p de degré $\Phi\left(p^{c+2}\right) = (p-1)p^{c+1}$, et p est décomposé dans $k/\mathbb{Q}$. De $\mu_{p^{c+2}} \subset F$ on déduit donc que l'indice de ramification de $\bar{\mathfrak{p}}$ dans F/k est divisible par $(p-1)p^{c+1}$. Or cet indice divise $\Phi\left(\bar{\mathfrak{p}}^c\right) \leq p^c$, d'où une contradiction.

Quatrième étape : On montre que $\mathrm{Gal}\left(F_0\left(\sqrt[\mathrm{M}]{W}\right) \cap F_r\left(\sqrt[\mathrm{M}]{\omega}\right) / F_0\right)$ est annulé par $p^{\mathrm{R}+1}$. Soit $i \in \{1, ..., r\}$. On remarque que $F_{i-1}\left(\sqrt[\mathrm{M}]{W}\right)/F_{i-1}$ est non ramifiée en les places au-dessus de $\mathfrak{p}_i$, d'après (a) et car $\mathfrak{p}_i$ est premier à p. D'autre part $[F_i : F_{i-1}]$ divise M, et l'indice de ramification des places au-dessus de $\mathfrak{p}_i$ dans F_i/F_{i-1} est divisible par $\mathrm{M}p^{-\mathrm{R}_i}$ d'après (b). Donc

$$p^{\mathrm{R}_i} \quad \text{annule} \quad \mathrm{Gal}\left(F_{i-1}\left(\sqrt[\mathrm{M}]{W}\right) \cap F_i / F_{i-1}\right). \qquad (6.4.1.8)$$

Soit $L_l := F_0\left(\sqrt[\mathrm{M}]{W}\right) \cap F_l$ pour tout $l \in \{0, ..., r\}$. De $L_i \cap F_{i-1} = L_{i-1}$ on déduit

$$\mathrm{Gal}\left(L_i/L_{i-1}\right) \simeq \mathrm{Gal}\left(L_i F_{i-1}/F_{i-1}\right). \qquad (6.4.1.9)$$

Puisque $\mathrm{Gal}\left(L_i F_{i-1}/F_{i-1}\right)$ est un quotient de $\mathrm{Gal}\left(F_{i-1}\left(\sqrt[\mathrm{M}]{W}\right) \cap F_i / F_{i-1}\right)$, ceci implique que p^{R_i} annule $\mathrm{Gal}\left(L_i/L_{i-1}\right)$ grâce à (6.4.1.8). On en déduit que

$$p^{\mathrm{R}} \quad \text{annule} \quad \mathrm{Gal}\left(L_r/F_0\right). \qquad (6.4.1.10)$$

Puisque $F_r \cdot \left(F_0\left(\sqrt[\mathrm{M}]{W}\right) \cap F_r\left(\sqrt[\mathrm{M}]{\omega}\right)\right) \subseteq F_r\left(\sqrt[\mathrm{M}]{\omega}\right)$, et que p annule $\mathrm{Gal}\left(F_r\left(\sqrt[\mathrm{M}]{\omega}\right)/F_r\right)$,

$$p \quad \text{annule} \quad \mathrm{Gal}\left(F_0\left(\sqrt[\mathrm{M}]{W}\right) \cap F_r\left(\sqrt[\mathrm{M}]{\omega}\right) / F_0\left(\sqrt[\mathrm{M}]{W}\right) \cap F_r\right). \qquad (6.4.1.11)$$

---

4. Voir [3, Proposition 11, p. 109]
5. Voir [10, section VI.4] ou [3, section 6].

De (6.4.1.10) et (6.4.1.11) on déduit que $\text{Gal}\left(F_0\left(\sqrt[M]{W}\right) \cap F_r\left(\sqrt[M]{\omega}\right) / F_0\right)$ est annulé par p^{R+1}.

Cinquième étape : On choisit les idéaux maximaux λ et on vérifie les conditions (i), (ii), (iii). Soient ζ une racine primitive M-ième de l'unité, et $v : \mathbb{Z}/M\mathbb{Z}\left[G_F\right] \to \mu_M$ le morphisme de groupes tel que $v(\sigma) = 1$ pour $\sigma \in G_F\backslash\{1\}$ et $v(1) = \zeta$. De la troisième étape on déduit l'existence de $\alpha' \in \text{Gal}\left(F_0\left(\sqrt[M]{W}\right)/F_0\right)$ tel que $\mathfrak{K}(\alpha') = (v \circ \Psi)^{p^{c+1}}$. De la quatrième étape on déduit qu'il existe $\alpha \in \text{Gal}\left(F_r\left(\sqrt[M]{\omega}, \sqrt[M]{W}\right)/F_0\right)$ tel que $\alpha|_{F_0(\sqrt[M]{W})} = (\alpha')^{p^{R+1}}$, vérifiant

$$\alpha|_{F_r\left(\sqrt[M]{\omega}\right)} = 1 \quad \text{et} \quad \mathfrak{K}\left(\alpha|_{F_0\left(\sqrt[M]{W}\right)}\right) = (v \circ \Psi)^{p^{R+c+2}}. \tag{6.4.1.12}$$

De la seconde étape, on déduit l'existence de $\beta \in \text{Gal}\left(H_p F_r\left(\sqrt[M]{\omega}, \sqrt[M]{W}\right)/F\right)$ tel que

$$\beta|_{F_r\left(\sqrt[M]{\omega}, \sqrt[M]{W}\right)} = \alpha^{p^{2c+1}} \quad \text{et} \quad \beta|_{H_p} = \mathfrak{c}^m, \tag{6.4.1.13}$$

car $p^{2c+1}|m$ par hypothèse. On remarque que $\beta \in \text{Gal}\left(H_p F_r\left(\sqrt[M]{\omega}, \sqrt[M]{W}\right)/F_r\left(\sqrt[M]{\omega}\right)\right)$ à partir de (6.4.1.12).

Par le théorème de densité de Čebotarev, il existe une infinité d'idéaux maximaux λ de $\mathcal{O}_F$, de degré absolu 1, premiers à p, tel que $\ell := \lambda \cap \mathcal{O}_k$ n'est pas ramifié dans $H_p F_r\left(\sqrt[M]{\omega}, \sqrt[M]{W}\right)/k$, et tel que la classe de conjugaison de β dans $\text{Gal}\left(H_p F_r\left(\sqrt[M]{\omega}, \sqrt[M]{W}\right)/F\right)$ est le Fröbenius de λ. Alors la condition (ii) du théorème 6.4.1.1 est satisfaite, puisque β est l'identité sur $F_r\left(\sqrt[M]{\omega}\right)$. La condition (i) est une conséquence des propriétés générales du Fröbenius, et de (6.4.1.13). Soit $w \in W$. Alors pour tout idéal maximal λ' de $\mathcal{O}_{F_0(\sqrt[M]{W})}$ au-dessus de λ, on a $\bar{v}_\lambda(w) = \bar{v}_{\lambda'}(w) = M\bar{v}_{\lambda'}\left(\sqrt[M]{w}\right) = 0$, et la condition (iii) s'ensuit.

Dernière étape : On vérifie la condition (iv). Soit

$$\jmath_\lambda : \mathcal{I}_{F,\ell}/M\mathcal{I}_{F,\ell} \to \mathbb{Z}/M\mathbb{Z}, \quad \sum_{\sigma \in \text{Gal}(F/k)} n_\sigma \lambda^\sigma \mapsto n_1.$$

Soit $w \in W$. D'après (6.4.1.12), on a

$$\jmath_\lambda\left(p^{3c+R+3}\Psi(w)\lambda\right) = 0 \iff (v \circ \Psi(w))^{p^{3c+R+3}} = 1$$
$$\iff \mathfrak{K}\left(\alpha_{|F_0\left(\sqrt[M]{W}\right)}\right)(w)^{p^{2c+1}} = 1. \tag{6.4.1.14}$$

Soit $\tilde{w} \in F^\times$ tel que l'image de $\tilde{w}$ dans $F^\times/\left(F^\times\right)^M$ est w. De (6.4.1.13) et (6.4.1.14), on déduit

$$\jmath_\lambda\left(p^{3c+R+3}\Psi(w)\lambda\right) = 0 \iff \beta\left(\sqrt[M]{\tilde{w}}\right) = \sqrt[M]{\tilde{w}}$$
$$\iff \tilde{w} \text{ est une M-ième puissance dans la complétion de } F \text{ en } \lambda. \tag{6.4.1.15}$$

Puisque $[w]_\ell = 0$, il existe $y \in F^\times$ tel que $\tilde{w}y^M \in \mathcal{O}_F^\times$. De (6.4.1.15) et comme $\ell \in \mathcal{L}_F$, on déduit

$$\jmath_\lambda\left(p^{3c+R+3}\Psi(w)\lambda\right) = 0 \iff \text{l'image de } \tilde{w}y^M \text{ in } (\mathcal{O}_F/\lambda)^\times / \left((\mathcal{O}_F/\lambda)^\times\right)^M \text{ est } 1$$
$$\iff \jmath_\lambda\left(\varphi_{F,\ell}(w)\right) = 0. \tag{6.4.1.16}$$

On a vérifié que les morphismes $W \to \mathbb{Z}/\mathrm{M}\mathbb{Z}$, $w \mapsto \jmath_\lambda \left(p^{3c+\mathrm{R}+3} \Psi(w)\lambda \right)$ et $W \to \mathbb{Z}/\mathrm{M}\mathbb{Z}$, $w \mapsto \jmath_\lambda(\varphi_{F,\ell}(w))$ ont le même noyau. Puisque $\mathbb{Z}/\mathrm{M}\mathbb{Z}$ est cyclique, on en déduit qu'il existe $u \in (\mathbb{Z}/\mathrm{M}\mathbb{Z})^\times$ tel que $u\jmath_\lambda \left(p^{3c+\mathrm{R}+3} \Psi(w)\lambda \right) = \jmath_\lambda (\varphi_{F,\ell}(w))$ pour tout $w \in W$. Il en résulte

$$
\begin{aligned}
up^{3c+\mathrm{R}+3}\Psi(w)\lambda &= u \sum_{\sigma \in \mathrm{Gal}(F/k)} \jmath_{\lambda^\sigma} \left(p^{3c+\mathrm{R}+3}\Psi(w)\lambda \right) \\
&= u \sum_{\sigma \in \mathrm{Gal}(F/k)} \jmath_\lambda \left(p^{3c+\mathrm{R}+3}\Psi \left(w^{\sigma^{-1}} \right) \lambda \right) \\
&= \sum_{\sigma \in \mathrm{Gal}(F/k)} \jmath_\lambda \left(\varphi_{F,\ell} \left(w^{\sigma^{-1}} \right) \right) \\
&= \sum_{\sigma \in \mathrm{Gal}(F/k)} \jmath_{\lambda^\sigma} (\varphi_{F,\ell}(w)) \\
&= \varphi_{F,\ell}(w),
\end{aligned}
$$

pour tout $w \in W$, ce qui achève la preuve du théorème. $\qquad\square$

6.4.2 Un lemme technique.

Le lemme suivant est un préliminaire technique à la preuve du théorème (6.1.0.2). La première version est dûe à K. Rubin [50, Lemma 8.2]. C. Greither l'a adapté au cas cyclotomique [19, Theorem 3.12]. On suit la formulation de C. Greither.

Pour tout groupe abélien fini $\mathcal{G}$, tout $\mathbb{Z}_p[\mathcal{G}]$-module M, tout $\mathbb{C}_p$-caractère irréductible χ de $\mathcal{G}$, et tout $m \in M$, on note m_χ l'image de m dans M_χ.

Lemme 6.4.2.1 *Soit F une extension abélienne de degré fini de k. Soit $\mathcal{G}$ un sous-groupe de $G_F := \mathrm{Gal}(F/k)$, et soit χ un $\mathbb{C}_p$-caractère irréductible de $\mathcal{G}$. Soient $i \in \mathbb{N}^*$, $(\ell_1, ..., \ell_i) \in \mathcal{L}_F^i$, et pour tout $j \in \{1, ..., i\}$, soit λ_j un idéal maximal de $\mathcal{O}_F$ au-dessus de ℓ_j, et soit $\mathrm{cl}_p(\lambda_j)$ l'image de λ_j dans A_F. Soit $x \in F^\times$ tel que $v_\mathfrak{q}(x) \in \mathrm{M}\mathbb{Z}$ pour tout idéal maximal $\mathfrak{q}$ de $\mathcal{O}_F$ qui est premier à $\ell_1 \cdots \ell_i \mathcal{O}_F$. Soit W le $\mathbb{Z}_p[G_F]$-sous-module de $F^\times / \left(F^\times \right)^\mathrm{M}$ engendré par l'image x_M de x, et soit L le $\mathbb{Z}_p[G_F]$-module de A_F engendré par $\mathrm{cl}_p(\lambda_1), ..., \mathrm{cl}_p(\lambda_{i-1})$. On suppose qu'il existe $Z, g, \eta \in \mathbb{Z}_p[G_F]$ tel que*

(i) $Z.\mathrm{Nul}_{\mathbb{Z}_p[G_F]_\chi} \left(\mathrm{cl}_p(\lambda_i)_{L,\chi} \right) \subseteq g\mathbb{Z}_p[G_F]_\chi$, *où $\mathrm{Nul}_{\mathbb{Z}_p[G_F]_\chi} \left(\mathrm{cl}_p(\lambda_i)_{L,\chi} \right)$ est l'annulateur de l'image $\mathrm{cl}_p(\lambda_i)_{L,\chi}$ de $\mathrm{cl}_p(\lambda_i)$ dans $\left(\mathrm{A}_F/L \right)_\chi$.*

(ii) $\mathbb{Z}_p[G_F]_\chi / g\mathbb{Z}_p[G_F]_\chi$ *est fini.*

(iii) $\# \left(\eta \left((\mathcal{I}_{F,\ell_i}/\mathrm{M}\mathcal{I}_{F,\ell_i})/W' \right)_\chi \right) \# (\mathrm{A}_{F,\chi}) \leq \mathrm{M}$, *où W' est l'image de W dans $\mathcal{I}_{F,\ell_i}/\mathrm{M}\mathcal{I}_{F,\ell_i}$ par $w \mapsto [w]_{\ell_i}$.*

Alors, il existe un morphisme de $\mathbb{Z}_p[G_F]$-modules $\Psi : W_\chi \to (\mathbb{Z}/\mathrm{M}\mathbb{Z})[G_F]_\chi$ tel que $g\Psi(x_{\mathrm{M},\chi})\lambda_{i,\chi} = Z\eta[x]_{\ell_i,\chi}$.

DÉMONSTRATION. Puisque M annule $(\mathrm{A}_F/L)_\chi$ (d'après (iii)), et puisque $v_\mathfrak{q}(x) \in \mathrm{M}\mathbb{Z}$ pour tout idéal maximal $\mathfrak{q}$ de $\mathcal{O}_F$ qui est premier à $\ell_1 \cdots \ell_i$, on a

$$\sum_{\sigma \in G_F} v_{\lambda_i} (x^\sigma) \sigma^{-1} \mathrm{cl}_p(\lambda_i)_{L,\chi} = \sum_{j=1}^{i} \sum_{\sigma \in G_F} v_{\lambda_j} (x^\sigma) \sigma^{-1} \mathrm{cl}_p(\lambda_j)_{L,\chi}$$
$$= \mathrm{cl}_p(x)_{L,\chi}$$
$$= 0. \tag{6.4.2.1}$$

De (i) et (6.4.2.1) on déduit qu'il existe $\delta \in \mathbb{Z}_p[G_F]_\chi$ tel que

$$Z \sum_{\sigma \in G_F} v_{\lambda_i} (x^\sigma) \sigma_\chi^{-1} = g\delta. \tag{6.4.2.2}$$

Soit $w \in W$. Il existe $\varrho \in \mathbb{Z}_p[G_F]$ tel que $w = \varrho x_{\mathrm{M}}$. Montrons que l'image de $\eta \varrho \delta$ dans $(\mathbb{Z}/\mathrm{M}\mathbb{Z})[G_F]_\chi$ ne dépend pas du choix de ϱ. Il est suffisant de prouver que si $\varrho' x_{\mathrm{M}} = 0$ avec $\varrho' \in \mathbb{Z}_p[G_F]$, alors $\eta \varrho' \delta \in \mathrm{M}\mathbb{Z}_p[G_F]_\chi$. Supposons donc $\varrho' x_{\mathrm{M}} = 0$ pour un $\varrho' \in \mathbb{Z}_p[G_F]$. Alors il existe $y \in F^\times$ tel que $x^{\varrho'} = y^{\mathrm{M}}$ (en notation multiplicative), et $\varrho' \in \mathrm{Nul}_{\mathbb{Z}_p[G_F]}(W'_\chi)$. D'après (iii), $\eta \varrho'$ annule $\mathrm{M}(\#A_{F,\chi})^{-1}(\mathcal{I}_{F,\ell_i}/\mathrm{M}\mathcal{I}_{F,\ell_i})_\chi \simeq (\mathbb{Z}/(\#A_{F,\chi})\mathbb{Z})[G_F]_\chi$, et alors

$$\#(A_{F,\chi}) \quad \text{divise} \quad \eta \varrho'_\chi \quad \text{dans} \quad (\mathbb{Z}/\mathrm{M}\mathbb{Z})[G_F]_\chi. \tag{6.4.2.3}$$

Soit $\mathcal{Q}$ un système complet de représentants des classes des idéaux maximaux premiers à $\ell_1 \cdots \ell_i \mathcal{O}_F$, modulo l'action de G_F. Pour tout $\mathfrak{q} \in \mathcal{Q}$, soient $\mathrm{Fix}(\mathfrak{q})$ le fixateur de $\mathfrak{q}$ pour l'action de G_F, et $G_\mathfrak{q} := G_F/\mathrm{Fix}(\mathfrak{q})$. Dans $\mathrm{Cl}(\mathcal{O}_F)$, on a la décomposition ci-dessous,

$$0 = \mathrm{cl}(y)$$
$$= \sum_{\sigma \in G_F} v_{\lambda_i}(y^\sigma)\sigma^{-1}\mathrm{cl}(\lambda_i) + \sum_{j=1}^{i-1} \sum_{\sigma \in G_F} v_{\lambda_j}(y^\sigma)\sigma^{-1}\mathrm{cl}(\lambda_j) + \sum_{\mathfrak{q} \in \mathcal{Q}} \sum_{\sigma \in G_\mathfrak{q}} \varrho' \mathrm{M}^{-1} v_\mathfrak{q}(x^{\tilde{\sigma}})\sigma^{-1}\mathrm{cl}(\mathfrak{q}),$$

où pour tout $\sigma \in G_\mathfrak{q}$, $\tilde{\sigma}$ est un antécédent de σ dans G_F. Alors dans $(A_F/L)_\chi$, par définition de L et puisque $v_\mathfrak{q}(x^{\tilde{\sigma}}) \in \mathrm{M}\mathbb{Z}$ pour tout $\mathfrak{q} \in \mathcal{Q}$ et tout $\sigma \in G_\mathfrak{q}$, on a

$$\sum_{\sigma \in G_F} v_{\lambda_i}(y^\sigma)\sigma^{-1}\mathrm{cl}_p(\lambda_i)_{L,\chi}$$
$$= -\sum_{j=1}^{i-1} \sum_{\sigma \in G_F} v_{\lambda_j}(y^\sigma)\sigma^{-1}\mathrm{cl}_p(\lambda_j)_{L,\chi} - \varrho' \sum_{\mathfrak{q} \in \mathcal{Q}} \sum_{\sigma \in G_\mathfrak{q}} \mathrm{M}^{-1} v_\mathfrak{q}(x^{\tilde{\sigma}})\sigma^{-1}\mathrm{cl}_p(\mathfrak{q})_{L,\chi}$$
$$= -\varrho' \sum_{\mathfrak{q} \in \mathcal{Q}} \sum_{\sigma \in G_\mathfrak{q}} \mathrm{M}^{-1} v_\mathfrak{q}(x^{\tilde{\sigma}})\sigma^{-1}\mathrm{cl}_p(\mathfrak{q})_{L,\chi}. \tag{6.4.2.4}$$

De (6.4.2.4) et (6.4.2.3), on déduit que $\eta \sum_{\sigma \in G_F} v_{\lambda_i}(y^\sigma)\sigma^{-1}$ appartient à $\mathrm{Nul}_{\mathbb{Z}_p[G_F]}(\mathrm{cl}_p(\lambda_i)_{L,\chi})$. D'après (i), il existe $\delta' \in \mathbb{Z}_p[G_F]_\chi$ tel que

$$g\delta' = Z\eta \sum_{\sigma \in G_F} v_{\lambda_i}(y^\sigma)\sigma_\chi^{-1}. \tag{6.4.2.5}$$

De (6.4.2.2) et de (6.4.2.5), on déduit

$$\varrho' \eta g \delta = \varrho' \eta Z \sum_{\sigma \in G_F} v_{\lambda_i}(x^\sigma)\sigma_\chi^{-1} = \mathrm{M}Z\eta \sum_{\sigma \in G_F} v_{\lambda_i}(y^\sigma)\sigma_\chi^{-1} = \mathrm{M}g\delta'.$$

81

D'après (ii), g n'est pas un diviseur de zéro dans $\mathbb{Z}_p\left[G_F\right]_\chi$, donc $\varrho'\eta\delta = \mathrm{M}\delta'$ dans $\mathbb{Z}_p\left[G_F\right]_\chi$. On a vérifié que l'image de $\eta\varrho\delta$ dans $(\mathbb{Z}/\mathrm{M}\mathbb{Z})\left[G_F\right]_\chi$ ne dépend pas du choix de ϱ. On peut donc poser

$$\Psi : W \to (\mathbb{Z}/\mathrm{M}\mathbb{Z})\left[G_F\right]_\chi, w \mapsto \eta\varrho\bar{\delta},$$

où $\varrho \in \mathbb{Z}_p\left[G_F\right]$ est tel que $w = \varrho x_\mathrm{M}$, et où pour tout $\beta \in \mathbb{Z}_p\left[G_F\right]_\chi$, on note $\bar{\beta}$ l'image de β dans $(\mathbb{Z}/\mathrm{M}\mathbb{Z})\left[G_F\right]_\chi$. On étend Ψ à W_χ par $\mathbb{Z}_p(\chi)$-linéarité. Par définition de Ψ et d'après (6.4.2.2), on a

$$g\Psi\left(x_{\mathrm{M},\chi}\right)\lambda_{i,\chi} = g\eta\bar{\delta}\lambda_{i,\chi} = Z\eta\overline{\sum_{\sigma \in G_F} v_{\lambda_i}(x^\sigma)\sigma^{-1}}\lambda_{i,\chi} = Z\eta[x]_{\ell_i,\chi}.$$

$\square$

6.5 Unités globales.

Pour cette section, nous avons dans l'ensemble suivi l'approche de W. Bley (voir [5, Lemma 3.5]), qui lui-même s'est inspiré de C. Greither (voir [19, Lemma 3.9]).

6.5.1 Contrôle des noyaux et conoyaux de descente.

On conserve les notations de la sous-section 6.3.2.

Lemme 6.5.1.1 *Il existe* $(c_0, n_0) \in \mathbb{N}^2$ *tel que pour tout* $n \in \mathbb{N}$, $p^{c_0}(\gamma_{n_0} - 1)$ *annule* $\mathrm{Ker}_n\mathcal{E}_\infty$ *et* $\mathrm{Cok}_n\mathcal{E}_\infty$.

DÉMONSTRATION. D'après le corollaire 5.3.3.4, on a pour tout $n \in \mathbb{N} \cup \{\infty\}$ une suite exacte

$$0 \longrightarrow \mathcal{E}_n \longrightarrow \mathcal{U}_n \longrightarrow \mathrm{B}_n \longrightarrow \mathrm{A}_n \longrightarrow 0, \tag{6.5.1.1}$$

où B_n est le groupe de Galois de $\tilde{\mathrm{M}}_n/K_n$, la pro-p-extension abélienne maximale non ramifiée en dehors des idéaux maximaux au-dessus de $\mathfrak{p}$. De (6.5.1.1), on déduit[6] pour tout $n \in \mathbb{N}$ le diagramme commutatif suivant, à lignes exactes,

$$\begin{array}{ccccccccc}
\mathrm{B}_\infty^{\Gamma_n} & \longrightarrow & \mathrm{A}_\infty^{\Gamma_n} & \longrightarrow & (\mathcal{U}_\infty/\mathcal{E}_\infty)_{\Gamma_n} & \longrightarrow & (\mathrm{B}_\infty)_{\Gamma_n} & \longrightarrow & (\mathrm{A}_\infty)_{\Gamma_n} & \longrightarrow & 0 \\
& & & & \downarrow & & \downarrow & & \downarrow & & \\
0 & \longrightarrow & & & \mathcal{U}_n/\mathcal{E}_n & \longrightarrow & \mathrm{B}_n & \longrightarrow & \mathrm{A}_n & \longrightarrow & 0.
\end{array} \tag{6.5.1.2}$$

Il résulte du lemme A.1.4.9 que pour tout $n \in \mathbb{N}$, $(\mathrm{B}_\infty)_{\Gamma_n} \simeq \mathrm{Gal}\left(\tilde{\mathrm{M}}_n/K_\infty\right)$, de sorte que le morphisme canonique $(\mathrm{B}_\infty)_{\Gamma_n} \to \mathrm{B}_n$ est injectif. D'autre part $(\mathrm{B}_\infty)^{\Gamma_n} = 0$ d'après la proposition 5.3.3.6, donc on déduit de (6.5.1.2) que

$$\mathrm{Ker}_n\left(\mathcal{U}_\infty/\mathcal{E}_\infty\right) \simeq \mathrm{A}_\infty^{\Gamma_n}. \tag{6.5.1.3}$$

---

6. Voir la proposition A.1.3.3.

La suite exacte (6.5.1.1) donne $(\mathcal{U}_\infty/\mathcal{E}_\infty)^{\Gamma_n} \hookrightarrow (\mathrm{B}_\infty)^{\Gamma_n} = 0$, d'où le diagramme commutatif suivant à lignes exactes,

$$0 \longrightarrow (\mathcal{E}_\infty)_{\Gamma_n} \longrightarrow (\mathcal{U}_\infty)_{\Gamma_n} \longrightarrow (\mathcal{U}_\infty/\mathcal{E}_\infty)_{\Gamma_n} \longrightarrow 0 \qquad (6.5.1.4)$$
$$0 \longrightarrow \mathcal{E}_n \longrightarrow \mathcal{U}_n \longrightarrow \mathcal{U}_n/\mathcal{E}_n \longrightarrow 0.$$

De (6.5.1.4) on déduit, compte tenu de (6.5.1.3), une suite exacte

$$0 \longrightarrow \mathrm{Ker}_n\,(\mathcal{E}_\infty) \longrightarrow \mathrm{Ker}_n\,(\mathcal{U}_\infty) \longrightarrow \mathrm{A}_\infty^{\Gamma_n} \longrightarrow \mathrm{Cok}_n\,(\mathcal{E}_\infty) \longrightarrow \mathrm{Cok}_n\,(\mathcal{U}_\infty). \quad (6.5.1.5)$$

Soit $G' \times \Gamma'$ une décomposition du groupe de décomposition G'_∞ de $\mathfrak{p}$ dans K_∞/k, où G' est le sous-groupe de torsion de G'_∞ et où Γ' est un groupe topologique isomorphe à $\mathbb{Z}_p$. D'après le lemme A.1.5.2, il existe un entier naturel $n_0 \in \mathbb{N}$ tel que $\Gamma_{n_0} \subseteq \Gamma'$. Alors

$$\gamma_{n_0} - 1 \quad \text{annule} \quad \mathrm{Ker}_n\,(\mathcal{U}_\infty) \quad \text{et} \quad \mathrm{Cok}_n\,(\mathcal{U}_\infty) \quad \text{pour tout} \quad n \in \mathbb{N}, \qquad (6.5.1.6)$$

en utilisant le lemme 5.2.2.2 lorsque $n > n_0$. Puisque A_∞ est nœthérien, on peut choisir $m_0 \in \mathbb{N}$ tel que $\overset{\infty}{\underset{n=0}{\cup}} \mathrm{A}_\infty^{\Gamma_n} = \mathrm{A}_\infty^{\Gamma_{m_0}}$. Alors de la proposition 6.3.1.2, on déduit qu'il existe $c_0 \in \mathbb{N}$ tel que

$$p^{c_0} \quad \text{annule} \quad \overset{\infty}{\underset{n=0}{\cup}} \mathrm{A}_\infty^{\Gamma_n}. \qquad (6.5.1.7)$$

De (6.5.1.7), (6.5.1.6), et de la suite exacte (6.5.1.5), on déduit que

$$p^{c_0}\,(\gamma_{n_0} - 1) \quad \text{annule} \quad \mathrm{Ker}_n\,(\mathcal{E}_\infty) \quad \text{et} \quad \mathrm{Cok}_n\,(\mathcal{E}_\infty) \quad \text{pour tout} \quad n \in \mathbb{N}. \qquad (6.5.1.8)$$

$\square$

Lemme 6.5.1.2 *Soit χ un $\mathbb{C}_p$-caractère irréductible de G. Pour tout $n \in \mathbb{N}$, on note $\pi_{n,\chi} : (\mathcal{E}_{\infty,\chi})_{\Gamma_n} \to \mathcal{E}_{n,\chi}$ le morphisme induit par la projection $\mathcal{E}_\infty \to \mathcal{E}_n$. Alors pour tout $n \in \mathbb{N}$, $p^{2c_0}\,(\gamma_{n_0} - 1)^2$ annule $\mathrm{Cok}\,(\pi_{n,\chi})$ et $\mathrm{Ker}\,(\pi_{n,\chi})$.*

DÉMONSTRATION. Soit $n \in \mathbb{N}$ et soit $\mathcal{T} := \mathrm{Tor}^1_{\mathbb{Z}_p[G]}\,(\mathrm{Cok}_n\mathcal{E}_\infty, \mathbb{Z}_p(\chi))$. On note $\tilde{\mathcal{E}}_n$ l'image de $\mathcal{E}_\infty$ dans $\mathcal{E}_n$, et $\tilde{\pi}_{n,\chi} : (\mathcal{E}_{\infty,\chi})_{\Gamma_n} \to \tilde{\mathcal{E}}_{n,\chi}$ le morphisme induit. À partir du diagramme commutatif suivant (dont les lignes et colonnes sont exactes),

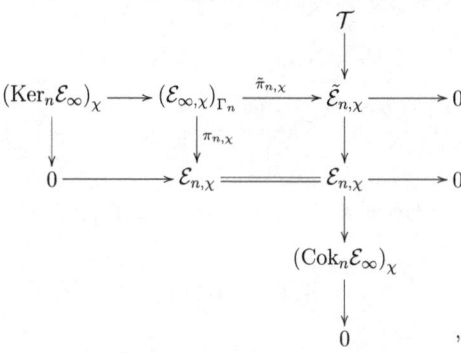

le lemme du serpent nous donne une suite exacte

$$(\mathrm{Ker}_n \mathcal{E}_\infty)_\chi \longrightarrow \mathrm{Ker}\,(\pi_{n,\chi}) \longrightarrow \tilde{\mathcal{T}} \longrightarrow 0, \qquad (6.5.1.9)$$

où $\tilde{\mathcal{T}}$ est l'image de $\mathcal{T}$ dans $\tilde{\mathcal{E}}_{n,\chi}$. D'après le lemme 6.5.1.1, on sait que $p^{c_0}(\gamma_{n_0}-1)$ annule $(\mathrm{Ker}_n \mathcal{E}_\infty)_\chi$ et $\mathcal{T}$. Donc la suite exacte (6.5.1.9) montre que $p^{2c_0}(\gamma_{n_0}-1)^2$ annule $\mathrm{Ker}\,(\pi_{n,\chi})$. D'autre part on a $\mathrm{Cok}\,(\pi_{n,\chi}) \simeq (\mathrm{Cok}_n \mathcal{E}_\infty)_\chi$, donc le lemme 6.5.1.1 montre que $p^{2c_0}(\gamma_{n_0}-1)^2$ annule $\mathrm{Cok}\,(\pi_{n,\chi})$. $\qquad\square$

6.5.2 Construction de morphismes auxilliaires.

Dans cette sous-section, on fixe un $\mathbb{C}_p$-caractère irréductible χ de G, et u_χ une uniformisante de $\mathbb{Z}_p(\chi)$.

Proposition 6.5.2.1 *Il existe un ensemble fini I, une famille $(n_i)_{i\in I} \in \mathbb{N}^I$, et un pseudo-isomorphisme de Λ_χ-modules*

$$\Theta_\chi : \mathcal{E}_{\infty,\chi} \longrightarrow \Lambda_\chi \oplus \bigoplus_{i\in I}\left(\Lambda_\chi/u_\chi^{n_i}\right).$$

DÉMONSTRATION. Soit ψ le $\mathbb{Q}_p$-caractère irréductible de G tel que $\chi|\psi$. On note $\Lambda(\psi)$ l'anneau $e_\psi\left(\mathbb{Q}_p \otimes_{\mathbb{Z}_p} \Lambda\right) \simeq \mathbb{Q}_p \otimes_{\mathbb{Z}_p} \Lambda_\chi$, qui est principal d'après le lemme A.3.2.1. La suite exacte $0 \to \mathcal{E}_\infty \to \mathcal{U}_\infty \to \mathcal{U}_\infty/\mathcal{E}_\infty \to 0$ nous donne la suite exacte

$$0 \longrightarrow e_\psi\left(\mathbb{Q}_p \otimes_{\mathbb{Z}_p} \mathcal{E}_\infty\right) \longrightarrow e_\psi\left(\mathbb{Q}_p \otimes_{\mathbb{Z}_p} \mathcal{U}_\infty\right) \longrightarrow e_\psi\left(\mathbb{Q}_p \otimes_{\mathbb{Z}_p} \mathcal{U}_\infty/\mathcal{E}_\infty\right) \longrightarrow 0.$$
$$(6.5.2.1)$$

D'après la proposition 5.2.2.3, $e_\psi\left(\mathbb{Q}_p \otimes_{\mathbb{Z}_p} \mathcal{U}_\infty\right)$ est libre de rang 1 sur $\Lambda(\psi)$. De plus $e_\psi\left(\mathbb{Q}_p \otimes_{\mathbb{Z}_p} \mathcal{U}_\infty/\mathcal{E}_\infty\right)$ est de torsion sur $\Lambda(\psi)$, d'après la proposition 5.4.1.3. Puisque $\Lambda(\psi)$ est principal, on déduit ensuite de la suite exacte (6.5.2.1) que $e_\psi\left(\mathbb{Q}_p \otimes_{\mathbb{Z}_p} \mathcal{E}_\infty\right)$ est libre de rang 1 sur $\Lambda(\psi)$. Les isomorphismes [7]

$$e_\psi\left(\mathbb{Q}_p \otimes_{\mathbb{Z}_p} \mathcal{E}_\infty\right) \simeq \mathbb{Q}_p \otimes_{\mathbb{Z}_p} \mathcal{E}_{\infty,\chi} \quad \text{et} \quad \Lambda(\psi) \simeq \mathbb{Q}_p \otimes_{\mathbb{Z}_p} \Lambda_\chi$$

montrent que la Λ_χ-torsion de $\mathcal{E}_{\infty,\chi}$ est annulée par une puissance de p, et que le Λ_χ-rang de $\mathcal{E}_{\infty,\chi}$ est 1. $\qquad\square$

Soit $\mathrm{pr} : \Lambda_\chi \oplus \bigoplus_{i\in I}\left(\Lambda_\chi/u_\chi^{n_i}\right) \to \Lambda_\chi$ la projection canonique, et pour tout $n \in \mathbb{N}$, soit

$$\Theta_{n,\chi} : (\mathcal{E}_{\infty,\chi})_{\Gamma_n} \longrightarrow \mathbb{Z}_p(\chi)\,[\Gamma/\Gamma_n]$$

le morphisme obtenu par passage aux quotients à partir de $\mathrm{pr} \circ \Theta_\chi$. On note h_χ un générateur de $\mathrm{char}_{\Lambda_\chi}\left(\mathcal{E}_\infty/\mathcal{S}t_\infty\right)_\chi$. Le lemme suivant est celui de W. Bley (voir [5, Lemma 3.5]).

Lemme 6.5.2.2 *Pour tout $n \in \mathbb{N}$, le morphisme de $\mathbb{Z}_p(\chi)\,[\Gamma/\Gamma_n]$-modules suivant est bien défini,*

$$\vartheta_{n,\chi} : \mathcal{E}_{n,\chi} \to \mathbb{Z}_p(\chi)\,[\Gamma/\Gamma_n], \quad x \mapsto p^{2c_0}(\gamma_{n_0}-1)^2\,\Theta_{n,\chi}(\tilde{x}),$$

---

7. Voir la proposition A.2.2.5.

où $\tilde{x} \in (\mathcal{E}_{\infty,\chi})_{\Gamma_n}$ vérifie $\pi_{n,\chi}(\tilde{x}) = p^{2c_0}(\gamma_{n_0} - 1)^2 x$. Il existe $(\nu, c_1, c_2) \in \mathbb{N}^3$ et $h'_\chi \in \Lambda_\chi$ tels que

(i) $h'_\chi | h_\chi$ dans Λ_χ.

(ii) Pour tout $n \in \mathbb{N}$, h'_χ est premier à $\gamma_n - 1$ dans Λ_χ.

(iii) Pour tout $n \in \mathbb{N}$, $(\gamma_\nu - 1)^{c_1} p^{c_2} h'_\chi \mathbb{Z}_p(\chi)[\Gamma/\Gamma_n] \subseteq \vartheta_{n,\chi}(\operatorname{Im}(\mathcal{S}t_{n,\chi}))$, où $\operatorname{Im}(\mathcal{S}t_{n,\chi})$ est l'image de $\mathcal{S}t_{n,\chi}$ dans $\mathcal{E}_{n,\chi}$.

DÉMONSTRATION. Pour tout $x \in \mathcal{E}_{n,\chi}$, il existe un élément $\tilde{x} \in (\mathcal{E}_{\infty,\chi})_{\Gamma_n}$ vérifiant $\pi_{n,\chi}(\tilde{x}) = p^{2c_0}(\gamma_{n_0} - 1)^2 x$, car $p^{2c_0}(\gamma_{n_0} - 1)^2$ annule $\operatorname{Cok}(\pi_{n,\chi})$ (lemme 6.5.1.2). Puisque $p^{2c_0}(\gamma_{n_0} - 1)^2$ annule $\operatorname{Ker}(\pi_{n,\chi})$ (lemme 6.5.1.2), $p^{2c_0}(\gamma_{n_0} - 1)^2 \Theta_{n,\chi}(\tilde{x})$ ne dépend pas du choix de $\tilde{x}$. Donc $\vartheta_{n,\chi}$ est bien défini.

Le module $h_\chi \cdot (\mathcal{E}_\infty/\mathcal{S}t_\infty)_\chi$ est fini, et il en est de même pour $h_\chi \cdot (\Theta_\chi(\mathcal{E}_{\infty,\chi})/\Theta_\chi(\operatorname{Im}(\mathcal{S}t_{\infty,\chi})))$. Puisque $\operatorname{Cok}(\operatorname{pr} \circ \Theta_\chi)$ est fini, on peut choisir $m \in \mathbb{N}$ tel que $p^m h_\chi = \operatorname{pr} \circ \Theta_\chi(\operatorname{Im}(\mathcal{S}t_{\infty,\chi}))$. Soit $z \in \operatorname{Im}(\mathcal{S}t_{\infty,\chi})$ (image de $\mathcal{S}t_{\infty,\chi}$ dans $\mathcal{E}_{\infty,\chi}$) tel que $p^m h_\chi = \operatorname{pr} \circ \Theta_\chi(z)$, et soit $\bar{z}$ l'image de z dans $(\mathcal{E}_{\infty,\chi})_{\Gamma_n}$. Dans $\mathbb{Z}_p(\chi)[\Gamma/\Gamma_n]$, on a alors

$$
\begin{aligned}
p^{m+4c_0}(\gamma_{n_0} - 1)^4 h_\chi &= p^{4c_0}(\gamma_{n_0} - 1)^4 \Theta_{n,\chi}(\bar{z}) \\
&= p^{2c_0}(\gamma_{n_0} - 1)^2 \Theta_{n,\chi}\left(p^{2c_0}(\gamma_{n_0} - 1)^2 \bar{z}\right) \\
&= \vartheta_{n,\chi}(\pi_{n,\chi}(\bar{z})).
\end{aligned}
\tag{6.5.2.2}
$$

Soit $\mathcal{Q}$ l'ensemble des idéaux premiers de hauteur 1 de Λ_χ, et pour tout $\mathfrak{q} \in \mathcal{Q}$ soit $P_\mathfrak{q}$ un générateur de $\mathfrak{q}$. Puisque Λ_χ est factoriel, il existe une unité $u \in \Lambda_\chi^\times$ et une famille $(n_\mathfrak{q})_{\mathfrak{q} \in \mathcal{Q}} \in \mathbb{N}^\mathcal{Q}$, à support fini, telle que $h_\chi = u \prod_{\mathfrak{q} \in \mathcal{Q}} P_\mathfrak{q}^{n_\mathfrak{q}}$. On pose $h'_\chi := \prod_{\mathfrak{q} \in \mathcal{Q}'} P_\mathfrak{q}^{n_\mathfrak{q}}$, où $\mathcal{Q}'$ est l'ensemble des $\mathfrak{q} \in \mathcal{Q}$ tels que $\mathfrak{q}$ est premier à $\gamma_m - 1$ pour tout $m \in \mathbb{N}$. Puisque $\gamma_m - 1$ divise $\gamma_{m+1} - 1$ pour tout $m \in \mathbb{N}$, il existe $(\nu, c_1) \in \mathbb{N}^2$ tel que $(\gamma_{n_0} - 1)^4 h_\chi$ divise $(\gamma_\nu - 1)^{c_1} h'_\chi$. On pose ensuite $c_2 := m + 4c_0$. Le lemme résulte alors de (6.5.2.2). $\qquad\square$

6.6 Preuve de la conjecture principale.

6.6.1 Introduction.

Cette section est dévolue à la preuve du théorème 6.1.0.2 dont l'énoncé est rappelé ci-dessous.

Théorème. Soit χ un $\mathbb{C}_p$-caractère irréductible de G. Alors :
  – (i) Si $p \notin \{2, 3\}$, $\operatorname{char}_{\Lambda_\chi}(A_{\infty,\chi}) = \operatorname{char}_{\Lambda_\chi}(\mathcal{E}_\infty/\mathcal{S}t_\infty)_\chi$.
  – (ii) Si $p \in \{2, 3\}$, il existe $(a, b) \in \mathbb{N}^2$ tel que

$$
u_\chi^a \operatorname{char}_{\Lambda_\chi}(A_{\infty,\chi}) \quad | \quad u_\chi^b \operatorname{char}_{\Lambda_\chi}(\mathcal{E}_\infty/\mathcal{S}t_\infty)_\chi.
$$

Soit $\mathfrak{f}$ l'idéal non nul de $\mathcal{O}_k$, premier à $\mathfrak{p}$, tel que le conducteur de K_0/k est de la forme $\mathfrak{f}\mathfrak{p}^\beta$ pour un certain $\beta \in \mathbb{N}$. Alors $K_\infty \subseteq K_{\mathfrak{f},\infty}$. On fixe un $\mathbb{C}_p$-caractère irréductible χ de G. On choisit $(c_0, n_0) \in \mathbb{N}^2$ comme au lemme 6.5.1.1, et des entiers naturels $c_1 \geq 2$, c_2 et ν comme au lemme 6.5.2.2. On pose

$$
d := 3v_{\bar{\mathfrak{p}}}(\mathfrak{f}) + \mathrm{R} + 3 \quad \text{et} \quad \Delta_i := p^{(i-2)(c_3+2d)+c_2+d}[K_0 : k]^{i-1},
$$

85

pour tout entier naturel $i \geq 2$. Soit $n \in \mathbb{N}$. Puisque h'_χ est premier à $\gamma_n - 1$, le groupe

$$\mathbb{Z}_p[G_n]_\chi / \Delta_{s+1} h'_\chi \mathbb{Z}_p[G_n]_\chi \simeq \Lambda_\chi / \left((\gamma_n - 1)\Lambda_\chi + \Delta_{s+1} h'_\chi \Lambda_\chi \right)$$

est fini. Soit M une puissance de p telle que

$$\#A_k \#A_{n,\chi} \# \left(\mathbb{Z}_p[G_n]_\chi / \Delta_{s+1} h'_\chi \mathbb{Z}_p[G_n]_\chi \right) \quad \leq \quad \text{M.} \tag{6.6.1.1}$$

On introduit aussi la notation suivante. Pour λ un idéal maximal de $\mathcal{O}_{K_n}$ tel que $\ell := \lambda \cap \mathcal{O}_k$ appartient à $\mathcal{L}_{K_n}$, on note ω_λ et $\bar\omega_\lambda$ les morphismes de $\mathbb{Z}[G_n]$-modules

$$\omega_\lambda : K_n^\times \longrightarrow \mathbb{Z}_p[G_n], \quad \text{tel que} \quad \omega_\lambda(x)\lambda = (x)_\ell \quad \text{dans } \mathcal{I}_\ell \text{ pour tout} \quad x \in K_n^\times,$$

et

$$\bar\omega_\lambda : K_n^\times \longrightarrow (\mathbb{Z}/\text{M}\mathbb{Z})[G_n], \quad \text{tel que} \quad \bar\omega_\lambda(x)\lambda = [x]_\ell \quad \text{dans } \mathcal{I}_\ell / \text{M}\mathcal{I}_\ell \text{ pour tout} \quad x \in K_n^\times.$$

On sait en vertu du lemme 6.3.2.1 que pour tout $j \in \{1, ..., s\}$, il existe une classe $\mathfrak{c}_j \in A_n$ telle que

$$\tau_n(\mathfrak{c}_{j,\chi}) = (0, ..., 0, p^{c_3}, 0, ..., 0),$$

où p^{c_3} est à la j-ième place. On choisit arbitrairement une classe supplémentaire $\mathfrak{c}_{s+1} \in A_n$. D'après le lemme 6.5.2.2 (iii), il existe $\xi \in \text{St}_n$ tel que

$$\vartheta_{n,\chi}(\xi') = (\gamma_\nu - 1)^{c_1} p^{c_2} h'_\chi \quad \text{dans} \quad (\mathbb{Z}/\text{M}\mathbb{Z})[G_n]_\chi, \tag{6.6.1.2}$$

où ξ' est l'image de ξ dans $\mathcal{E}_{n,\chi}$. D'après le théorème 3.4.2.1, il existe un idéal non nul $\mathfrak{m}$ de $\mathcal{O}_{K_n}$ et $\varepsilon \in \mathcal{U}_{K_n}(\mathfrak{m})$ tel que $\kappa_\varepsilon(1) = \xi$.

Puisque nous utiliserons le théorème 6.4.1.1, nous supposons dès à présent et jusqu'à la fin du chapitre que les idéaux maximaux $\mathfrak{p}_1, ..., \mathfrak{p}_r$ ne sont pas ramifiés dans K_∞/k et sont premiers à p.

6.6.2 Construction par récurrence d'idéaux maximaux particuliers.

L'étape principale de la démonstration est la construction par récurrence d'idéaux maximaux $\lambda_1, ..., \lambda_{s+1}$ de $\mathcal{O}_{K_n}$ et d'idéaux $\mathfrak{a}_1, ..., \mathfrak{a}_{s+1}$ de $\mathcal{O}_k$, tels que

(a) $\ell_i := \lambda_i \cap \mathcal{O}_k$ appartient à $\mathcal{L}_{K_n}(\mathfrak{m})$ pour tout $i \in \{1, ..., s+1\}$.

(b) $\text{cl}_p(\lambda_i) = \mathfrak{c}_i^{p^d}$ pour tout $i \in \{1, ..., s+1\}$.

(c) $\mathfrak{a}_i := \ell_1 \cdots \ell_i$ pour tout $i \in \{1, ..., s+1\}$.

(d) Il existe $u_1 \in (\mathbb{Z}/\text{M}\mathbb{Z})^\times$ tel que

$$\bar\omega_{\lambda_1}(\kappa_\varepsilon(\ell_1))_\chi = u_1 p^{c_2+d} [K_0 : k] (\gamma_\nu - 1)^{c_1} h'_\chi,$$

dans $(\mathbb{Z}/\text{M}\mathbb{Z})[G_n]_\chi$.

(e) Pour tout $i \in \{2, ..., s+1\}$ il existe $u_i \in (\mathbb{Z}/\text{M}\mathbb{Z})^\times$ tel que

$$P_{i-1}\bar\omega_{\lambda_i}(\kappa_\varepsilon(\mathfrak{a}_i))_\chi = u_i p^{c_3+2d} [K_0 : k] (\gamma_\nu - 1)^{c_1^{i-1}} \bar\omega_{\lambda_{i-1}}(\kappa_\varepsilon(\mathfrak{a}_{i-1}))_\chi,$$

86

dans $(\mathbb{Z}/\mathrm{M}\mathbb{Z})\,[G_n]_\chi$.

Soit ψ le $\mathbb{Q}_p$-caractère de G tel que $\chi|\psi$. On définit un morphisme de $\mathbb{Z}_p\,[G_n]$-modules [8]

$$\varpi : \mathbb{Z}_p(\chi)\,[\Gamma/\Gamma_n] \longrightarrow \mathbb{Z}_p\,[G_n]\,, \quad \chi(g)v \mapsto [K_0 : k]\,e_\psi gv \quad \text{pour tout} \quad (g,v) \in G \times (\Gamma/\Gamma_n)\,.$$

On considère le morphisme $\varpi \circ \vartheta_{n,\chi} \circ \eta : \mathcal{O}_{K_n}^\times \to \mathbb{Z}_p\,[G_n]$ où $\eta : \mathcal{O}_{K_n}^\times \to \mathcal{E}_{n,\chi}$ est le morphisme canonique. Par passage aux quotients, on obtient un morphisme

$$\Psi_1 : \mathcal{O}_{K_n}^\times / \left(\mathcal{O}_{K_n}^\times\right)^{\mathrm{M}} \longrightarrow (\mathbb{Z}/\mathrm{M}\mathbb{Z})\,[G_n]\,.$$

On applique le théorème 6.4.1.1 aux données

$$F := K_n,\quad m := p^d,\quad W := W_1,\quad \Psi := \Psi_1,\quad \text{et}\quad \mathfrak{c} := \mathfrak{c}_1,$$

où W_1 est le sous-groupe de $\mathcal{O}_{K_n}^\times / \left(\mathcal{O}_{K_n}^\times\right)^{\mathrm{M}} \hookrightarrow K_n^\times / \left(K_n^\times\right)^{\mathrm{M}}$ engendré par ξ_{M}. On obtient un idéal maximal λ_1 de $\mathcal{O}_{K_n}$ et $u_1 \in (\mathbb{Z}/\mathrm{M}\mathbb{Z})^\times$, tel que $\mathrm{cl}_p(\lambda_1) = \mathfrak{c}_1^{p^d}$ (condition (b)), tel que $\ell_1 := \lambda_1 \cap \mathcal{O}_k$ appartient à $\mathcal{L}_{K_n}(\mathfrak{m})$ (condition (a)), et tel que pour tout $w \in W_1$, on a $[w]_{\ell_1} = 0$ et

$$\varphi_{K_n,\ell_1}(w) = u_1 p^d \Psi_1(w)\lambda_1. \tag{6.6.2.1}$$

On note $\bar{\vartheta}_{n,\chi} : \mathcal{E}_{n,\chi} \to (\mathbb{Z}/\mathrm{M}\mathbb{Z})\,[G_n]_\chi$ le morphisme obtenu à partir de $\vartheta_{n,\chi}$ par passage au quotient. De la proposition 3.2.6.3 on déduit

$$\begin{aligned}
[\kappa_\varepsilon(\ell_1)]_{\ell_1} &= \varphi_{K_n,\ell_1}(\xi)\\
&= u_1 p^d \Psi_1(\xi_{\mathrm{M}})\,\lambda_1\\
&= u_1 p^d \left(\varpi \circ \bar{\vartheta}_{n,\chi}\right)(\xi')\,\lambda_1,
\end{aligned} \tag{6.6.2.2}$$

dans $\mathcal{I}_{K_n,\ell_1}/\mathrm{M}\mathcal{I}_{K_n,\ell_1}$. De (6.6.2.2) et (6.6.1.2), on déduit que

$$\begin{aligned}
\bar{\omega}_{\lambda_1}\left(\kappa_\varepsilon(\ell_1)\right)_\chi &= u_1 p^d \,[K_0 : k]\,\bar{\vartheta}_{n,\chi}(\xi')\\
&= u_1 p^{c_2+d}\,[K_0 : k]\,(\gamma_\nu - 1)^{c_1}\,h'_\chi,
\end{aligned} \tag{6.6.2.3}$$

dans $(\mathbb{Z}/\mathrm{M}\mathbb{Z})\,[G_n]_\chi$, (condition (d)). Soit $i \in \{2,...,s+1\}$, et supposons que $\lambda_1,...,\lambda_{i-1}$ ont été construits. De (d) et (e) on déduit

$$\left(\prod_{j=1}^{i-2} P_j\right)\bar{\omega}_{\lambda_{i-1}}\left(\kappa_\varepsilon(\mathfrak{a}_{i-1})\right)_\chi = \left(\prod_{j=1}^{i-1} u_j\right)\Delta_i\,(\gamma_\nu - 1)^{c_1+\sum_{j=1}^{i-2} c_1^j}\,h'_\chi \tag{6.6.2.4}$$

dans $(\mathbb{Z}/\mathrm{M}\mathbb{Z})\,[G_n]_\chi$, avec la convention qu'un produit vide vaut 1 et une somme vide vaut 0.

Lemme 6.6.2.1 *Soit L_i le sous-$\mathbb{Z}_p\,[G_n]$-module de A_n engendré par les classes $\mathrm{cl}_p(\lambda_1)$, ..., $\mathrm{cl}_p(\lambda_{i-2})$, et soit W_i le sous-$\mathbb{Z}_p\,[G_n]$-module de $K_n^\times / \left(K_n^\times\right)^{\mathrm{M}}$ engendré par l'image de $\kappa_\varepsilon(\mathfrak{a}_{i-1})$. On pose $\eta_i := (\gamma_\nu - 1)^{c_1^{i-1}}$, $Z_i := p^{d+c_3}$, et on choisit $g_i \in \mathbb{Z}_p\,[G_n]$ tel que les images de g_i et de P_{i-1} dans $\mathbb{Z}_p\,[G_n]_\chi$ coïncident. Alors*

(i) $v_\mathfrak{q}\left(\kappa_\varepsilon(\mathfrak{a}_{i-1})\right) \in \mathrm{M}\mathbb{Z}$ *pour tout idéal maximal $\mathfrak{q}$ de $\mathcal{O}_{K_n}$ premier à $\mathfrak{a}_{i-1}$.*

---

8. Ce morphisme est bien défini d'après la proposition A.2.2.5

(ii) $Z_i \mathrm{Nul}_{\mathbb{Z}_p[G_n]_\chi} \left(\mathrm{cl}_p \left(\lambda_{i-1} \right)_{L_i,\chi} \right) \subseteq g_i \mathbb{Z}_p \left[G_n \right]_\chi$, où $\mathrm{cl}_p \left(\lambda_{i-1} \right)_{L_i,\chi}$ est l'image de $\mathrm{cl}_p \left(\lambda_{i-1} \right)$ dans $\left(\mathrm{A}_n / L_i \right)_\chi$.

(iii) $\mathbb{Z}_p \left[G_n \right]_\chi / g_i \mathbb{Z}_p \left[G_n \right]_\chi$ est fini.

(iv) $\# \left(\eta_i \left(\left(\mathcal{I}_{K_n,\ell_{i-1}} / \mathrm{M} \mathcal{I}_{K_n,\ell_{i-1}} \right) / W_i' \right)_\chi \right) \# \left(\mathrm{A}_{n,\chi} \right) \leq \mathrm{M}$, où W_i' est l'image de W_i dans $\mathcal{I}_{K_n,\ell_{i-1}} / \mathrm{M} \mathcal{I}_{K_n,\ell_{i-1}}$ via $w \mapsto [w]_{\ell_{i-1}}$.

DÉMONSTRATION. (i) est une conséquence directe de la proposition 3.2.6.3. On a $\left(\mathrm{A}_{\infty,\chi} \right)_{\Gamma_n} \simeq \left(\mathrm{A}_{\infty,\Gamma_n} \right)_\chi$, donc $\left(\mathrm{A}_{\infty,\chi} \right)_{\Gamma_n}$ est fini d'après la proposition 6.3.1.2. Donc P_{i-1} est premier à $\gamma_n - 1$, et

$$\mathbb{Z}_p \left[G_n \right]_\chi / g_i \mathbb{Z}_p \left[G_n \right]_\chi \simeq \Lambda_\chi / \left(P_{i-1} \Lambda_\chi + \left(\gamma_n - 1 \right) \Lambda_\chi \right)$$

est fini, donc (iii) est vérifié. Soit $\alpha \in \mathrm{Nul}_{\mathbb{Z}_p[G_n]_\chi} \left(\mathrm{cl}_p \left(\lambda_{i-1} \right)_{L_i,\chi} \right)$. Soit

$$\tau_n' : \left(\mathrm{A}_n / L_i \right)_\chi \longrightarrow \mathbb{Z}_p \left[G_n \right]_\chi / g_i \mathbb{Z}_p \left[G_n \right]_\chi$$

le morphisme de $\mathbb{Z}_p \left[G_n \right]_\chi$-modules tel que le diagramme suivant commute

$$
\begin{array}{ccc}
\mathrm{A}_{n,\chi} & \xrightarrow{\tau_n} & \oplus_{j=1}^s \Lambda_\chi / \left(P_j, \gamma_n - 1 \right) \\
\downarrow & & \downarrow{\phi} \\
\left(\mathrm{A}_n / L_i \right)_\chi & \xrightarrow{\tau_n'} & \mathbb{Z}_p \left[G_n \right]_\chi / g_i \mathbb{Z}_p \left[G_n \right]_\chi ,
\end{array}
$$

où ϕ est la projection canonique

$$\overset{s}{\underset{j=1}{\bigoplus}} \Lambda_\chi / \left(P_j, \gamma_n - 1 \right) \longrightarrow \Lambda_\chi / \left(P_{i-1}, \gamma_n - 1 \right) \simeq \mathbb{Z}_p \left[G_n \right]_\chi / q_i \mathbb{Z}_p \left[G_n \right]_\chi .$$

Alors $\left(\phi \circ \tau_n \right) \left(\mathfrak{c}_{i-1,\chi} \right)^{p^d \alpha} = 0$, c'est-à-dire $p^{d+c_3} \alpha \in g_i \mathbb{Z}_p \left[G_n \right]_\chi$, donc (ii) est vérifiée. De (6.6.2.4), et puisque $c_1 + \sum_{j=1}^{i-2} c_1^j \leq c_1^{i-1}$ (car $2 \leq c_1$), on déduit que le $\left(\mathbb{Z} / \mathrm{M} \mathbb{Z} \right) \left[G_n \right]_\chi$-module monogène $\eta_i \left(\left(\mathcal{I}_{K_n,\ell_{i-1}} / \mathrm{M} \mathcal{I}_{K_n,\ell_{i-1}} \right) / W_i' \right)_\chi$ est annulé par $\Delta_i h_\chi'$. La condition (6.6.1.1) implique alors (iv). $\qquad \square$

On applique le lemme 6.4.2.1 aux données du lemme 6.6.2.1. Il existe un morphisme de $\mathbb{Z}_p \left[G_n \right]$-modules $\Psi_i' : W_{i,\chi} \to \left(\mathbb{Z} / \mathrm{M} \mathbb{Z} \right) \left[G_n \right]_\chi$ tel que

$$g_i \Psi_i' \left(\kappa_\varepsilon \left(\mathfrak{a}_{i-1} \right)_{\mathrm{M},\chi} \right) \lambda_{i-1,\chi} = Z_i \eta_i \left[\kappa_\varepsilon \left(\mathfrak{a}_{i-1} \right) \right]_{\ell_{i-1,\chi}} . \qquad (6.6.2.5)$$

On définit $\bar{\varpi} : \left(\mathbb{Z} / \mathrm{M} \mathbb{Z} \right) \left[G_n \right]_\chi \to \left(\mathbb{Z} / \mathrm{M} \mathbb{Z} \right) \left[G_n \right]$ à partir de ϖ par passage aux quotients. On définit Ψ_i en composant $\varpi \circ \Psi_i'$ avec $W_i \to W_{i,\chi}$. La condition (i) du lemme 6.6.2.1 nous permet d'appliquer le théorème 6.4.1.1 aux données

$$F := K_n, \quad m := p^d, \quad W := W_i, \quad \Psi := \Psi_i, \quad \text{et} \quad \mathfrak{c} := \mathfrak{c}_i.$$

Il existe un idéal maximal λ_i de $\mathcal{O}_{K_n}$ et $u_i \in \left(\mathbb{Z} / \mathrm{M} \mathbb{Z} \right)^\times$ tel que $\mathrm{cl}_p \left(\lambda_i \right) = \mathfrak{c}_i^{p^d}$ (condition (b)), tel que $\ell_i := \lambda_i \cap \mathcal{O}_k$ appartient à $\mathcal{L}_{K_n}(\mathfrak{m})$ (condition (a)), et tel que pour tout $w \in W_i$,

$[w]_{\ell_i} = 0$ et $\varphi_{K_n, \ell_i}(w) = u_i p^d \Psi_i(w) \lambda_i$. De cette dernière égalité et de la proposition 3.2.6.3, on déduit

$$
\begin{aligned}
\left[\kappa_\varepsilon\left(\mathfrak{a}_i\right)\right]_{\ell_i, \chi} &= \varphi_{K_n, \ell_i}\left(\kappa_\varepsilon\left(\mathfrak{a}_{i-1}\right)\right)_\chi \\
&= u_i p^d \Psi_i\left(\kappa_\varepsilon\left(\mathfrak{a}_{i-1}\right)_{\text{M}}\right) \lambda_{i, \chi}
\end{aligned}
\tag{6.6.2.6}
$$

dans $\left(\mathcal{I}_{K_n, \ell_i} / \text{M}\mathcal{I}_{K_n, \ell_i}\right)_\chi$. D'après (6.6.2.6) et (6.6.2.5) on a

$$
\begin{aligned}
P_{i-1}\bar{\omega}_{\lambda_i}\left(\kappa_\varepsilon\left(\mathfrak{a}_i\right)\right)_\chi &= P_{i-1} u_i\left[K_0 : k\right] p^d \Psi_i'\left(\kappa_\varepsilon\left(\mathfrak{a}_{i-1}\right)_{\text{M}, \chi}\right) \\
&= u_i\left[K_0 : k\right] p^d g_i \Psi_i'\left(\kappa_\varepsilon\left(\mathfrak{a}_{i-1}\right)_{\text{M}, \chi}\right) \\
&= u_i\left[K_0 : k\right] p^d Z_i \eta_i \bar{\omega}_{\lambda_{i-1}}\left(\kappa_\varepsilon\left(\mathfrak{a}_{i-1}\right)\right)_\chi,
\end{aligned}
\tag{6.6.2.7}
$$

ce qui prouve (e).

On a donc construit des idéaux maximaux $\lambda_1, ..., \lambda_{s+1}$ de $\mathcal{O}_{K_n}$ et des idéaux $\mathfrak{a}_1, ..., \mathfrak{a}_{s+1}$ de $\mathcal{O}_k$, vérifiant les conditions (a), (b), (c), (d), (e).

6.6.3 Conclusion.

Des conditions (d) et (e) on déduit

$$
\left(\prod_{j=1}^s P_j\right) \bar{\omega}_{\lambda_{s+1}}\left(\kappa_\varepsilon\left(\mathfrak{a}_{s+1}\right)\right) = \left(\prod_{j=1}^{s+1} u_j\right) \Delta_{s+2}\left(\gamma_\nu - 1\right)^{c_1 + \sum_{j=1}^s c_1^j} h_\chi'
$$

dans $(\mathbb{Z}/\text{M}\mathbb{Z})\left[G_n\right]_\chi$. Laissant varier n et M, ceci implique que

$$
\prod_{j=1}^s P_j \quad \text{divise} \quad \Delta_{s+2}\left(\gamma_\nu - 1\right)^{c_1 + \sum_{j=1}^s c_1^j} h_\chi'
\tag{6.6.3.1}
$$

dans Λ_χ. D'après les propositions 6.3.1.2 et A.3.4.3, et puisque $(\text{A}_{\infty, \chi})_{\Gamma_n} \simeq (\text{A}_\infty)_{\Gamma_n, \chi}$ pour tout $n \in \mathbb{N}$, $\text{char}_{\Lambda_\chi}(\text{A}_{\infty, \chi})$ est premier à $(\gamma_\nu - 1)$. De (6.6.3.1) on déduit alors que

$$
\text{char}_{\Lambda_\chi}(\text{A}_{\infty, \chi}) \quad \text{divise} \quad \Delta_{s+2}\text{char}_{\Lambda_\chi}(\mathcal{E}_\infty / \mathcal{S}t_\infty)_\chi,
$$

ce qui prouve en particulier l'assertion (ii) du théorème 6.1.0.2. Si $p \notin \{2, 3\}$, alors d'après [16, 3.4. Théorème], on a $\mu(\text{A}_\infty) = 0$. Dans ce cas, $\text{char}_{\Lambda_\chi}(\text{A}_{\infty, \chi})$ est premier à p, et on en déduit

$$
\text{char}_{\Lambda_\chi}(\text{A}_{\infty, \chi}) \quad \text{divise} \quad \text{char}_{\Lambda_\chi}(\mathcal{E}_\infty / \mathcal{S}t_\infty)_\chi.
$$

La démonstration est valable pour toute extension finie K_∞' de k_∞ abélienne sur k, et pour tout $\mathbb{C}_p$-caractère irréductible du groupe de torsion de $\text{Gal}(K_\infty'/k)$, ce qui compte tenu de la remarque 6.2.2.5 prouve l'assertion (i) du théorème 6.1.0.2.

Annexe A

A.1 Compléments de théorie des groupes.

A.1.1 Limites projectives de groupes compacts.

Dans cette sous-section, on fixe un ensemble préordonné $(I, \preccurlyeq)$ filtrant à droite, c'est-à-dire tel que pour tout $(i, j) \in I^2$, il existe $k \in I$ tel que $i \preccurlyeq k$ et $j \preccurlyeq k$.

Proposition A.1.1.1 *Pour tout $i \in I$ soit une suite exacte*

$$1 \longrightarrow A_i \xrightarrow{\ f_i\ } B_i \xrightarrow{\ g_i\ } C_i \longrightarrow 1,$$

où A_i, B_i et C_i sont des groupes topologiques, $f_i : A_i \to B_i$ et $g_i : B_i \to C_i$ sont des morphismes continus de groupes. Pour tous éléments $i \preccurlyeq j$ de I, soient $a_{j,i} : A_j \to A_i$, $b_{j,i} : B_j \to B_i$ et $c_{j,i} : C_j \to C_i$ trois morphismes continus de groupes, tels que le diagramme ci-dessous est commutatif,

$$
\begin{array}{ccccccccc}
1 & \longrightarrow & A_j & \xrightarrow{\ f_j\ } & B_j & \xrightarrow{\ g_j\ } & C_j & \longrightarrow & 1 \\
& & \downarrow{\scriptstyle a_{j,i}} & & \downarrow{\scriptstyle b_{j,i}} & & \downarrow{\scriptstyle c_{j,i}} & & \\
1 & \longrightarrow & A_i & \xrightarrow{\ f_i\ } & B_i & \xrightarrow{\ g_i\ } & C_i & \longrightarrow & 1.
\end{array}
$$

On suppose que pour tout $(i_1, i_2, i_3) \in I^3$ tel que $i_1 \preccurlyeq i_2 \preccurlyeq i_3$, on a $a_{i_3,i_1} = a_{i_2,i_1} \circ a_{i_3,i_2}$, $b_{i_3,i_1} = b_{i_2,i_1} \circ b_{i_3,i_2}$ et $c_{i_3,i_1} = c_{i_2,i_1} \circ c_{i_3,i_2}$.

On pose $A := \varprojlim_i A_i$, $B := \varprojlim_i B_i$ et $C := \varprojlim_i C_i$, et on note $f : A \to B$ et $g : B \to C$ les morphismes de groupes continus induits par $(f_i)_{i \in I}$ et $(g_i)_{i \in I}$. On suppose que pour tout $i \in I$, A_i est compact et B_i est séparé. Alors la suite suivante est exacte,

$$1 \longrightarrow A \xrightarrow{\ f\ } B \xrightarrow{\ g\ } C \longrightarrow 1.$$

DÉMONSTRATION. Il est bien connu que les limites projectives conservent les noyaux. Nous nous contentons donc de prouver la surjectivité de g. Pour tout $i \in I$, on note $b_i : \prod_{j \in I} B_j \to B_i$ et $c_i : \prod_{j \in I} C_j \to C_i$ les projections canoniques, et on identifie A_i à un sous-groupe de B_i via f_i. On identifie A au sous-groupe de $\prod_{i \in I} A_i$ formé des $x \in \prod_{i \in I} A_i$ tels que pour tous éléments $i \preccurlyeq j$ de I, $(b_{j,i} \circ b_j)(x) = b_i(x)$. De même, on identifie B à un sous-groupe de $\prod_{i \in I} B_i$, et C à un sous-groupe de $\prod_{i \in I} C_i$. Soit $z \in C$. Soit $y \in \prod_{i \in I} B_i$ tel que pour tout $i \in I$, $g_i \circ b_i (y) = c_i(z)$. Pour tout $i \in I$, soit $\tilde{y}_i$ l'élément de $\prod_{j \in I} B_j$ tel que

$$b_j(\tilde{y}_i) \quad := \quad \begin{cases} b_j(y) & \text{si } j \not\preccurlyeq i \\ (b_{i,j} \circ b_i)(y) & \text{si } j \preccurlyeq i. \end{cases} \tag{A.1.1.1}$$

On remarque que $y\tilde{y}_i^{-1} \in \prod_{j \in I} A_j$, car pour tout $j \in I$,

$$g_j \circ b_j \left(y\tilde{y}_i^{-1}\right) = \begin{cases} c_j(z)\,(g_j \circ b_j)(y)^{-1} & = 1 & \text{si } j \not\preccurlyeq i, \\ c_j(z)\,(g_j \circ b_{i,j} \circ b_i)(y)^{-1} & = c_j(z)\,(c_{i,j} \circ c_i)(z)^{-1} = 1 & \text{si } j \preccurlyeq i. \end{cases}$$

D'après le théorème de Tychonoff $\prod_{j \in I} A_j$ est compact, donc il existe un élément x de $\prod_{j \in I} A_j$ qui adhère à $\left(y\tilde{y}_i^{-1}\right)_{i \in I}$. On pose $\omega := x^{-1}y$ dans $\prod_{i \in I} B_i$. Pour tout $(i_1, i_2) \in I^2$ tel que $i_1 \preccurlyeq i_2$, notons $\mathcal{S}(i_1, i_2)$ l'ensemble des $s \in \prod_{j \in I} B_j$ tels que $b_{i_1}(s) = (b_{i_2, i_1} \circ b_{i_2})(s)$. Il est clair que $\mathcal{S}(i_1, i_2)$ est fermé, car B_{i_1} est séparé. Pour tout $j \in I$ tel que $i_2 \preccurlyeq j$, d'après (A.1.1.1) on a

$$\begin{aligned} b_{i_1}(\tilde{y}_j) &= (b_{j, i_1} \circ b_j)(y) \\ &= (b_{i_2, i_1} \circ b_{j, i_2} \circ b_j)(y) \\ &= b_{i_2, i_1} \circ b_{i_2}(\tilde{y}_j). \end{aligned}$$

Puisque $\mathcal{S}(i_1, i_2)$ est fermé, et que ω adhère à $(\tilde{y}_j)_{j \in I}$, il en résulte que $\omega \in \mathcal{S}(i_1, i_2)$, c'est-à-dire

$$b_{i_1}(\omega) \quad = \quad b_{i_2, i_1}(b_{i_2}(\omega)).$$

Ceci étant valable pour tout $(i_1, i_2) \in I^2$ tel que $i_1 \preccurlyeq i_2$, on en déduit que $\omega \in B$. Pour tout $i \in I$, on a

$$\begin{aligned} c_i(g(\omega)) &= g_i(b_i(\omega)) \\ &= (g_i \circ b_i)\left(yx^{-1}\right), \end{aligned}$$

puis comme $b_i(x) \in \mathrm{Ker}(g_i)$, on a

$$\begin{aligned} c_i(g(\omega)) &= (g_i \circ b_i)(y) \\ &= c_i(z), \end{aligned}$$

ce qui prouve que $g(\omega) = z$. On a alors vérifié la surjectivité de g. $\qquad\square$

Proposition A.1.1.2 *Soient* $(G_i)_{i \in I}$ *une famille de groupes topologiques compacts, et pour tout* $(i, j) \in I^2$ *tel que* $i \preccurlyeq j$, $\pi_{j,i} : G_j \to G_i$ *un morphisme continu de groupes.*

On suppose que pour tout $(i_1, i_2, i_3) \in I^3$, *si* $i_1 \preccurlyeq i_2 \preccurlyeq i_3$ *alors* $\pi_{i_3, i_1} = \pi_{i_2, i_1} \circ \pi_{i_3, i_2}$. *On suppose qu'il existe un entier* $n \in \mathbb{N}^*$ *et que pour tout* $i \in I$ *il existe une famille* $(S_{i,k})_{k=1}^{n}$ *de sous-groupes compacts de* G_i, *de telle sorte que les deux conditions suivantes* *sont satisfaites :*

(i) *Pour tout* $i \in G_i$, *pour tout* $x \in G_i$ *il existe* $(x_k)_{k=1}^n \in \prod_{k=1}^n S_{i,k}$ *tel que* $x = x_1 \cdots x_n$.

(ii) *Pour tout* $(i,j) \in I^2$, *si* $i \preccurlyeq j$ *alors on a* $\pi_{j,i}(S_{j,k}) \subseteq S_{i,k}$ *pour tout* $k \in \{1, ..., n\}$.

On pose $G := \varprojlim_i G_i$ *et pour tout* $k \in \{1, ..., n\}$ *on pose* $S_k := \varprojlim_i S_{i,k}$, *puis on identifie canoniquement* S_k *à un sous-groupe de* G. *Alors pour tout* $x \in G$, *il existe* $(z_k)_{k=1}^n \in \prod_{k=1}^n S_k$ *tel que* $x = z_1 \cdots z_n$.

DÉMONSTRATION. Pour tout $i \in I$, on note $\pi_i : \prod_{j \in I} G_j \to G_i$ le morphisme canonique. On identifie G au sous-groupe de $\prod_{j \in I} G_j$ formé des x tels que pour tous éléments $i \preccurlyeq j$ de I on a $(\pi_{j,i} \circ \pi_j)(x) = \pi_i(x)$. Soit $x \in G$. D'après (i), pour tout $i \in I$, il existe une famille $(x_{i,k})_{k=1}^n \in \prod_{j=1}^n S_{i,j}$ tel que

$$\pi_i(x) = x_{i,1} \cdots x_{i,n}. \tag{A.1.1.2}$$

Pour tout $i \in I$ et tout $k \in \{1, ..., n\}$, soit $y(i,k)$ l'élément de $\prod_{j \in I} S_{j,k}$ tel que pour tout $j \in I$ on a

$$\pi_j(y(i,k)) \quad := \quad \begin{cases} \pi_{i,j}(x_{i,k}) & \text{si} \quad j \preccurlyeq i \\ x_{j,k} & \text{si} \quad j \not\preccurlyeq i \end{cases} \tag{A.1.1.3}$$

D'après le théorème de Tychonoff l'espace $\prod_{j \in I} S_{j,k}$ est compact. Donc pour tout $k \in \{1, ..., n\}$ il existe un élément z_k de $\prod_{j \in I} S_{j,k}$ adhérent à $(y(i,k))_{i \in I}$. Pour tout $k \in \{1, ..., n\}$ et tout $(i_1, i_2) \in I^2$ avec $i_1 \preccurlyeq i_2$, l'ensemble $\mathcal{S}(k, i_1, i_2)$ des éléments s de $\prod_{j \in I} S_{j,k}$ vérifiant $\pi_{i_1}(s) = (\pi_{i_2,i_1} \circ \pi_{i_2})(s)$ est clairement fermé. Pour tout $j \in I$, si $i_2 \preccurlyeq j$ alors $y(j,k) \in \mathcal{S}(k, i_1, i_2)$ d'après (A.1.1.3). Puisque $\mathcal{S}(k, i_1, i_2)$ est fermé, on en déduit que $z_k \in \mathcal{S}(k, i_1, i_2)$, c'est-à-dire

$$\pi_{i_1}(z_k) \quad = \quad (\pi_{i_2,i_1} \circ \pi_{i_2})(z_k).$$

Ceci étant valable pour tout $(i_1, i_2) \in I^2$ tel que $i_1 \preccurlyeq i_2$, on en déduit que $z_k \in S_k$.

Pour tout $i \in I$, soit $\mathcal{S}_i$ l'ensemble des n-uplets $(s_1, ..., s_n)$ où pour tout $k \in \{1, ..., n\}$ $s_k \in \prod_{j \in I} S_{j,k}$, et tels que $\pi_i(s_1 \cdots s_n) = \pi_i(x)$. On remarque que $\mathcal{S}_i$ est fermé. Pour tout $j \in I$ tel que $i \preccurlyeq j$, d'après (A.1.1.3) et (A.1.1.2), et en tenant compte du fait que $x \in G$, on a

$$\begin{aligned}
\pi_i(y(j,1) \cdots y(j,n)) &= \pi_i(y(j,1)) \cdots \pi_i(y(j,n)) \\
&= \pi_{j,i}(x_{j,1}) \cdots \pi_{j,i}(x_{j,n}) \\
&= \pi_{j,i}(x_{j,1} \cdots x_{j,n}) \\
&= (\pi_{j,i} \circ \pi_j)(x) \\
&= \pi_i(x),
\end{aligned}$$

93

donc $(y(j,1), ..., y(j,n)) \in \mathcal{S}_i$. Puisque $\mathcal{S}_i$ est fermé, on en déduit $(z_1, ..., z_n) \in \mathcal{S}_i$, c'est-à-dire

$$\pi_i(z_1 \cdots z_n) = \pi_i(x).$$

Ceci étant valable pour tout $i \in I$, on a $z_1 \cdots z_n = x$. $\qquad\square$

A.1.2 Algèbre large d'un groupe, algèbre d'Iwasawa.

Définition A.1.2.1 *Soient G un groupe et A un anneau commutatif. On appelle algèbre (large) de G sur A l'algèbre notée $A[G]$, telle que :*
- *En tant que A-module, $A[G]$ est librement engendré par les éléments de G.*
- *La multiplication de $A[G]$ est définie par la loi de G. Autrement dit pour $(a_g)_{g \in G}$ et $(b_g)_{g \in G}$ deux familles d'éléments de A, à supports finis, on a*

$$\left(\sum_{g \in G} a_g g \right) \left(\sum_{g \in G} b_g g \right) = \sum_{g \in G} \sum_{h \in G} a_{gh^{-1}} b_h g.$$

Remarque A.1.2.2 *Le lecteur vérifiera aisément que si A est un anneau commutatif topologique, et si G est un groupe fini, $A[G]$, muni de la topologie produit, est une A-algèbre topologique.*

Définition A.1.2.3 *Soient G un groupe profini et A un anneau commutatif topologique. On appelle algèbre d'Iwasawa de G sur A et on note $A[[G]]$ la A-algèbre topologique*

$$A[[G]] := \varprojlim_H A[G/H],$$

où la limite projective est prise sur tous les sous-groupes distingués ouverts H de G.

A.1.3 Modules d'invariants et de co-invariants.

Définition A.1.3.1 *Soient G un groupe profini, H un sous-groupe de G, A un anneau commutatif topologique, et M un $A[[G]]$-module topologique. On appelle module des H-invariants de M, et on note M^H, le sous-A-module[1] de M formé des éléments de M qui sont invariants sous l'action de H.*

Définition A.1.3.2 *Soient G un groupe profini, H un sous-groupe de G, A un anneau commutatif topologique, et M un $A[[G]]$-module topologique. On appelle module des H-co-invariants de M, et on note M_H, le quotient de M par le sous-groupe fermé de M topologiquement engendré par les éléments de la forme $(1-h)\,m$, où $m \in M$ et $h \in H$. Remarquons que M_H est séparé pour la topologie quotient.*

Proposition A.1.3.3 *Soient G un groupe profini, H un sous-groupe fermé de G, A un anneau commutatif topologique, $M \to N$ et $N \to P$ deux morphismes continus entre des $A[[G]]$-modules topologiques. On suppose que H admet un générateur topologique, et que la suite suivante est exacte,*

$$0 \longrightarrow M \longrightarrow N \longrightarrow P \longrightarrow 0.$$

Alors on a une suite exacte

$$0 \longrightarrow M^H \longrightarrow N^H \longrightarrow P^H \longrightarrow M_H \longrightarrow N_H \longrightarrow P_H \longrightarrow 0.$$

---

1. Le lecteur remarquera que si M est séparé alors M^H est fermé.

DÉMONSTRATION. Soit γ un générateur topologique de H. Il suffit d'appliquer le lemme du serpent au diagramme commutatif ci-dessous,

$$
\begin{array}{ccccccccc}
0 & \longrightarrow & M & \longrightarrow & N & \longrightarrow & P & \longrightarrow & 0 \\
 & & \downarrow & & \downarrow & & \downarrow & & \\
0 & \longrightarrow & M & \longrightarrow & N & \longrightarrow & P & \longrightarrow & 0,
\end{array}
$$

où les flèches verticales sont induites par la multiplication par $1 - \gamma$. $\qquad\square$

Proposition A.1.3.4 *Soient L une extension algébrique finie de $\mathbb{Q}_p$, et $\mathcal{O}_L$ la fermeture intégrale de $\mathbb{Z}_p$ dans L. Soient Γ un groupe topologique isomorphe à $\mathbb{Z}_p$, M un $\mathcal{O}_L\,[[\Gamma]]$-module de type fini et de torsion. Alors M_H est fini si et seulement M^H est fini.*

DÉMONSTRATION. C'est classique. Nous référons le lecteur à [43, Lemme 4, p. 12]. $\qquad\square$

A.1.4 Action par conjugaison d'un groupe quotient.

Dans cette sous-section, on considère une suite exacte de groupes,

$$
0 \longrightarrow A \longrightarrow G \longrightarrow H \longrightarrow 0,
$$

où A est un groupe abélien. On identifie A à un sous-groupe de G, et H à G/A.

Proposition A.1.4.1 *Pour tout $h \in H$ et tout $a \in A$, on pose $a^h := \tilde{h}a\tilde{h}^{-1}$, où $\tilde{h} \in G$ est un antécédent de h. Alors a^h ne dépend pas du choix de $\tilde{h}$. On a ainsi défini une action à gauche de H sur A, qui fait de A un $\mathbb{Z}\,[H]$-module.*

Supposons en outre que G et H sont profinis, et que A est un pro-p-groupe où p est un nombre premier. Alors A est un $\mathbb{Z}_p\,[H]$-module.

DÉMONSTRATION. Soient $h \in H$, $\tilde{h} \in G$ et $\bar{h} \in G$ deux antécédents de h. On a $\tilde{h}a\tilde{h}^{-1} \in A$ car A est distingué. On a $\bar{h}^{-1}\tilde{h} \in A$, donc pour tout $a \in A$ on a $\bar{h}^{-1}\tilde{h}a\tilde{h}^{-1}\bar{h} = a$, ce qui équivaut à $\tilde{h}a\tilde{h}^{-1} = \bar{h}a\bar{h}^{-1}$. Ceci montre que l'action à gauche de H sur A est bien définie. Il est clair que A est alors un $\mathbb{Z}\,[H]$-module.

Supposons que A est un pro-p-groupe (A est alors naturellement muni d'une structure de $\mathbb{Z}_p$-module topologique). Soient $\alpha \in \mathbb{Z}_p$, $a \in A$, et $h \in H$. Il s'agit de vérifier que $(a^\alpha)^h = (a^h)^\alpha$. Rappelons que la topologie de A est induite par celle de G, une base des voisinages de 1 dans A est donc formée de l'ensemble des sous-groupes de la forme $A \cap O$, avec $O \in \mathcal{O}$, où $\mathcal{O}$ est l'ensemble des sous-groupes distingués ouverts de G. Donc un élément de A est déterminé de façon unique par l'ensemble de ses images dans les quotients de A de la forme $A/(A \cap O)$, où $O \in \mathcal{O}$. On se contente de vérifier que l'image de $(a^\alpha)^h$ coïncide avec l'image de $(a^h)^\alpha$ dans un quotient $A' := A/(A \cap O)$, où $O \in \mathcal{O}$. Soit $n \in \mathbb{N}$ tel que p^n annule A'. Pour tout $b \in A$ on note b' l'image de b dans A'. On fixe $\tilde{h}$ un antécédent de h dans G, et on note h' l'image dans G/O de $\tilde{h}$. Soit $\alpha' \in \mathbb{Z}$ tel que $\alpha' \equiv \alpha \bmod p^n$. Alors

$$
\left((a^\alpha)^h\right)' = h'\,(a')^{\alpha'}\,(h')^{-1} = \left(h'a'\,(h')^{-1}\right)^{\alpha'} = ((a^h)^\alpha)',
$$

ce qui achève la preuve de la proposition. $\qquad\square$

Définition A.1.4.2 *Pour tous sous-groupes U et V d'un groupe profini $\mathcal{G}$, on note $[U,V]$ le sous-groupe fermé de $\mathcal{G}$ topologiquement engendré par les commutateurs $uvu^{-1}v^{-1}$, où $(u,v) \in U \times V$. (Il est aisé de vérifier que si U et V sont distingués alors $[U,V]$ est distingué.)*

Lemme A.1.4.3 *Supposons que G et H sont profinis, et que A est un pro-p-groupe où p est un nombre premier. Pour tout sous-groupe distingué ouvert U de H, notons A_U le $\mathbb{Z}_p[H/U]$-module des U-co-invariants de A, et notons $\tilde{U}$ l'image réciproque de U par la projection $G \to H$. Alors les propriétés suivantes sont vérifiées :*

(a) *Pour tout sous-groupe ouvert U de H, le noyau de la projection canonique $A \to A_U$ est $\left[A, \tilde{U}\right]$.*

(b) *On a $\bigcap_U \left[A, \tilde{U}\right] = \{1\}$ et $A = \varprojlim_U A_U$, l'intersection et la limite projective étant sur tous les sous-groupes distingués ouverts U de H.*

DÉMONSTRATION. La propriété (a) est une conséquence immédiate de la définition du module des U-co-invariants et de la définition de l'action de H sur A. D'après [15, Proposition 2.2.2, p. 30], on sait qu'il existe une section continue $s : H \to G$ de la projection canonique $G \to H$.[2] Pour $a \in A$ et $h \in H$, on a $a^{1-h} = as(h)^{-1}a^{-1}s(h)$, ce qui montre que l'application

$$A \times H \to A, \ (a,h) \mapsto a^{1-h}$$

est continue. Soit V un voisinage fermé de 1 dans A. Pour tout $a \in A$, il existe un voisinage ouvert O_a de a dans A et un sous-groupe distingué ouvert U_a de H, tels que pour tout $b \in O_a$ et tout $u \in U_a$, on a $b^{1-u} \in V$. Par compacité de A, il existe une partie finie $\mathcal{X}$ de A telle que $A = \bigcup_{x \in \mathcal{X}} O_x$. On pose $U := \bigcap_{x \in \mathcal{X}} U_x$. Alors pour tout $a \in A$ et tout $u \in U$, on a $a^{1-u} \in V$. Autrement dit $\left[A, \tilde{U}\right] \subseteq V$, car V est fermé. Ceci étant valable pour tout voisinage fermé V de 1 dans A, on a $\bigcap_U \left[A, \tilde{U}\right] = \{1\}$, l'intersection étant sur tous les sous-groupes distingués ouverts U de H. L'image de A dans $\varprojlim_U A_U$ est dense, et le noyau de $A \to \varprojlim_U A_U$ est $\bigcap_U \left[A, \tilde{U}\right] = \{1\}$. Or A et $\varprojlim_U A_U$ sont compacts, donc $A = \varprojlim_U A_U$. $\square$

Corollaire A.1.4.4 *Supposons que G et H sont profinis, et que A est un pro-p-groupe où p est un nombre premier. Il existe une unique structure de $\mathbb{Z}_p[[H]]$-module topologique sur A, qui induit sa structure de $\mathbb{Z}_p[H]$-module.*

DÉMONSTRATION. Soit U un ouvert distingué de H. Le $\mathbb{Z}_p$-module topologique A_U est naturellement muni d'une structure de $\mathbb{Z}_p[H/U]$-module. Vérifions que

$$\mathbb{Z}_p[H/U] \times A_U \to A_U, \ (\alpha, a) \mapsto a^\alpha$$

est continue. Soient $(\alpha, a) \in \mathbb{Z}_p[H/U] \times A_U$, et O un sous-groupe ouvert de A_U. Soit $O' := \bigcap_{\sigma \in H/U} O^\sigma$, où $O^\sigma = \{x^\sigma; x \in O\}$. Par construction, O' est un sous-$\mathbb{Z}_p[H/U]$-module

---

2. Insistons sur le fait que s est seulement une section dans la catégorie des espaces topologiques, et donc n'est pas toujours un morphisme de groupes.

de O, ouvert dans A car H/U est fini. Soit $n \in \mathbb{N}$ tel que p^n annule A_U/O. Pour tout $\beta \in \mathbb{Z}_p[H/U]$, tel que $(\alpha - \beta) \in p^n\mathbb{Z}_p[H/U]$, et pour tout $b \in O'$, on a $(ab)^\beta \equiv a^\alpha$ modulo O. On a alors vérifié que A_U est un $\mathbb{Z}_p[H/U]$-module topologique. Puisque $\mathbb{Z}_p[H/U]$ est un quotient (algébrique et topologique) de $\mathbb{Z}_p[[H]]$, A_U est naturellement muni d'une structure de $\mathbb{Z}_p[[H]]$-module topologique. Du lemme A.1.4.3, (b), on déduit que A est naturellement muni d'une structure de $\mathbb{Z}_p[[H]]$-module topologique. Il est immédiat de vérifier qu'elle induit sa structure de $\mathbb{Z}_p[H]$-module auparavant définie. L'unicité de la structure de $\mathbb{Z}_p[[H]]$-module topologique est claire puisque $\mathbb{Z}_p[H]$ est dense dans $\mathbb{Z}_p[[H]]$.
$\square$

Lemme A.1.4.5 *Supposons que A, G et H sont profinis. Alors*

$$\bigcap_U [U, U] = \{1\},$$

où l'intersection est sur tous les sous-groupes distingués ouverts U de G contenant A.

DÉMONSTRATION. Soit V un sous-groupe distingué ouvert de G. Alors l'ensemble $U := \{av; (a, v) \in A \times V\}$ est un sous-groupe distingué ouvert de G contenant A. Soient $(a, b) \in A^2$ et $(u, v) \in V^2$. Il existe $(u', v') \in V^2$ tel que $ub = bu'$ et $va = av'$ (car V est distingué). Alors

$$
\begin{aligned}
(au)(bv)(au)^{-1}(bv)^{-1} &= aubvu^{-1}a^{-1}v^{-1}b^{-1} \\
&= abu'vu^{-1}(v')^{-1}a^{-1}b^{-1},
\end{aligned}
$$

ce qui prouve $(au)(bv)(au)^{-1}(bv)^{-1} \in V$, car $V = abVa^{-1}b^{-1}$. Puisque V est fermé, on en déduit $[U, U] \subseteq V$. Le choix du sous-groupe distingué ouvert V de G étant arbitraire, on en déduit

$$\bigcap_U [U, U] = \{1\},$$

où l'intersection est sur tous les sous-groupes distingués ouverts U de G contenant A. $\square$

Proposition A.1.4.6 *Soient L/k une extension galoisienne de corps commutatifs. Soit $K \subseteq L$ une extension galoisienne de k, telle que $\mathrm{Gal}(L/K)$ est un pro-p-groupe abélien. Alors $\mathrm{Gal}(L/K)$ est naturellement muni d'une structure de $\mathbb{Z}_p[[\mathrm{Gal}(K/k)]]$-module topologique, $\mathrm{Gal}(K/k)$ agissant par conjugaison sur $\mathrm{Gal}(L/K)$.*

En outre, L est la réunion des fermetures abéliennes $\tilde{k}'$ dans L des extensions galoisiennes de degrés finis $k' \subseteq K$ de k.

DÉMONSTRATION. On applique les résultats précédents à $A := \mathrm{Gal}(L/K)$, $G := \mathrm{Gal}(L/k)$, et $H := \mathrm{Gal}(K/k)$. La dernière assertion résulte du lemme A.1.4.5 (puisqu'il est aisé de vérifier que pour toute extension galoisienne de degré fini $k' \subseteq K$ de k, $\mathrm{Gal}\left(L/\tilde{k}'\right) = [\mathrm{Gal}(L/k'), \mathrm{Gal}(L/k')]$). $\square$

Proposition A.1.4.7 *Soient L/k une extension galoisienne de corps commutatifs. Soit $K \subseteq L$ une extension galoisienne de k, telle que $\mathrm{Gal}(L/K)$ est un pro-p-groupe abélien. Pour tout sous-corps $K' \subseteq L$, les propriétés suivantes sont équivalentes :*

– (i) K' est galoisien sur k.
– (ii) $\mathrm{Gal}\,(L/K')$ est un sous-$\mathbb{Z}_p\,[[\mathrm{Gal}\,(K/k)]]$-module de $\mathrm{Gal}\,(L/K)$.

DÉMONSTRATION. Supposons que (i) est vérifiée. On remarque aussitôt que pour tout $\sigma \in \mathrm{Gal}\,(L/K')$, pour tout prolongement $\tilde{g} \in \mathrm{Gal}\,(L/k)$ de tout $g \in \mathrm{Gal}\,(K/k)$, et tout $x \in K'$, on a
$$\sigma^g(x) = \tilde{g}\left(\sigma\left(\tilde{g}^{-1}(x)\right)\right) = \tilde{g}\left(\tilde{g}^{-1}(x)\right) = x,$$
car $\tilde{g}^{-1}(x) \in K'$. Donc $\mathrm{Gal}\,(L/K')$ est un sous-$\mathbb{Z}_p\,[\mathrm{Gal}\,(K/k)]$-module de $\mathrm{Gal}\,(L/K)$. Or $\mathrm{Gal}\,(L/K')$ est fermé, donc on en déduit (ii), par densité de $\mathbb{Z}_p\,[\mathrm{Gal}\,(K/k)]$ dans $\mathbb{Z}_p\,[[\mathrm{Gal}\,(K/k)]]$.

Réciproquement, supposons que (ii) est vérifiée. L'extension L/k étant galoisienne, il suffit de prouver que K' est stable sous l'action de $\mathrm{Gal}\,(L/k)$. Soient $\tilde{g} \in \mathrm{Gal}\,(L/k)$, et $g \in \mathrm{Gal}\,(K/k)$ la restriction de $\tilde{g}$ à K. Pour tout $x \in K'$, et tout $\sigma \in \mathrm{Gal}\,(L/K')$, on a $\sigma^{g^{-1}}(x) = x$, c'est-à-dire
$$\sigma\left(\tilde{g}(x)\right) = \tilde{g}(x).$$
Ceci étant valable pour tout $\sigma \in \mathrm{Gal}\,(L/K')$ et tout $x \in K'$, K' est stable sous l'action de $\tilde{g}$. On a alors vérifié (i). □

Lemme A.1.4.8 *Supposons que G et H sont profinis, et que A est un pro-p-groupe où p est un nombre premier. Soit U un sous-groupe distingué fermé de H, admettant un générateur topologique. Alors*
$$\left[\tilde{U},\tilde{U}\right] = \left[A,\tilde{U}\right],$$
où $\tilde{U}$ est l'image réciproque de U par $G \to H$.

DÉMONSTRATION. Il suffit de prouver $\left[\tilde{U},\tilde{U}\right] \subseteq \left[A,\tilde{U}\right]$, car l'inclusion inverse est trivialement vérifiée. Soit u un générateur topologique de U, et $\tilde{u}$ un antécédent quelconque de u dans G. Le sous-groupe de G engendré par les commutateurs $(a\tilde{u}^\alpha)\,(b\tilde{u}^\beta)\,(a\tilde{u}^\alpha)^{-1}\,(b\tilde{u}^\beta)^{-1}$, où $(a,b) \in A^2$ et $(\alpha,\beta) \in \mathbb{Z}^2$ est dense dans $\left[\tilde{U},\tilde{U}\right]$. Il suffit donc de montrer qu'un tel commutateur appartient à $\left[A,\tilde{U}\right]$. On a
$$
\begin{aligned}
(a\tilde{u}^\alpha)\,(b\tilde{u}^\beta)\,(a\tilde{u}^\alpha)^{-1}\,(b\tilde{u}^\beta)^{-1} &= a\tilde{u}^\alpha b\tilde{u}^\beta \tilde{u}^{-\alpha} a^{-1}\tilde{u}^{-\beta}b^{-1}\\
&= ab^{u^\alpha}\tilde{u}^\beta a^{-1}\tilde{u}^{-\beta}b^{-1}\\
&= ab^{u^\alpha}a^{-u^\beta}b^{-1}\\
&= a^{1-u^\beta}b^{u^\alpha-1},
\end{aligned}
$$
ce qui prouve le lemme. □

Corollaire A.1.4.9 *Soient L/k une extension galoisienne de corps commutatifs. Soit $K \subseteq L$ une extension galoisienne de k, telle que $\mathrm{Gal}\,(L/K)$ est un pro-p-groupe abélien. Soit $k' \subseteq K$ une extension galoisienne de k, telle que $U := \mathrm{Gal}\,(K/k')$ admet un générateur topologique. Alors on a la suite exacte suivante,*
$$0 \longrightarrow \mathrm{Gal}\left(L/\tilde{k}'\right) \longrightarrow \mathrm{Gal}\,(L/K) \longrightarrow \mathrm{Gal}\,(L/K)_U \longrightarrow 0,$$
où $\tilde{k}'$ est la fermeture abélienne de k' dans L. Autrement dit $\mathrm{Gal}\,(L/K)_U \simeq \mathrm{Gal}\left(\tilde{k}'/K\right)$.

DÉMONSTRATION. Il suffit d'appliquer le lemme A.1.4.8 à $G := \mathrm{Gal}\,(L/k)$, $A := \mathrm{Gal}\,(L/K)$, $H := \mathrm{Gal}\,(K/k)$, et $U := \mathrm{Gal}\,(K/k')$, en tenant compte du lemme A.1.4.3, (a). $\qquad\square$

A.1.5 Décomposition de certains groupes profinis abéliens.

On rappelle que tout groupe abélien profini est le produit direct de ses q-sous-groupes de Sylow (qui sont des pro-q-groupes), où q décrit l'ensemble des nombres premiers. On réfère le lecteur à [45, Proposition 2.3.8].

Lemme A.1.5.1 *Soient $\mathcal{G}$ un groupe abélien profini et G un sous-groupe fermé de $\mathcal{G}$ tels que $\mathcal{G}/G \simeq \mathbb{Z}_p$. Alors $\mathcal{G} \simeq G \times \mathbb{Z}_p$.*

DÉMONSTRATION. Pour tout nombre premier q, on note $\mathcal{G}_q$ le q-sous-groupe de Sylow de $\mathcal{G}$ et $\pi_q : \mathcal{G}_q \to \mathcal{G}/G$ la restriction de la projection $\pi : \mathcal{G} \to \mathcal{G}/G$. Puisque $\mathcal{G}/G \simeq \mathbb{Z}_p$, on a $\mathrm{Im}\,(\pi_q) = \{1\}$ pour tout nombre premier $q \neq p$. On en déduit que π_p est un morphisme surjectif de $\mathbb{Z}_p$-modules. Or $\mathcal{G}/G$ est un $\mathbb{Z}_p$-module libre, donc il existe une section[3] $s : \mathcal{G}/G \to \mathcal{G}_p$. Pour tout $g \in \mathcal{G}$, on pose $\sigma(g) := g\,(s \circ \pi(g))^{-1}$. On remarque que $\sigma(g) \in G$. Puisque $\mathcal{G}$ est abélien, il est immédiat de vérifier que $\sigma : \mathcal{G} \to G$, $g \mapsto \sigma(g)$ est un morphisme de groupes. Il est clair que

$$\mathcal{G} \longrightarrow G \times (\mathcal{G}/G)\,, \qquad g \longmapsto (\sigma(g), \pi(g))$$

est un isomorphisme, ce qui permet de conclure compte tenu que $\mathcal{G}/G \simeq \mathbb{Z}_p$. $\qquad\square$

Lemme A.1.5.2 *Soient G un groupe abélien fini, Γ un groupe topologique isomorphe à $\mathbb{Z}_p$, et $\tilde{\Gamma}$ un sous-groupe topologique de $G \times \Gamma$, isomorphe à $\mathbb{Z}_p$. Soit $n \in \mathbb{N}$ tel que p^n annule le p-sous-groupe de Sylow de G. Alors $\tilde{\Gamma}^{p^n} \subseteq \Gamma$, et il existe $r \in \mathbb{N}$ tel que $\Gamma^{p^r} \subseteq \tilde{\Gamma}$.*

DÉMONSTRATION. Soient γ un générateur topologique de Γ et $\tilde{\gamma}$ un générateur topologique de $\tilde{\Gamma}$. Soit $m \in \mathbb{N}^*$, premier à p, tel que m annule tous les q-sous-groupes de Sylow de G, pour tout nombre premier $q \neq p$. Puisque $\{1\} \times \Gamma$ est un sous-groupe fermé de $G \times \Gamma$, et puisque $\tilde{\gamma}^m$ est un générateur topologique de $\tilde{\Gamma}$, il suffit de montrer que $\tilde{\gamma}^{mp^n} \in \{1\} \times \Gamma$. Il existe un unique $g \in G$ et un unique $\alpha \in \mathbb{Z}_p$ tel que $\tilde{\gamma} = (g, \gamma^\alpha)$. On a $\tilde{\gamma}^{mp^n} = \left(1, \gamma^{mp^n \alpha}\right)$, car mp^n annule G. L'existence de r est alors triviale. $\qquad\square$

Lemme A.1.5.3 *Soient G un groupe abélien fini, Γ un groupe topologique isomorphe à $\mathbb{Z}_p$, et $\tilde{\Gamma}$ un sous-groupe topologique de $G \times \Gamma$, isomorphe à $\mathbb{Z}_p$. On suppose que $G \times \{1\}$ et $\tilde{\Gamma}$ engendrent $G \times \Gamma$. Soit $n \in \mathbb{N}$ tel que p^n annule le p-sous-groupe de Sylow de G. Alors $\tilde{\Gamma}^{p^n} = \{1\} \times \Gamma^{p^n}$.*

DÉMONSTRATION. Soient γ un générateur topologique de Γ et $\tilde{\gamma}$ un générateur topologique de $\tilde{\Gamma}$. Il existe un unique $g \in G$ et un unique $\alpha \in \mathbb{Z}_p$ tels que $\tilde{\gamma} = (g, \gamma^\alpha)$. D'après le lemme A.1.5.2, on a $\tilde{\gamma}^{p^n} \in \{1\} \times \Gamma$, donc $g^{p^n} = 1$ et $\tilde{\Gamma}^{p^n} = \{1\} \times \Gamma^{\alpha p^n}$. Il ne reste qu'à prouver que α est inversible dans $\mathbb{Z}_p$. Soit $\pi : G \times \Gamma \to \Gamma$ la projection canonique. Puisque $G \times \{1\}$ et $\tilde{\Gamma}$ engendrent $G \times \Gamma$, $\pi\left(\tilde{\Gamma}\right) = \Gamma$. Or on a $\pi\left(\tilde{\Gamma}\right) = \Gamma^\alpha$, et on en déduit $\alpha \in \mathbb{Z}_p^\times$. $\square$

---

3. Il s'agit ici d'une section dans la catégorie des $\mathbb{Z}_p$-modules.

A.2 Caractères.

A.2.1 Rappels élémentaires.

Dans cette sous-section, K désigne un corps commutatif de caractéristique nulle, et G désigne un groupe fini. Les résultats de cette sous-section sont très classiques. Nous ne rappelons pas leurs démonstrations et référons le lecteur à [32, Chapitre 18].

Définition A.2.1.1 *On appelle K-caractère (effectif) de G toute application $\chi : G \to K$ telle qu'il existe $n \in \mathbb{N}^*$ et un morphisme de groupes $\rho : G \to \mathrm{GL}_n(K)$ vérifiant*

$$\chi(g) = \mathrm{tr}\,(\rho(g)) \quad pour\ tout \quad g \in G,$$

où $\mathrm{tr}\,(\rho(g))$ est la trace de $\rho(g)$.

Remarque A.2.1.2 *Sous les conditions de la définition précédente, le groupe G agit sur K^n via ρ, ce qui nous permet de voir K^n comme un $K[G]$-module M_ρ. En fait M_ρ est entièrement déterminé, à isomorphisme près, par χ. Le $K[G]$-module M_ρ est alors appelé l'espace de représentation attaché à χ. En particulier l'entier n est déterminé de façon unique par χ, et appelé la dimension de χ.*

Définition A.2.1.3 *Un K-caractère χ de G est dit irréductible lorsque l'espace de repésentation M attaché à χ vérifie les deux conditions suivantes :*
  – $M \neq 0$.
  – Pour tout sous-$K[G]$-modules S et T de M, si $M = S \oplus T$ alors $S = 0$ ou $T = 0$.

Théorème A.2.1.4 *Soient Ξ l'ensemble des K-caractères irréductibles de G, et $\chi : G \to K$ une application. Les conditions suivantes sont équivalentes :*
  – χ est un K-caractère de G.
  – Il existe une famille $(n_\xi)_{\xi \in \Xi} \in \mathbb{N}^\Xi$ telle que $\chi = \sum_{\xi \in \Xi} n_\xi \xi$, somme qui est bien définie car Ξ est fini.
En outre lorsque ces conditions sont vérifiées, la famille $(n_\xi)_{\xi \in \Xi} \in \mathbb{N}^\Xi$ est unique, et pour tout $\xi \in \Xi$, n_ξ est appelé la multiplicité de χ en ξ.

Théorème A.2.1.5 *On suppose que G est abélien et que K contient toutes les racines $(\#G)$-ièmes de l'unité. Une application $\chi : G \to K$ est un K-caractère irréductible de G si et seulement si $\mathrm{Im}(\chi) \subset K^\times$ et $\chi : G \to K^\times$ est un morphisme de groupes.*

Proposition et définition A.2.1.6 *Soient K' un sur-corps de K et χ un K'-caractère irréductible de G. Il existe un unique K-caractère irréductible ψ de G tel que la multiplicité de ψ (vu comme K'-caractère) en χ est non nulle. On dit alors que χ est au-dessus de ψ, ou que ψ est en-dessous de χ, et on note $\chi|\psi$.*

Définition A.2.1.7 *Soient K' un sur-corps commutatif de K, χ_1 et χ_2 deux K'-caractères irréductibles de G, et pour tout $i \in \{1,2\}$ ψ_i l'unique K-caractère irréductible de G en-dessous de χ_i. On dit que χ_1 et χ_2 sont K-conjugués lorsque $\psi_1 = \psi_2$.*
  Remarquons que ψ_i est la somme des K'-caractères irréductibles de G qui sont K-conjugués à χ_i.

Théorème A.2.1.8 *On suppose G abélien. Pour tout K-caractère irréductible χ de G, on pose $e_\chi := (\#G)^{-1} \sum_{\sigma \in G} \chi(\sigma)\sigma^{-1}$. Alors $K[G]$ est le produit de ses sous $K[G]$-algèbres $K[G]e_\chi$, où χ décrit l'ensemble des K-caractères irréductibles de G. De plus pour un tel caractère χ, $K[G]e_\chi$ vérifie les conditions suivantes :*
  – $K[G]e_\chi$ est un espace de représentation attaché à χ.
  – $K[G]e_\chi$ est un $K[G]$-module simple.
  – $K[G]e_\chi$ est un corps commutatif.

Proposition A.2.1.9 *On suppose G abélien. Soient L un sur-corps commutatif de K contenant toutes les racines $(\#G)$-ièmes de l'unité, χ_1 et χ_2 deux L-caractères irréductibles de G. Si χ_1 et χ_2 sont K-conjugués, alors $\operatorname{Ker}(\chi_1) = \operatorname{Ker}(\chi_2)$.*

A.2.2 χ-composantes, χ-quotients.

Dans cette sous-section, on fixe un groupe abélien fini G d'ordre g, et A un anneau commutatif intègre de caractéristique nulle. On note K le corps des fractions de A, et on considère un $A[G]$-module M. On note aussi $\mathcal{X}$ l'ensemble des K-caractères irréductibles de G.

Définition A.2.2.1 *On suppose ici que g est inversible dans A. Pour tout K-caractère irréductible χ de G on appelle χ-partie ou χ-composante de M le $A[G]$-module*

$$M_\chi := e_\chi M,$$

où e_χ est l'idempotent de $A[G]$ attaché à χ.

Remarque A.2.2.2 *Rappelons que sous les conditions de la définition précédente, la A-algèbre $A[G]$ est le produit des A-algèbres $A[G]e_\chi$, où $\chi \in \mathcal{X}$. En particulier, on a*

$$M = \bigoplus_\chi M_\chi,$$

où la somme est sur tous les $\chi \in \mathcal{X}$.
  Il en résulte que pour tout $\chi \in \mathcal{X}$, $A[G]e_\chi$ est $A[G]$-plat et l'endofoncteur de la catégorie des $A[G]$-modules qui à un morphisme de $A[G]$-modules $f : M \to N$ associe la restriction de f à M_χ et N_χ est exact.

Définition A.2.2.3 *Soient L un sur-corps commutatif de K, et χ un L-caractère de G de dimension 1. Soit $K(\chi)$ le sous-corps de L engendré par K et les valeurs de χ, et soit $A(\chi)$ la fermeture intégrale de A dans $K(\chi)$. On remarque que G agit sur les $A(\chi)$-modules $K(\chi)$ et $A(\chi)$ si on pose*

$$x^\sigma := \chi(\sigma)x \quad \text{pour tout} \quad (x,\sigma) \in L \times G.$$

On appelle alors χ-quotient de M le $A(\chi)[G]$-module

$$M_\chi := A(\chi) \otimes_{A[G]} M.$$

D'après la proposition A.2.2.5 ci-dessous, il n'y a pas de conflit de notations (le χ-quotient coïncide avec la χ-partie auparavant définie lorsque g est inversible dans A).

Remarque A.2.2.4 *Il résulte des propriétés générales des produits tensoriels que l'endofoncteur de la catégorie des $A[G]$-modules, qui à un morphisme $f : M \to N$ de $A[G]$-modules associe*

$$A(\chi) \otimes_{A[G]} f : M_\chi \to N_\chi, a \otimes m \mapsto a \otimes f(m),$$

est exact à droite. Il conserve les conoyaux ainsi que les limites inductives.

Proposition A.2.2.5 *Soient L un sur-corps commutatif de K, et χ un L-caractère de G de dimension 1. Soit $K(\chi)$ le sous-corps de L engendré par K et les valeurs de χ, et soit $A(\chi)$ la fermeture intégrale de A dans $K(\chi)$. Soit ψ le K-caractère irréductible de G tel que $\chi|\psi$. Il existe un unique morphisme*

$$\iota : A(\chi) \otimes_{A[G]} M \to M$$

tel que pour tout $\sigma \in G$ et tout $m \in M$, $\iota\left(\chi(\sigma) \otimes m\right) = ge_\psi \sigma m$.

En particulier si g est inversible dans A, $v : A(\chi) \otimes_{A[G]} M \to e_\psi M$, $x \mapsto g^{-1}\iota(x)$ est un isomorphisme tel que pour tout $\sigma \in G$ et tout $m \in M$, $v\left(\chi(\sigma) \otimes m\right) = e_\psi \sigma m$.

DÉMONSTRATION. On considère le morphisme surjectif de $K[G]$-modules

$$\tilde{\chi} : K[G] \to K(\chi), \sum_{\sigma \in G} x_\sigma \sigma \mapsto \sum_{\sigma \in G} x_\sigma \chi(\sigma),$$

obtenu à partir de χ par K-linéarité. Pour tout K-caractère irréductible φ, si $\chi \nmid \varphi$ alors

$$\tilde{\chi}(e_\varphi) = g^{-1} \sum_{\sigma \in G} \varphi(\sigma)\chi\left(\sigma^{-1}\right) = 0.$$

Le morphisme $\tilde{\chi}$ se restreint donc en une surjection de $K[G]e_\psi$ vers $K(\chi)$. Or $K[G]e_\psi$ est un $K[G]$-module simple (théorème A.2.1.8), donc $\tilde{\chi}$ induit un isomorphisme de $K[G]$-modules $K[G]e_\psi \simeq K(\chi)$. Notons $\hat{\chi}$ l'isomorphisme réciproque. Écrivant e_ψ comme la somme des e_ξ, où ξ décrit la classe de K-conjugaison de χ, on voit que $\hat{\chi}(1) = e_\psi$. On peut alors définir

$$f : A(\chi) \to A[G], \quad x \mapsto g\hat{\chi}(x).$$

Puisque $\hat{\chi}\left(\chi(\sigma)\right) = \sigma e_\psi$ pour tout $\sigma \in G$, il est clair que le morphisme ι de l'énoncé est celui ci-dessous,

$$f \otimes_{A[G]} \mathrm{Id}_M : A(\chi) \otimes_{A[G]} M \to A[G] \otimes_{A[G]} M, \quad x \otimes m \mapsto f(x) \otimes_{A[G]} m,$$

si on identifie M à $A[G] \otimes_{A[G]} M$. $\qquad\square$

Lemme A.2.2.6 *Soient L un sur-corps commutatif algébriquement clos de K, et ψ un K-caractère irréductible de G. On pose $\mathrm{Ker}(\psi) := \mathrm{Ker}(\varphi)$, où φ est un L-caractère irréductible de G au-dessus de ψ. Remarquons que $\mathrm{Ker}(\psi)$ ne dépend pas du choix de φ d'après la proposition A.2.1.9.*

Notons $\mathcal{Q}_\psi$ l'ensemble des L-caractères irréductibles χ de G tels que $\mathrm{Ker}(\chi)$ contient strictement $\mathrm{Ker}(\psi)$. Pour tout $I \subseteq \mathcal{Q}_\psi$, on note Ξ_I l'ensemble des L-caractères ξ de G tels que $\mathrm{Ker}(\psi) \subseteq \mathrm{Ker}(\xi)$ et $\mathrm{Ker}(\chi) \subseteq \mathrm{Ker}(\xi)$ pour tout $\chi \in I$.

Soit $\mathcal{A}$ un groupe commutatif (noté multiplicativement), et $(a_\chi)_{\chi \in \Xi} \in \mathcal{A}^\Xi$ une famille quelconque. Alors on a

$$\prod_{\chi|\psi} a_\chi = \prod_{I \subseteq \mathcal{Q}_\psi} \left(\prod_{\chi \in \Xi_I} a_\chi\right)^{(-1)^{\#I}}.$$

DÉMONSTRATION. On pose $\Xi := \underset{I \subseteq \mathcal{Q}_\psi}{\cup} \Xi_I = \Xi_\varnothing$. On a

$$\prod_{I \subseteq \mathcal{Q}_\psi} \left(\prod_{\chi \in \Xi_I} a_\chi \right)^{(-1)^{\#I}} = \prod_{\chi \in \Xi} \prod_{\substack{I \subseteq \mathcal{Q}_\psi \\ \chi \in \Xi_I}} a_\chi^{(-1)^{\#I}}.$$

Pour $\chi \in \Xi$, soit I_χ l'ensemble des $\xi \in \Xi$ tels que $\mathrm{Ker}(\psi) \subsetneq \mathrm{Ker}(\xi) \subseteq \mathrm{Ker}(\chi)$. Alors l'ensemble des $I \subseteq \mathcal{Q}_\psi$ tels que $\chi \in \Xi_I$ coïncide avec l'ensemble des parties de I_χ. Donc

$$\begin{aligned}
\prod_{I \subseteq \mathcal{Q}_\psi} \left(\prod_{\chi \in \Xi_I} a_\chi \right)^{(-1)^{\#I}} &= \prod_{\chi \in \Xi} a_\chi^{\sum_{I \subseteq I_\chi} (-1)^{\#I}} \\
&= \prod_{\chi \in \Xi} a_\chi^{\sum_{i=0}^{\#I_\chi} \mathbf{C}_{\#I}^i (-1)^i},
\end{aligned} \tag{A.2.2.1}$$

où pour tout $(i,j) \in \mathbb{N}^2$, $\mathbf{C}_j^i := \dfrac{j!}{i!(j-i)!}$. Si $I_\chi \neq \varnothing$, alors $\displaystyle\sum_{i=0}^{\#I_\chi} \mathbf{C}_{\#I}^i (-1)^i = 0$. D'autre part, $I_\chi = \varnothing$ si et seulement si $\chi|\psi$, donc le lemme résulte de (A.2.2.1). $\qquad\square$

A.2.3   Caractère cyclotomique, caractère de Teichmuller.

Dans cette sous-section, k désigne un corps commutatif quelconque, et k^{sep} une clôture séparable de k. On considère une extension abélienne $K \subseteq k^{\mathrm{sep}}$ de k, de degré fini. On fixe un nombre premier $p \neq \rho$, où ρ est la caractéristique de k.

Définition A.2.3.1 *On appelle caractère cyclotomique l'unique morphisme de groupes*

$$\varepsilon_{\mathrm{cyc}} : \mathrm{Gal}\,(k^{\mathrm{sep}}/k) \longrightarrow \mathbb{Z}_p^\times$$

tel que pour tout $\sigma \in \mathrm{Gal}\,(k^{\mathrm{sep}}/k)$ et tout $\zeta \in \mu_{p^\infty}$, on a $\zeta^\sigma = \zeta^{\varepsilon_{\mathrm{cyc}}(\sigma)}$.

Définition A.2.3.2 *On suppose $p \neq 2$ et $\mu_p \subset K$. On appelle caractère de Teichmuller et note $\varepsilon_{\mathrm{Tch}}$ l'unique morphisme de groupes*

$$\varepsilon_{\mathrm{Tch}} : \mathrm{Gal}\,(K/k) \longrightarrow \mu_{p-1} \subset \mathbb{Z}_p$$

tel que pour tout $\sigma \in \mathrm{Gal}\,(K/k)$ et tout $\zeta \in \mu_p$, on a $\zeta^\sigma = \zeta^{\varepsilon_{\mathrm{Tch}}(\sigma)}$.
Pour M un $\mathbb{Z}_p\,[\mathrm{Gal}\,(K/k)]$-module, on note M_{Tch} le $\varepsilon_{\mathrm{Tch}}$-quotient de M.

Proposition A.2.3.3 *On suppose que $p \nmid [K:k]$, et soit M un $\mathbb{Z}_p\,[\mathrm{Gal}\,(K/k)]$-module. On suppose que pour tout $x \in M$, tout $\sigma \in \mathrm{Gal}\,(K/k)$, et tout prolongement $\tilde{\sigma}$ de σ à k^{sep}, on a $\sigma x = \varepsilon_{\mathrm{cyc}}\,(\tilde{\sigma})\,x$. Alors :*
- *(i) Si $\mu_p \not\subset K$, alors $M = 0$.*
- *(ii) Si $\mu_p \subset K$ et $\mu_p \not\subset k$, alors $p \neq 2$ et $M = M_{\mathrm{Tch}}$.*
- *(iii) Si $\mu_p \subset k$, alors $M = M_1$ (et $M = M_{\mathrm{Tch}}$ si $p \neq 2$).*

DÉMONSTRATION. Soit ζ une racine primitive p-ième de l'unité. Supposons d'abord $\mu_p \not\subset K$. Il existe $\sigma \in \mathrm{Gal}\left(K\left(\mu_p\right)/K\right)$ tel que $\sigma(\zeta) \neq \zeta$. Alors $\varepsilon_{\mathrm{cyc}}(\sigma) \not\equiv 1$ modulo $p\mathbb{Z}_p$, autrement dit $(1 - \varepsilon_{\mathrm{cyc}}(\sigma)) \in \mathbb{Z}_p^\times$. Puisque σ est l'identité sur K, pour tout $x \in M$, on a $(1 - \varepsilon_{\mathrm{cyc}}(\sigma))\, x = 0$ par hypothèse. On en déduit (i).

Supposons maintenant $\mu_p \subset K$. Si $M = 0$ il n'y a rien à prouver. On suppose donc $M \neq 0$. Soit $x \in M \setminus \{0\}$. Soit $\mathrm{Nul}(x) \subseteq p\mathbb{Z}_p$ l'annulateur de x dans $\mathbb{Z}_p$. Par hypothèse, on a un morphisme de groupes

$$\theta : \mathrm{Gal}\left(K/k\right) \longrightarrow \mathbb{Z}_p^\times / \left(1 + \mathrm{Nul}(x)\right), \ \sigma \longmapsto \overline{\varepsilon}_{\mathrm{cyc}}\left(\tilde{\sigma}\right),$$

où $\overline{\varepsilon}_{\mathrm{cyc}}\left(\tilde{\sigma}\right)$ est l'image canonique de $\varepsilon_{\mathrm{cyc}}\left(\tilde{\sigma}\right)$ dans $\mathbb{Z}_p^\times / \left(1 + \mathrm{Nul}(x)\right)$. Alors $\mathrm{Im}(\theta)$ est un sous-groupe de $\mathbb{Z}_p^\times / \left(1 + \mathrm{Nul}(x)\right)$ d'ordre premier à p, donc $\mathrm{Im}(\theta) \subseteq \mu_{p-1}$. Nécessairement, θ est le caractère trivial si $p = 2$, et θ est le caractère de Teichmuller si $p \neq 2$. Ceci étant valable pour tout $x \in M \setminus \{0\}$, on en déduit $M = M_1$ si $p = 2$, et $M = M_{\mathrm{Tch}}$ si $p \neq 2$. D'autre part, $\mu_p \subset k$ si et seulement si $\varepsilon_{\mathrm{Tch}} = 1$. Il en résulte (ii) et (iii). $\qquad\square$

A.3 Compléments sur les anneaux et modules.

A.3.1 Rappels.

Définition A.3.1.1 *Soient A un anneau commutatif et $\mathfrak{q}$ un idéal premier de A. On appelle hauteur de $\mathfrak{q}$ et on note $\mathrm{ht}(\mathfrak{q})$ la borne supérieure dans $\mathbb{N} \cup \{\infty\}$ des $n \in \mathbb{N}$ tel qu'il existe un $(n+1)$-uplet d'idéaux premiers $(\mathfrak{p}_0, ..., \mathfrak{p}_n)$ de A, vérifiant*

$$\mathfrak{p}_0 \subsetneq \mathfrak{p}_1 \subsetneq \cdots \subsetneq \mathfrak{p}_{n-1} \subsetneq \mathfrak{p}_n = \mathfrak{q}.$$

Définition A.3.1.2 *La dimension de Krull d'un anneau commutatif A est la borne supérieure, dans $\mathbb{N} \cup \{-\infty, +\infty\}$, des hauteurs des idéaux premiers de A. (Cette dimension de Krull est $-\infty$ si et seulement si $A = 0$.)*

Définition A.3.1.3 *([?, §1 n°3 Définition 3]) On appelle anneau de Krull un anneau commutatif intègre A tel qu'il existe un ensemble V de valuations discrètes v du corps des fractions K de A possédant les propriétés suivantes :*
- *L'intersection des anneaux de valuations des v, $v \in V$, est A.*
- *Pour tout $x \in K^\times$, l'ensemble des $v \in V$ tels que $v(x) \neq 0$ est fini.*

Définition A.3.1.4 *([?, §2 n°1]) On appelle anneau de Dedekind un anneau de Krull A vérifiant l'une des conditions équivalentes suivantes :*
- *Tous les idéaux premiers non nuls de A sont maximaux.*
- *Tous les idéaux premiers non nuls de A sont de hauteur 1.*

Définition A.3.1.5 *([?, §3 n°2 Théorème 1 et n°3 Proposition 2]) On appelle anneau factoriel tout anneau commutatif intègre A vérifiant l'une des conditions équivalentes suivantes :*
- *A est un anneau de Krull dont tous les idéaux premiers de hauteur 1 sont principaux.*
- *Il existe une partie P de A telle que tout $a \in A \setminus \{0\}$, il existe un unique $u \in A^\times$ et une unique application $n : P \to \mathbb{N}$ à support fini vérifiant*

$$a = u \prod_{p \in P} p^{n(p)}.$$

Remarque A.3.1.6 *Un anneau de Dedekind est principal si et seulement si il est factoriel.*

Remarque A.3.1.7 *([7, §3 n°9 Proposition 8] et [9, §5 n°1 Exemples 1 et 2]) Soit A un anneau de valuation discrète, et soit $n \in \mathbb{N}^*$. Alors $A[[X_1, ..., X_n]]$ est un anneau local factoriel nœthérien de dimension de Krull $n+1$.*

A.3.2 Localisation.

Proposition A.3.2.1 *Soit A un anneau local, factoriel, de dimension de Krull 2. Soit $S \subseteq A \setminus \{0\}$ une partie multiplicative de A, contenant un élément non inversible dans A. Alors $S^{-1}A$ est un anneau principal.*

DÉMONSTRATION. Le localisé d'un anneau factoriel est factoriel[4], donc d'après la remarque A.3.1.6, il suffit de vérifier que $S^{-1}A$ est un anneau de Dedekind. Soit $\mathfrak{p}$ un idéal premier non nul de $S^{-1}A$. Alors $\mathfrak{p}' := \mathfrak{p} \cap A$ est un idéal premier de A, disjoint de S, et

$$\mathrm{ht}\,(\mathfrak{p}) \quad = \quad \mathrm{ht}\,(\mathfrak{p}'). \qquad (\text{A.3.2.1})$$

(Voir par exemple [6, §2 n°5, Proposition 11 (ii)] et [8, §1 n°3, Corollaire de la proposition 7].) Les hypothèses sur A font que l'unique idéal premier de A de hauteur 2 est l'idéal maximal $\mathfrak{m}$. Par hypothèse, il existe $s \in S$ tel que s n'est pas inversible dans A. Alors $s \in \mathfrak{m}$. Puisque $\mathfrak{p}' \cap S = \varnothing$, on en déduit $\mathfrak{p}' \neq \mathfrak{m}$. D'autre part $\mathfrak{p}' \neq (0)$, donc $\mathrm{ht}\,(\mathfrak{p}') = 1$, et (A.3.2.1) donne $\mathrm{ht}\,(\mathfrak{p}) = 1$. On a vérifié que $S^{-1}A$ est un anneau de Krull dont tous les idéaux premiers non nuls sont de hauteur 1, autrement dit un anneau de Dedekind. $\square$

Corollaire A.3.2.2 *Soient p un nombre premier, L une extension algébrique de $\mathbb{Q}_p$, et $\mathcal{O}_L$ la fermeture intégrale de $\mathbb{Z}_p$ dans L. L'anneau $\mathbb{Q}_p \otimes_{\mathbb{Z}_p} \mathcal{O}_L[[T]]$ est principal.*

DÉMONSTRATION. D'après la remarque A.3.1.7, $\mathcal{O}_L[[T]]$ est un anneau local, factoriel, de dimension de Krull 2. On applique donc la proposition A.3.2.1, à $A := \mathcal{O}_L[[T]]$ et $S := \{p^n; n \in \mathbb{N}\}$. $\square$

A.3.3 Pseudo-isomorphismes et idéaux caractéristiques.

Définition A.3.3.1 *Soit A un anneau de Krull nœthérien. Si A n'est pas un corps, un A-module M est dit pseudo-nul lorsque pour tout idéal premier $\mathfrak{p}$ de hauteur 1, on a $M_{\mathfrak{p}} = 0$, où $M_{\mathfrak{p}}$ est le localisé de M en $\mathfrak{p}$. (Si A est un corps, un A-espace vectoriel est dit pseudo-nul si et seulement si il est nul.)*

Exemple A.3.3.2 *Soit A un anneau de Dedekind. Un A-module M est pseudo-nul si et seulement si il est nul.*

Exemple A.3.3.3 *Soient p un nombre premier et L une extension algébrique de degré fini de $\mathbb{Q}_p$. Soit $\mathcal{O}_L$ la fermeture intégrale de $\mathbb{Z}_p$ dans L. Alors un $\mathcal{O}_L[[T]]$-module M est pseudo-nul si et seulement si il est fini.*

---

4. Voir par exemple [7, §3 n°4, Proposition 3].

Définition A.3.3.4 *Soit A un anneau de Krull nœthérien. Un morphisme $f : M \to N$ de A-modules est appelé un pseudo-isomorphisme lorsque son noyau et son conoyau sont pseudo-nuls.*

Théorème A.3.3.5 *([7, §4, n°4, Théorème 5]) Soient A un anneau de Krull nœthérien et M un A-module de type fini et de torsion. Il existe un ensemble fini I, $(n_i)_{i \in I} \in (\mathbb{N}^*)^I$, une famille $(\mathfrak{p}_i)_{i \in I}$ d'idéaux premiers de hauteur 1, et un pseudo-isomorphisme*

$$M \longrightarrow \bigoplus_{i \in I} (A/\mathfrak{p}_i^{n_i}) .$$

De plus les familles $(n_i)_{i \in I}$ et $(\mathfrak{p}_i)_{i \in I}$ sont uniques à bijection près de l'ensemble d'indices, et pour tout $i \in I$ on a $\mathrm{Nul}_A(M) \subseteq \mathfrak{p}_i$, où $\mathrm{Nul}_A(M)$ est l'annulateur du A-module M.

Définition A.3.3.6 *Sous les conditions du théorème A.3.3.5, l'idéal $\displaystyle\prod_{i \in I} \mathfrak{p}_i^{n_i}$ est appelé l'idéal caractéristique de M, et noté $\mathrm{char}_A(M)$.*

Proposition A.3.3.7 *Soit A un anneau de Krull nœthérien. L'idéal caractéristique vérifie les propriétés suivantes.*

(i) *Si $0 \longrightarrow M_1 \longrightarrow M_2 \longrightarrow M_3 \longrightarrow 0$ est une suite exacte de A-modules de type fini et de torsion, alors $\mathrm{char}_A(M_2) = \mathrm{char}_A(M_1)\,\mathrm{char}_A(M_3)$.*

(ii) *Si $M_1 \to M_2$ est un pseudo-isomorphisme de A-modules de type fini et de torsion, alors $\mathrm{char}_A(M_1) = \mathrm{char}_A(M_2)$.*

(iii) *Si M est un A-module pseudo-nul, alors $\mathrm{char}_A(M) = (1)$.*

DÉMONSTRATION. Nous référons le lecteur à [7, §4, n°5, Proposition 10]. $\qquad\square$

A.3.4 Invariants d'Iwasawa.

Dans cette sous-section, on considère un nombre premier p et L une extension algébrique de degré fini de $\mathbb{Q}_p$. On note $\mathcal{O}_L$ la fermeture intégrale de $\mathbb{Z}_p$ dans L, et u_L une uniformisante de $\mathcal{O}_L$.

Théorème A.3.4.1 *Soit M un $\mathcal{O}_L[[T]]$-module de type fini. Il existe deux ensembles finis I et J, $(m_i)_{i \in I} \in (\mathbb{N}^*)^I$ et $(n_j)_{j \in J} \in (\mathbb{N}^*)^I$, une famille $(P_j)_{j \in J}$ de polynômes distingués non constants, et un pseudo-isomorphisme*

$$M \quad \longrightarrow \quad \mathcal{O}_L[[T]]^r \ \oplus \ \bigoplus_{i \in I} (\mathcal{O}_L[[T]]/(u_L^{m_i})) \ \oplus \ \bigoplus_{j \in J} (\mathcal{O}_L[[T]]/(P_j^{n_j})) ,$$

où r est le rang de M sur $\mathcal{O}_L[[T]]$. De plus les familles $(m_i)_{i \in I}$, $(n_j)_{j \in J}$ et $(P_j)_{j \in J}$ sont uniques à bijections près des ensembles d'indices.

DÉMONSTRATION. Nous référons le lecteur à [7, §4, n°4, Théorème 4 et Théorème 5] ou [31, Chapter 5, §3, Theorem 3.1]. $\qquad\square$

106

Remarque A.3.4.2 *Soit M un $\mathcal{O}_L[[T]]$-module de type fini et de torsion. On considère les familles $(m_i)_{i \in I}$, $(n_j)_{j \in J}$ et $(P_j)_{j \in J}$ données par le théorème A.3.4.1. Alors*

$$\text{char}(M) = \left(\prod_{i \in I} u_L^{m_i} \right) \left(\prod_{j \in J} P_j^{n_j} \right).$$

On fixe dans le reste de la sous-section Γ un groupe topologique isomorphe à $\mathbb{Z}_p$, topologiquement engendré par un élément $\gamma \in \Gamma$. Pour tout $n \in \mathbb{N}$, on pose $\Gamma_n := \Gamma^{p^n}$. Rappelons qu'il existe un unique morphisme de $\mathbb{Z}_p$-algèbres topologiques $\mathbb{Z}_p[[\Gamma]] \to \mathbb{Z}_p[[T]]$ qui à γ associe $1 + T$.

Proposition A.3.4.3 *Soient $n \in \mathbb{N}$, et M un $\mathcal{O}_L[[\Gamma]]$-module de type fini et de torsion. Les conditions suivantes sont équivalentes :*
- *(i) M_{Γ_n} est fini.*
- *(ii) $\gamma^n - 1$ est premier à $\text{char}(M)$.*

DÉMONSTRATION. Nous référons le lecteur à [43, Lemme 4, p. 12]. □

Définition A.3.4.4 *Soit M un $\mathcal{O}_L[[T]]$-module de type fini et de torsion. On considère les familles $(m_i)_{i \in I}$, $(n_j)_{j \in J}$ et $(P_j)_{j \in J}$ données par le théorème A.3.4.1. On pose alors :*

$$\mu(M) := \sum_{i \in I} m_i \quad et \quad \lambda(M) := \sum_{j \in J} n_j \deg(P_j),$$

où $\deg(P_j)$ est le degré de P_j. Les entiers $\mu(M)$ et $\lambda(M)$ sont respectivement appelés le μ-invariant et le λ-invariant de M.

Remarque A.3.4.5 *Soit M un $\mathcal{O}_L[[T]]$-module de type fini et de torsion. Il résulte de la définition A.3.4.4 que :*
- *$u_L^{\mu(M)}$ engendre l'idéal caractéristique du A-module $M_{\mathfrak{p}}$, où $\mathfrak{p}$ est l'idéal premier de $\mathcal{O}_L[[T]]$ engendré par u_L, et où A (resp. $M_{\mathfrak{p}}$) est le localisé de $\mathcal{O}_L[[T]]$ (resp. M) en $\mathfrak{p}$.*
- *$\lambda(M) = \text{rg}_{\mathcal{O}_L}(M)$, où $\text{rg}_{\mathcal{O}_L}(M)$ est le rang de M sur $\mathcal{O}_L$.*

Proposition A.3.4.6 *Les invariants d'Iwasawa vérifient les propriétés suivantes.*

(i) *Si $0 \longrightarrow M_1 \longrightarrow M_2 \longrightarrow M_3 \longrightarrow 0$ est une suite exacte de $\mathcal{O}_L[[T]]$-modules de type fini et de torsion, alors $\mu(M_2) = \mu(M_1) + \mu(M_3)$ et $\lambda(M_2) = \lambda(M_1) + \lambda(M_3)$.*

(ii) *Si $M_1 \to M_2$ est un pseudo-isomorphisme de $\mathcal{O}_L[[T]]$-modules de type fini et de torsion, alors $\mu(M_1) = \mu(M_2)$ et $\lambda(M_1) = \lambda(M_2)$.*

(iii) *Si M est un $\mathcal{O}_L[[T]]$-module pseudo-nul, alors $\mu(M) = 0$ et $\lambda(M) = 0$.*

DÉMONSTRATION. C'est un corollaire immédiat de la proposition A.3.3.7, compte tenu de la remarque A.3.4.2. □

Dans la suite de cette sous-section, on considère un groupe abélien fini G. Pour tout $\mathcal{O}_L[G][[T]]$-module M, $\mu(M)$ et $\lambda(M)$ désigne le μ-invariant et le λ-invariant de M sur

$\mathcal{O}_L[[T]]$. Pour tout $\mathbb{C}_p$-caractère irréductible χ de G, on note M_χ le $\mathcal{O}_{L(\chi)}[[T]]$-module $\mathcal{O}_{L(\chi)}[[T]] \otimes_{\mathcal{O}_L[G][[T]]} M \simeq \mathcal{O}_{L(\chi)} \otimes_{\mathcal{O}_L[G]} M$, où $L(\chi)$ est l'extension de L engendrée par l'ensemble des valeurs de χ. Le μ-invariant et le λ-invariant de M_χ sur $\mathcal{O}_{L(\chi)}[[T]]$ sont notés $\mu_\chi(M_\chi)$ et $\lambda_\chi(M_\chi)$.

Proposition A.3.4.7 *Soit* $0 \to M_1 \to M_2 \to M_3 \to M_4 \to 0$ *une suite exacte de* $\mathcal{O}_L[G][[T]]$-*modules. On suppose que* $\mu(M_1) = 0$ *et* $\mu(M_4) = 0$. *Alors pour tout* $\mathbb{C}_p$-*caractère irréductible* χ *de* G, *on a*

$$\mu_\chi(M_{2,\chi}) = \mu_\chi(M_{3,\chi}).$$

Démonstration. On note $\mathfrak{p}$ (resp. $\mathfrak{p}_\chi$) l'idéal premier de $\mathcal{O}_L[[T]]$ (resp. $\mathcal{O}_{L(\chi)}[[T]]$) engendré par u_L (resp. $u_{L(\chi)}$), et A (resp. A_χ) le localisé de $\mathcal{O}_L[[T]]$ (resp. $\mathcal{O}_{L(\chi)}[[T]]$) en $\mathfrak{p}$ (resp. $\mathfrak{p}_\chi$). En tensorisant la suite exacte de l'énoncé par $A[G]$ au dessus de $\mathcal{O}_L[G][[T]]$, on obtient un isomorphisme

$$A[G] \otimes_{\mathcal{O}_L[G][[T]]} M_2 \simeq A[G] \otimes_{\mathcal{O}_L[G][[T]]} M_3, \qquad (A.3.4.1)$$

car $\mu(M_1) = 0$ et $\mu(M_4) = 0$ (et en tenant compte du théorème A.3.4.1). Tensorisant par A_χ au-dessus de $A[G]$, on a donc des isomorphismes

$$A_\chi \otimes_{\mathcal{O}_{L(\chi)}[[T]]} M_{2,\chi} \simeq A_\chi \otimes_{\mathcal{O}_L[G][[T]]} M_2 \simeq A_\chi \otimes_{\mathcal{O}_L[G][[T]]} M_3 \simeq A_\chi \otimes_{\mathcal{O}_{L(\chi)}[[T]]} M_{3,\chi}. \ (A.3.4.2)$$

De la remarque A.3.4.5 on déduit $\mu_\chi(M_{2,\chi}) = \mu_\chi(M_{3,\chi})$. $\qquad \square$

Remarque A.3.4.8 *Soit* M *un* $\mathcal{O}_L[G][[T]]$-*module de type fini et de torsion. Soit* χ *un* $\mathbb{C}_p$-*caractère irréductible de* G. *Si* $\mu_\chi(M_\chi) \neq 0$ *alors* $\mu(M_\chi) \neq 0$ *et* $\mu(M) \neq 0$ *(car* M_χ *est un quotient de* M).

Remarque A.3.4.9 *Soit* M *un* $\mathcal{O}_L[G][[T]]$-*module. Alors pour tout* $\mathbb{C}_p$-*caractère irréductible* χ *de* G, *on a*

$$\lambda_\chi(M_\chi) = \mathrm{rg}_{\mathcal{O}_{L(\chi)}}(M_\chi) = \dim_{L(\chi)}(e_\chi(L(\chi) \otimes_{\mathcal{O}_L} M)).$$

On en déduit que si $0 \to M_1 \to M_2 \to M_3 \to M_4 \to 0$ *est une suite exacte de* $\mathcal{O}_L[G][[T]]$-*modules, alors pour tout* $\mathbb{C}_p$-*caractère irréductible* χ *de* G, *on a*

$$\lambda_\chi(M_{2,\chi}) + \lambda_\chi(M_{4,\chi}) = \lambda_\chi(M_{1,\chi}) + \lambda_\chi(M_{3,\chi}).$$

Proposition A.3.4.10 *Soit* M *un* $\mathcal{O}_L[G][[T]]$-*module, et soit* H *un sous-groupe de* G. *Alors on a*

$$\lambda(M_H) = \sum_\chi \lambda_\chi(M_\chi)$$

où la somme est sur tous les $\mathbb{C}_p$-*caractères irréductibles* χ *de* G *qui sont triviaux sur* H.

Démonstration. Soit L' l'extension de L engendré par les racines $\#(G)$-ièmes de 1. On a

$$L' \otimes_{\mathcal{O}_L} M_H = \bigoplus_\chi e_\chi L' \otimes_{\mathcal{O}_L} M,$$

où la somme est sur tous les $\mathbb{C}_p$-caractères irréductibles χ de G qui sont triviaux sur H. D'après la remarque A.3.4.5, on a alors

$$
\begin{aligned}
\lambda\left(M_H\right) &= \operatorname{rg}_{\mathcal{O}_L}\left(M_H\right) \\
&= \dim_L\left(L \otimes_{\mathcal{O}_L} M_H\right) \\
&= \dim_{L'}\left(L' \otimes_{\mathcal{O}_L} M_H\right) \\
&= \sum_\chi \dim_{L'}\left(e_\chi\left(L' \otimes_{\mathcal{O}_L} M\right)\right) \\
&= \sum_\chi \dim_{L(\chi)}\left(e_\chi\left(L(\chi) \otimes_{\mathcal{O}_L} M\right)\right),
\end{aligned}
$$

où les sommes sont sur tous les $\mathbb{C}_p$-caractères irréductibles χ de G qui sont triviaux sur H. On conclut en utilisant la remarque A.3.4.9. $\qquad\square$

A.3.5 Torsion dans un module.

Lemme A.3.5.1 *Soient p un nombre premier, L une extension galoisienne finie de $\mathbb{Q}_p$. Un $\mathcal{O}_L[[T]]$-module est sans torsion sur $\mathcal{O}_L[[T]]$ si et seulement si il est sans torsion sur $\mathbb{Z}_p[[T]]$.*

Un $\mathbb{Q}_p \otimes_{\mathbb{Z}_p} \mathcal{O}_L[[T]]$-module est sans torsion sur $\mathcal{O}_L[[T]]$ si et seulement si il est sans torsion sur $\mathbb{Q}_p \otimes_{\mathbb{Z}_p} \mathbb{Z}_p[[T]]$.

DÉMONSTRATION. Soit M un $\mathcal{O}_L[[T]]$-module. Il est clair que si M est sans torsion sur $\mathcal{O}_L[[T]]$ alors il est sans torsion sur $\mathbb{Z}_p[[T]]$. Réciproquement, supposons que M est sans torsion sur $\mathbb{Z}_p[[T]]$. Soient $x \in M$, et $s \in \mathcal{O}_L[[T]] \setminus \{0\}$ tels que $sx = 0$. On fait agir $\operatorname{Gal}(L/\mathbb{Q}_p)$ sur $\mathcal{O}_L[[T]]$ en posant pour toute série $\sum_{n \in \mathbb{N}} a_n T^n$ à coefficients dans $\mathcal{O}_L$, et pour tout $g \in \operatorname{Gal}(L/\mathbb{Q}_p)$,

$$
g \cdot \sum_{n \in \mathbb{N}} a_n T^n := \sum_{n \in \mathbb{N}} g(a_n) T^n.
$$

Il est trivial que $s' := \prod_{g \in \operatorname{Gal}(L/\mathbb{Q}_p)} (g \cdot s)$ est invariant sous l'action de $\operatorname{Gal}(L/\mathbb{Q}_p)$, donc $s' \in \mathbb{Z}_p[[T]] \setminus \{0\}$. Puisque s divise s', on a $s'x = 0$. Puisque M est sans torsion sur $\mathbb{Z}_p[[T]]$, on en déduit $x = 0$. On a vérifié que M est sans torsion sur $\mathcal{O}_L[[T]]$.

La démonstration pour $\mathbb{Q}_p \otimes_{\mathbb{Z}_p} \mathcal{O}_L[[T]]$ et $\mathbb{Q}_p \otimes_{\mathbb{Z}_p} \mathbb{Z}_p[[T]]$ est analogue. $\qquad\square$

A.3.6 Idéaux de Fitting.

Proposition et définition A.3.6.1 *Soient A un anneau commutatif et M un A-module de type fini. Soient $n \in \mathbb{N}^*$ et une famille $(m_1, ..., m_n) \in M^n$ qui engendre M. Soit $\mathcal{F}$ l'idéal de A, engendré par les déterminants des matrices carrées T d'ordre n, telles que pour tout $j \in \{1, ..., n\}$,*

$$
\sum_{i=1}^n T_{i,j} m_i = 0.
$$

Alors l'idéal $\mathcal{F}$ ne dépend pas du choix de n et $(m_1, ..., m_n)$. On l'appelle l'idéal de Fitting (initial) de M. On le note $\operatorname{Fit}(M)$ ou $\operatorname{Fit}_A(M)$ pour préciser.

DÉMONSTRATION. Nous référons le lecteur à [32, Lemme 19.2.3]. □

Proposition A.3.6.2 *Soient A un anneau commutatif, B une A-algèbre associative commutative unitaire, M un A-module de type fini. Alors*

$$\mathrm{Fit}_B\,(B \otimes_A M) \;=\; \mathrm{Fit}_A(M)B,$$

où $\mathrm{Fit}_A(M)B$ est l'idéal de B engendré par les éléments $f \cdot 1_B$, où $f \in \mathrm{Fit}_A(M)$.

DÉMONSTRATION. Voir [13, Corollary 20.5, p. 498]. □

Proposition A.3.6.3 *Soient A un anneau commutatif, M un A-module de type fini, engendré par n éléments. Alors*

$$\mathrm{Nul}_A(M)^n \;\subseteq\; \mathrm{Fit}_A(M) \;\subseteq\; \mathrm{Nul}_A(M),$$

où $\mathrm{Nul}_A(M)$ est l'annulateur de M. En particulier si M est monogène, alors

$$\mathrm{Nul}_A(M) \;=\; \mathrm{Fit}_A(M).$$

DÉMONSTRATION. Voir [32, Proposition 19.2.5, p. 759]. □

Proposition A.3.6.4 *Soient A un anneau commutatif et une suite exacte de A-modules*

$$0 \longrightarrow M \longrightarrow N \longrightarrow P \longrightarrow 0. \tag{A.3.6.1}$$

On suppose que M, N et P sont de type fini. Alors,

(i) $\mathrm{Fit}_A(M)\mathrm{Fit}_A(P) \subseteq \mathrm{Fit}(N)$.

(ii) *Si (A.3.6.1) est scindée, alors $\mathrm{Fit}_A(M)\mathrm{Fit}_A(P) = \mathrm{Fit}_A(N)$.*

(iii) *Si A est un anneau de Dedekind, alors $\mathrm{Fit}_A(M)\mathrm{Fit}_A(P) = \mathrm{Fit}_A(N)$.*

DÉMONSTRATION. Voir [32, Proposition 19.2.7, p. 760] pour (i), et [32, Proposition 19.2.8, p. 761] pour (ii). Supposons que A est un anneau de Dedekind. D'après la proposition A.3.6.2, il suffit de prouver

$$\mathrm{Fit}_{A_\mathfrak{p}}\,(M_\mathfrak{p})\,\mathrm{Fit}_{A_\mathfrak{p}}\,(P_\mathfrak{p}) = \mathrm{Fit}_{A_\mathfrak{p}}\,(N_\mathfrak{p}) \tag{A.3.6.2}$$

pour tout idéal maximal $\mathfrak{p}$ de A, où $A_\mathfrak{p}$, $M_\mathfrak{p}$, $N_\mathfrak{p}$ et $P_\mathfrak{p}$ sont les localisés en $\mathfrak{p}$. Puisque $A_\mathfrak{p}$ est anneau de valuation discrète d'idéal maximal $\mathfrak{m}_\mathfrak{p}$, il existe un ensemble fini T et des familles $(m_t)_{t \in T}$, $(n_t)_{t \in T}$ et $(p_t)_{t \in T}$, telles que

$$M_\mathfrak{p} \simeq A_\mathfrak{p}^{r_M} \bigoplus \underset{t \in T}{\oplus} \left(A_\mathfrak{p}/\mathfrak{m}_\mathfrak{p}^{m_t}\right), \quad N_\mathfrak{p} \simeq A_\mathfrak{p}^{r_N} \bigoplus \underset{t \in T}{\oplus} \left(A_\mathfrak{p}/\mathfrak{m}_\mathfrak{p}^{n_t}\right)$$

$$\text{et} \quad P_\mathfrak{p} \simeq A_\mathfrak{p}^{r_P} \bigoplus \underset{t \in T}{\oplus} \left(A_\mathfrak{p}/\mathfrak{m}_\mathfrak{p}^{p_t}\right),$$

où r_M, r_N et r_P sont les $A_\mathfrak{p}$-rangs respectifs de M, N et P. D'après (ii), on en déduit

$$\mathrm{Fit}_{A_\mathfrak{p}}\left(M_\mathfrak{p}\right) = \mathrm{Fit}_{A_\mathfrak{p}}\left(A_\mathfrak{p}\right)^{r_M} \prod_{t \in T} \mathrm{Fit}_{A_\mathfrak{p}}\left(A_\mathfrak{p}/\mathfrak{m}_\mathfrak{p}^{m_t}\right),$$

$$\mathrm{Fit}_{A_\mathfrak{p}}\left(N_\mathfrak{p}\right) = \mathrm{Fit}_{A_\mathfrak{p}}\left(A_\mathfrak{p}\right)^{r_N} \prod_{t \in T} \mathrm{Fit}_{A_\mathfrak{p}}\left(A_\mathfrak{p}/\mathfrak{m}_\mathfrak{p}^{n_t}\right),$$

$$\text{et} \quad \mathrm{Fit}_{A_\mathfrak{p}}\left(P_\mathfrak{p}\right) = \mathrm{Fit}_{A_\mathfrak{p}}\left(A_\mathfrak{p}\right)^{r_P} \prod_{t \in T} \mathrm{Fit}_{A_\mathfrak{p}}\left(A_\mathfrak{p}/\mathfrak{m}_\mathfrak{p}^{p_t}\right). \tag{A.3.6.3}$$

Si $r_N \neq 0$, alors $r_M \neq 0$. Puisque $\mathrm{Fit}_{A_\mathfrak{p}}\left(A_\mathfrak{p}\right) = (0)$, on déduit de (A.3.6.3) que (A.3.6.2) est vérifiée. Il ne reste qu'à vérifier (A.3.6.2) lorsque $r_M = 0$. Dans ce cas, $r_N = 0$ et $r_P = 0$. Utilisant la proposition A.3.6.3 on déduit de (A.3.6.3) que

$$\mathrm{Fit}_{A_\mathfrak{p}}\left(M_\mathfrak{p}\right) = \mathrm{char}_{A_\mathfrak{p}}\left(M_\mathfrak{p}\right), \quad \mathrm{Fit}_{A_\mathfrak{p}}\left(N_\mathfrak{p}\right) = \mathrm{char}_{A_\mathfrak{p}}\left(N_\mathfrak{p}\right) \quad \text{et} \quad \mathrm{Fit}_{A_\mathfrak{p}}\left(P_\mathfrak{p}\right) = \mathrm{char}_{A_\mathfrak{p}}\left(P_\mathfrak{p}\right). \tag{A.3.6.4}$$

Il résulte ensuite de la proposition A.3.3.7, (i), que (A.3.6.2) est vérifiée. $\square$

Proposition A.3.6.5 *Soit $\mathcal{S}$ une partie multiplicative de $\mathbb{Z}$, ne contenant pas 0, et soit M un $\mathcal{S}^{-1}\mathbb{Z}$-module fini. Alors*

$$\mathrm{Fit}_{\mathcal{S}^{-1}\mathbb{Z}}(M) = \#(M)\mathcal{S}^{-1}\mathbb{Z}.$$

DÉMONSTRATION. Voir [32, Corollaire 19.2.9, p. 762]. $\square$

A.4 Compléments de théorie de Galois.

Dans cette section, k désigne un corps commutatif quelconque, et k^{sep} une clôture séparable de k. On considère une extension abélienne $K \subseteq k^{\mathrm{sep}}$ de k, de degré fini, et une extension galoisienne $L \subseteq k^{\mathrm{sep}}$ de k de degré fini, telle que $K \subseteq L$. On fixe un nombre premier $p \neq \rho$, où ρ est la caractéristique de k.

A.4.1 Structure galoisienne des extensions kummériennes.

Soient A un anneau commutatif et G un groupe. Rappelons que pour tous $A[G]$-modules M et N, on munit le module $\mathrm{Hom}_A(M,N)$ d'une structure de $A[G]$-module en posant, pour tout $g \in G$ et tout $u \in \mathrm{Hom}_A(M,N)$,

$$u^g : M \longrightarrow N, \ m \longmapsto gu\left(g^{-1}m\right).$$

Remarque A.4.1.1 *Soit $\mathrm{M} \in \mathbb{N}$. On suppose que L est une extension kummérienne de $K(\mu_\mathrm{M})$ d'exposant divisant M. On pose $W := K(\mu_\mathrm{M})^\times \cap \left(L^\times\right)^\mathrm{M}$. Soit*

$$\mathfrak{K} : \mathrm{Gal}\left(L/K(\mu_\mathrm{M})\right) \longrightarrow \mathrm{Hom}_\mathbb{Z}\left(W/\left(K(\mu_\mathrm{M})^\times\right)^\mathrm{M}, \mu_\mathrm{M}\right)$$

l'isomorphisme de $\mathbb{Z}$-modules issu de la théorie de Kummer. Alors $\mathfrak{K}$ est un isomorphisme de $\mathbb{Z}[\mathrm{Gal}(K(\mu_\mathrm{M})/k)]$-modules.

Si L/K est abélienne, alors $\mathfrak{K}$ est un isomorphisme de $\mathbb{Z}[\mathrm{Gal}(K/k)]$-modules, chacun des deux modules étant invariant sous l'action de $\mathrm{Gal}(K(\mu_\mathrm{M})/K)$.

Si M *est une puissance de* p, *et si tout élément de* $W/\left(K\left(\mu_{\mathrm{M}}\right)^{\times}\right)^{\mathrm{M}}$ *peut être représenté par un élément de* $k^{\times}$, *alors pour tout* $g \in \mathrm{Gal}\left(K\left(\mu_{\mathrm{M}}\right)/k\right)$ *et tout* $\sigma \in \mathrm{Gal}\left(L/K\left(\mu_{\mathrm{M}}\right)\right)$, *on a*

$$\sigma^{g} = \sigma^{\varepsilon_{\mathrm{cyc}}(\tilde{g})},$$

où $\tilde{g}$ *est un prolongement de* g *à* k^{sep}.

DÉMONSTRATION. Soient $\sigma \in \mathrm{Gal}\left(L/K\left(\mu_{\mathrm{M}}\right)\right)$ et $g \in \mathrm{Gal}\left(K\left(\mu_{\mathrm{M}}\right)/k\right)$. Soit $\tilde{g}$ un prolongement de g à k^{sep}. Pour tout $w \in W$, $\bar{w}$ étant l'image canonique de w dans $W/\left(K\left(\mu_{\mathrm{M}}\right)^{\times}\right)^{\mathrm{M}}$, on a :

$$\mathfrak{K}\left(\sigma^{g}\right)(\bar{w}) \;=\; \sqrt[\mathrm{M}]{w}^{\sigma^{g}-1} \;=\; \tilde{g}\left(\sqrt[\mathrm{M}]{w}^{\sigma^{\tilde{g}^{-1}}-\tilde{g}^{-1}}\right) \;=\; \tilde{g}\left(\sqrt[\mathrm{M}]{w^{\tilde{g}^{-1}}}^{\sigma-1}\right)$$
$$=\; \mathfrak{K}\left(\sigma\right)^{g}(\bar{w}).$$

Si M est une puissance de p et si tout élément de $W/\left(K\left(\mu_{\mathrm{M}}\right)^{\times}\right)^{\mathrm{M}}$ peut être représenté par un élément de $k^{\times}$, la dernière partie de la remarque se déduit aisément des égalités précédentes. $\qquad\square$

Corollaire A.4.1.2 *Soit* M *une puissance de* p. *On suppose que* L *est une extension kummérienne de* $K\left(\mu_{\mathrm{M}}\right)$ *d'exposant divisant* M, *et que* L *est abélienne sur* k. *On pose* $W := K\left(\mu_{\mathrm{M}}\right)^{\times} \cap \left(L^{\times}\right)^{\mathrm{M}}$. *On suppose que tout élément de* $W/\left(K\left(\mu_{\mathrm{M}}\right)^{\times}\right)^{\mathrm{M}}$ *peut être représenté par un élément de* $k^{\times}$. *Alors :*
  - (i) *Si* $\mu_{p} \not\subset K$, *alors* $L = K\left(\mu_{\mathrm{M}}\right)$.
  - (ii) *Si* $\mu_{p} \not\subset k$ *et* $\mu_{p} \subset K$, *alors* $\mathrm{Gal}\left(L/K\left(\mu_{\mathrm{M}}\right)\right) = \mathrm{Gal}\left(L/K\left(\mu_{\mathrm{M}}\right)\right)_{\mathrm{Tch}}$.
  - (iii) *Si* $\mu_{p} \subset k$, *alors* $\mathrm{Gal}\left(L/K\left(\mu_{\mathrm{M}}\right)\right) = \mathrm{Gal}\left(L/K\left(\mu_{\mathrm{M}}\right)\right)_{1}$.

DÉMONSTRATION. C'est un corollaire immédiat de la remarque A.4.1.1 et de la proposition A.2.3.3. $\qquad\square$

Proposition A.4.1.3 *Soient* $\mathrm{M} \in \mathbb{N}$, *et* K' *une extension galoisienne de* k, *contenant* $K\left(\mu_{\mathrm{M}}\right)$. *On suppose que* L *est une extension kummérienne de* K' *d'exposant divisant* M, *galoisienne sur* k. *On pose* $W := \left(K'\right)^{\times} \cap \left(L^{\times}\right)^{\mathrm{M}}$. *On suppose que* $W/\left(\left(K'\right)^{\times}\right)^{\mathrm{M}}$ *est invariant sous* $\mathrm{Gal}\left(K'/K\right)$, *et monogène sur* $\mathbb{Z}\left[\mathrm{Gal}\left(K/k\right)\right]$. *Alors* $\mathrm{Gal}\left(L/K'\right)$ *est un* $\mathbb{Z}\left[\mathrm{Gal}\left(K'/k\right)\right]$*-module monogène.*

DÉMONSTRATION. On pose $G := \mathrm{Gal}\left(K/k\right)$ et $G' := \mathrm{Gal}\left(K'/k\right)$ pour alléger les notations. Nous considérons deux actions de G' sur $\mathrm{Hom}_{\mathbb{Z}}\left(\left(\mathbb{Z}/\mathrm{M}\mathbb{Z}\right)\left[G\right], \mu_{\mathrm{M}}\right)$. La première est celle que l'on a utilisé jusqu'à présent. Pour $g \in G'$ et $u \in \mathrm{Hom}_{\mathbb{Z}}\left(\left(\mathbb{Z}/\mathrm{M}\mathbb{Z}\right)\left[G\right], \mu_{\mathrm{M}}\right)$,

$$u^{g} : \left(\mathbb{Z}/\mathrm{M}\mathbb{Z}\right)\left[G\right] \to \mu_{\mathrm{M}}, \alpha \mapsto u\left(g^{-1}\alpha\right)^{g}.$$

Le $\mathbb{Z}_{p}\left[G'\right]$-module obtenu est simplement noté $\mathcal{X}$. La seconde action est notée avec une étoile, elle ne tient pas compte de l'action de G' sur μ_{M}. Pour tout $g \in G'$ et tout $u \in \mathrm{Hom}_{\mathbb{Z}}\left(\left(\mathbb{Z}/\mathrm{M}\mathbb{Z}\right)\left[G\right], \mu_{\mathrm{M}}\right)$,

$$u^{g^{\star}} : \left(\mathbb{Z}/\mathrm{M}\mathbb{Z}\right)\left[G\right] \to \mu_{\mathrm{M}}, \alpha \mapsto u\left(g^{-1}\alpha\right).$$

Le $\mathbb{Z}_{p}\left[G'\right]$-module obtenu est en fait un $\mathbb{Z}_{p}\left[G\right]$-module, noté $\mathcal{X}^{\star}$.

On remarque que pour tout $g \in G'$, et pour tout $u \in \mathrm{Hom}_{\mathbb{Z}}\left((\mathbb{Z}/\mathrm{M}\mathbb{Z})[G], \mu_{\mathrm{M}}\right)$, on a

$$u^g = u^{\varepsilon_{\mathrm{cyc}}(\tilde{g})g^{\star}}, \tag{A.4.1.1}$$

où $\tilde{g}$ est un prolongement de g à k^{sep}. Puisque l'image de $\varepsilon_{\mathrm{cyc}}(\tilde{g})$ dans $(\mathbb{Z}/\mathrm{M}\mathbb{Z})$ est inversible, on déduit de (A.4.1.1) que pour tout sous-ensemble $\mathcal{Z} \subseteq \mathrm{Hom}_{\mathbb{Z}}\left((\mathbb{Z}/\mathrm{M}\mathbb{Z})[G], \mu_{\mathrm{M}}\right)$,

$$\mathcal{Z} \text{ est un sous-}\mathbb{Z}_p[G']\text{-module de } \mathcal{X} \iff \mathcal{Z} \text{ est un sous-}\mathbb{Z}_p[G]\text{-module de } \mathcal{X}^{\star}.$$

Il en résulte aussitôt que pour tout sous-$\mathbb{Z}_p[G']$-module $\mathcal{Z}$ de $\mathcal{X}$,

$$\mathcal{Z} \text{ est } \mathbb{Z}_p[G']\text{-monogène} \iff \mathcal{Z}^{\star} \text{ est } \mathbb{Z}_p[G]\text{-monogène}, \tag{A.4.1.2}$$

où $\mathcal{Z}^{\star}$ est le sous-$\mathbb{Z}_p[G]$-module de $\mathcal{X}^{\star}$ défini par $\mathcal{Z}$.

En tant que $\mathbb{Z}_p[G']$-module, $\mathrm{Gal}\,(L/K')$ est isomorphe à $\mathrm{Hom}_{\mathbb{Z}}\left(W/\left((K')^{\times}\right)^{\mathrm{M}}, \mu_{\mathrm{M}}\right)$. Puisque $W/\left((K')^{\times}\right)^{\mathrm{M}}$ est monogène sur $\mathbb{Z}_p[G]$, c'est un quotient de $(\mathbb{Z}/\mathrm{M}\mathbb{Z})[G]$. Alors $\mathrm{Hom}_{\mathbb{Z}}\left(W/\left((K')^{\times}\right)^{\mathrm{M}}, \mu_{\mathrm{M}}\right)$ est un sous-$\mathbb{Z}_p[G']$-module de $\mathcal{X}$. D'après (A.4.1.2), il nous suffit donc de montrer que tout sous-$\mathbb{Z}[G]$-module de $\mathcal{X}^{\star}$ est monogène.

Or il est aisé de vérifier que $\mathcal{X}^{\star}$ est isomorphe à $(\mathbb{Z}/\mathrm{M}\mathbb{Z})[G]$, librement $(\mathbb{Z}/\mathrm{M}\mathbb{Z})[G]$-engendré par exemple par

$$u : (\mathbb{Z}/\mathrm{M}\mathbb{Z})[G] \longrightarrow \mu_{\mathrm{M}}, \sum_{g \in \mathrm{Gal}((K')/k)} a_g g \longmapsto \zeta^{a_1},$$

où ζ est un générateur de μ_{M} fixé. D'autre part $(\mathbb{Z}/\mathrm{M}\mathbb{Z})[G]$ est un quotient de $\mathbb{Z}_p[G]$. Il suffit donc de montrer que les idéaux de $\mathbb{Z}_p[G]$ sont principaux. Puisque $p \nmid [K : k]$, $\mathbb{Z}_p[G]$ est un produit d'anneaux principaux (décomposition suivant les idempotents attachés aux $\mathbb{Q}_p$-caractères irréductibles de G), et on en déduit la proposition. $\qquad\square$

A.4.2 Précisions sur le noyau d'un certain morphisme.

Dans cette sous-section, on fixe une puissance $\mathrm{M} \in \mathbb{N}^*$ de p. Pour tout groupe abélien A, et tout $x \in A$, on note x_{M} l'image canonique de x dans $A/\mathrm{M}A$. Pour $\mathcal{G}$ un groupe profini et M un $\mathbb{Z}$-module discret sur lequel $\mathcal{G}$ agit continûment, et pour tout $n \in \mathbb{N}$, on note $\mathrm{H}^n\,(\mathcal{G}, M)$ le n-ième groupe de cohomologie de $\mathcal{G}$, à coefficients dans M (pour une définition précise de cette cohomologie, nous référons le lecteur à [54]).

Plus précisément, le groupe $\mathrm{Z}^1\,(\mathcal{G}, M)$ des 1-cocycles de $\mathcal{G}$ à coefficients dans M est le groupe des morphismes croisés continus de $\mathcal{G}$ vers M. Le groupe $\mathrm{B}^1\,(\mathcal{G}, M)$ des 1-cobords de $\mathcal{G}$ à coefficients dans M est le groupe des morphismes croisés continus de $\mathcal{G}$ vers M qui sont de la forme

$$\mathcal{G} \longrightarrow M, g \longmapsto (g-1)x,$$

avec $x \in M$. Pour $c \in \mathrm{Z}^1\,(\mathcal{G}, M)$, on note $\mathrm{cl}(c)$ l'image de c dans $\mathrm{H}^1\,(\mathcal{G}, M)$.

Pour un sous-groupe distingué fermé $\mathcal{H}$ de $\mathcal{G}$, $\mathcal{G}/\mathcal{H}$ agit naturellement sur $\mathrm{H}^1\,(\mathcal{H}, M)$, de la façon suivante. Pour $c \in \mathrm{Z}^1\,(\mathcal{H}, M)$, et pour $g \in \mathcal{G}$, on pose

$$c^g : \mathcal{H} \longrightarrow M, h \longmapsto gc\left(g^{-1}hg\right).$$

On a ainsi défini une action de $\mathcal{G}$ sur $\mathrm{Z}^1\,(\mathcal{H}, M)$, qui passe au quotient en une action de $\mathcal{G}$ sur $\mathrm{H}^1\,(\mathcal{H}, M)$. Il est facile de vérifier que pour tout $h \in \mathcal{H}$, et tout $c \in \mathrm{Z}^1\,(\mathcal{H}, M)$, c^{h-1} est un 1-cobord, de sorte que l'action de $\mathcal{G}$ sur $\mathrm{H}^1\,(\mathcal{H}, M)$ passe au quotient en une action de $\mathcal{G}/\mathcal{H}$ sur $\mathrm{H}^1\,(\mathcal{H}, M)$.

Lemme A.4.2.1 *Soit* $\mathrm{M} \in \mathbb{N}^*$. *On pose* $\mathcal{G}_L := \mathrm{Gal}\,(k^{\mathrm{sep}}/L)$. *On a un isomorphisme de* $\mathbb{Z}\,[\mathrm{Gal}\,(L/k)]$*-modules*

$$\mathfrak{K}_L : L^\times / \left(L^\times\right)^{\mathrm{M}} \longrightarrow \mathrm{H}^1\left(\mathcal{G}_L, \mu_{\mathrm{M}}\right), \quad x_{\mathrm{M}} \longmapsto \mathfrak{K}_L\left(x_{\mathrm{M}}\right),$$

où $\mathfrak{K}_L\left(x_{\mathrm{M}}\right) = \mathrm{cl}\left(\mathcal{G}_L \to \mu_{\mathrm{M}},\, g \mapsto \sqrt[\mathrm{M}]{x}^{g-1}\right)$.

DÉMONSTRATION. Rappelons que pour M un $\mathbb{Z}$-module discret sur lequel $\mathcal{G}_L$ agit continûment, le groupe des 0-cochaînes est M, le groupe des 0-cocycles est $M^{\mathcal{G}_L}$, et le groupe des 0-cobords est trivial. D'autre part le morphisme cobord est donné par

$$\partial_M : M \longrightarrow \mathrm{Z}^1\left(\mathcal{G}_L, M\right),\, x \longmapsto \partial_M(x),$$

où $\partial_M(x) : \mathcal{G}_L \longrightarrow M,\, g \longmapsto (g-1)x$. Puisque $\mathrm{H}^1\left(\mathcal{G}_L, (k^{\mathrm{sep}})^\times\right)$ est trivial, on a le diagramme commutatif suivant, où les lignes et colonnes sont exactes,

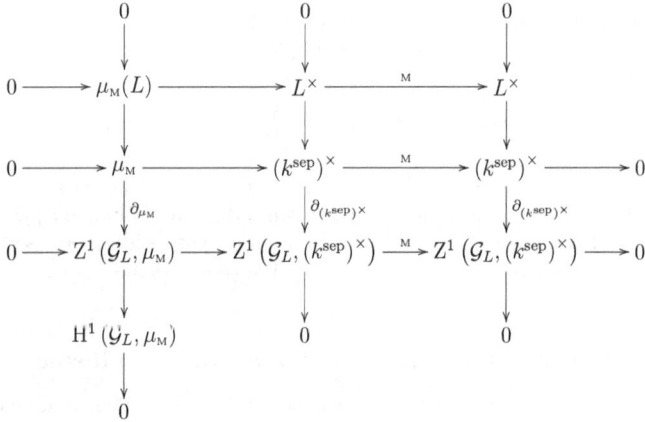

On conclut par le lemme du serpent. $\qquad\qquad\square$

Proposition A.4.2.2 *Soit* $\Theta : K^\times / \left(K^\times\right)^{\mathrm{M}} \longrightarrow L^\times / \left(L^\times\right)^{\mathrm{M}}$ *le morphisme canonique. On suppose que* L/k *est abélienne. Alors pour tout* $g \in \mathrm{Gal}\,(K/k)$ *et tout* $x \in \mathrm{Ker}\,(\Theta)$, *on a*

$$gx = \varepsilon_{\mathrm{cyc}}(g)x.$$

En outre les assertions suivantes sont vérifiées :
  – (i) *Si* $\mu_p \not\subset K$ *et si* $p \nmid [K : k]$, *alors* Θ *est injectif.*
  – (ii) *Si* $\mu_p \not\subset k$, *si* $\mu_p \subset K$, *et si* $p \nmid [K : k]$, *alors* $\mathrm{Ker}\,(\Theta) = (\mathrm{Ker}\,(\Theta))_{\mathrm{Tch}}$.
  – (iii) *Si* $\mu_p \subset k$ *et si* $p \nmid [K : k]$, *alors* $\mathrm{Ker}\,(\Theta) = (\mathrm{Ker}\,(\Theta))_1$.
  – (iv) *Si* $L \subseteq K\,(\mu_{\mathrm{M}})$ *et si* $p \neq 2$, *alors* Θ *est injectif.*
  – (v) *Si* $L \subseteq K\,(\mu_{\mathrm{M}})$, *si* $p = 2$, *si* $\mu_4 \subset K$ *et si* $-4\zeta_K \notin \left(K^\times\right)^4$, *où* ζ_K *engendre* $\mu_{2^\infty}(K)$, *alors* Θ *est injectif.*

DÉMONSTRATION. On note $\iota : \mathcal{G}_L \to \mathcal{G}_K$ l'injection canonique, où $\mathcal{G}_K := \mathrm{Gal}\,(k^{\mathrm{sep}}/K)$ et $\mathcal{G}_L := \mathrm{Gal}\,(k^{\mathrm{sep}}/L)$. Il suffit de prouver la proposition lorsque $\mu_{\mathrm{M}} \subset L$, hypothèse sous laquelle on se place maintenant. Il est facile de vérifier que le diagramme suivant est commutatif :

$$\begin{array}{ccc} K^\times / (K^\times)^{\mathrm{M}} & \xrightarrow[\hat{\aleph}_K]{\sim} & \mathrm{H}^1\left(\mathcal{G}_K, \mu_{\mathrm{M}}\right) \\ \downarrow{\scriptstyle\Theta} & & \downarrow{\scriptstyle\Theta'} \\ L^\times / (L^\times)^{\mathrm{M}} & \xrightarrow[\hat{\aleph}_L]{\sim} & \mathrm{H}^1\left(\mathcal{G}_L, \mu_{\mathrm{M}}\right), \end{array}$$

où $\Theta' : \mathrm{H}^1\left(\mathcal{G}_K, \mu_{\mathrm{M}}\right) \longrightarrow \mathrm{H}^1\left(\mathcal{G}_L, \mu_{\mathrm{M}}\right)$, $\mathrm{cl}(c) \longrightarrow \mathrm{cl}\left(c \circ \iota\right)$. Soit $x \in K^\times$ tel que $x_{\mathrm{M}} \in \mathrm{Ker}\,(\Theta)$. On définit $c \in \mathrm{Z}^1\left(\mathcal{G}_K, \mu_{\mathrm{M}}\right)$ par

$$c : \mathcal{G}_K \longrightarrow \mu_{\mathrm{M}}, \sigma \longmapsto \sqrt[\mathrm{M}]{x}^{\sigma-1},$$

où $\sqrt[\mathrm{M}]{x}$ est une racine M-ième de x dans k^{sep}. Puisque $x_{\mathrm{M}} \in \mathrm{Ker}\,(\Theta)$ les racines M-ièmes de x appartiennent à L. Pour $\sigma \in \mathcal{G}_K$ et $g \in \mathrm{Gal}\,(k^{\mathrm{sep}}/k)$, on a

$$c^g(\sigma) = g\left(\sqrt[\mathrm{M}]{x}^{g^{-1}\sigma g - 1}\right) = \sqrt[\mathrm{M}]{x}^{\sigma g - g} = \sqrt[\mathrm{M}]{x}^{g\sigma - g} = \left(\sqrt[\mathrm{M}]{x}^{\sigma-1}\right)^g = \left(\sqrt[\mathrm{M}]{x}^{\sigma-1}\right)^{\varepsilon_{\mathrm{cyc}}(g)}$$
$$= c(\sigma)^{\varepsilon_{\mathrm{cyc}}(g)},$$

car L/k est abélienne. De la proposition A.2.3.3 et du diagramme précédent, on déduit alors que les assertions (i), (ii), et (iii) sont vraies. Maintenant on suppose que $p \neq 2$ ou bien que

$$p = 2, \quad \mu_4 \subset K \quad \text{et} \quad -4\zeta_K \notin \left(K^\times\right)^4. \tag{A.4.2.1}$$

Pour conclure, il suffit de montrer que Θ est injectif lorsque $L = K\left(\mu_{\mathrm{M}}\right)$, hypothèse que l'on fait dans la suite. On remarque que le morphisme $\Theta' : \mathrm{H}^1\left(\mathcal{G}_K, \mu_{\mathrm{M}}\right) \longrightarrow \mathrm{H}^1\left(\mathcal{G}_L, \mu_{\mathrm{M}}\right)$ n'est autre que le morphisme de restriction. On en déduit la suite exacte suivante, dite d'inflation-restriction (voir par exemple [3, Proposition 4, p. 100]),

$$0 \longrightarrow \mathrm{H}^1\left(\mathrm{Gal}\,(L/K), \mu_{\mathrm{M}}\right) \longrightarrow \mathrm{H}^1\left(\mathcal{G}_K, \mu_{\mathrm{M}}\right) \xrightarrow{\Theta'} \mathrm{H}^1\left(\mathcal{G}_L, \mu_{\mathrm{M}}\right). \tag{A.4.2.2}$$

Il s'agit donc de montrer $\mathrm{H}^1\left(\mathrm{Gal}\,(L/K), \mu_{\mathrm{M}}\right) = 0$. On dispose de la surjection

$$s : \mu_{\mathrm{M}} \longrightarrow\!\!\!\!\!\rightarrow \mathrm{B}^1\left(\mathrm{Gal}\,(L/K), \mu_{\mathrm{M}}\right), \zeta \longmapsto s(\zeta),$$

où $s(\zeta) : \mathrm{Gal}\,(L/K) \longrightarrow \mu_{\mathrm{M}}, g \longmapsto \zeta^{g-1}$. Il est clair que le noyau de s est $\mu_{\mathrm{M}}(K)$, de sorte que

$$\#\left(\mathrm{B}^1\left(\mathrm{Gal}\,(L/K), \mu_{\mathrm{M}}\right)\right) = \mathrm{M}/\#\left(\mu_{\mathrm{M}}(K)\right). \tag{A.4.2.3}$$

Soient n l'ordre du groupe cyclique $\mathrm{Gal}\,(L/K)$, et γ un générateur de $\mathrm{Gal}\,(L/K)$. Soit $c \in \mathrm{Z}^1\left(\mathrm{Gal}\,(L/K), \mu_{\mathrm{M}}\right)$. Par récurrence, on a $c\left(\gamma^i\right) = \prod_{j=0}^{i-1} c(\gamma)^{\gamma^j}$ pour tout $i \in \{1, ..., n\}$. En particulier,

$$\mathrm{N}_{L/K}\left(c\left(\gamma\right)\right) = c\left(\gamma^n\right) = c(1) = 1.$$

On en déduit que le morphisme suivant est bien défini (l'injectivité est évidente)

$$\mathrm{Z}^1\left(\mathrm{Gal}\,(L/K), \mu_{\mathrm{M}}\right) \lhook\joinrel\longrightarrow \mathrm{Ker}\,(\mathrm{N}'), c \longmapsto c(\gamma), \tag{A.4.2.4}$$

où $\mathrm{N}' : \mu_{\mathrm{M}} \longrightarrow \mu_{\mathrm{M}}(K)$ est la restriction de la norme $\mathrm{N}_{L/K}$. Soit ζ une racine primitive M-ième de 1. Soient $\mathrm{N} := \#\left(\mu_{\mathrm{M}}(K)\right)$. Puisque $\zeta^{\mathrm{M}/\mathrm{N}}$ engendre $\mu_{\mathrm{M}}(K)$, on déduit de A.4.2.1 que

$$-4\zeta^{\mathrm{M}/\mathrm{N}} \notin \left(K^\times\right)^4 \quad \text{si} \quad p = 2. \tag{A.4.2.5}$$

Si $\mu_{\mathrm{M}}(K) \neq \{1\}$, le polynôme minimal de ζ sur K est $X^{\mathrm{M/N}} - \zeta^{\mathrm{M/N}}$, d'après [1, Lemma 1.3.4, p. 41] (dans le cas $p = 2$, la condition A.4.2.5 est nécessaire et suffisante pour que $X^{\mathrm{M/N}} - \zeta^{\mathrm{M/N}}$ soit irréductible). Dans tous les cas (le cas $\mu_{\mathrm{M}}(K) = \{1\}$ est trivial), on a alors

$$N'(\zeta) = (-1)^{1+\mathrm{M/N}} \zeta^{\mathrm{M/N}} = \begin{cases} \zeta^{\mathrm{M/N}} & \text{si } p \neq 2 \text{ ou } \mathrm{M} = \mathrm{N} \\ -\zeta^{\mathrm{M/N}} & \text{si } p = 2 \text{ et } \mathrm{M} \neq \mathrm{N}. \end{cases} \tag{A.4.2.6}$$

Puisque $p \neq 2$ ou $\mu_4 \subset K$, il résulte de (A.4.2.6) que N' est surjectif. On a alors $\#\left(\mathrm{Ker}(N')\right) = \mathrm{M}/\#\left(\mu_{\mathrm{M}}(K)\right)$, et on déduit de (A.4.2.4) et (A.4.2.3) que $\mathrm{H}^1\left(\mathrm{Gal}(L/K), \mu_{\mathrm{M}}\right) = 0$ (et que le morphisme de (A.4.2.4) est un isomorphisme). $\square$

Corollaire A.4.2.3 *Soit* $\Theta : K^{\times}/\left(K^{\times}\right)^{\mathrm{M}} \longrightarrow L^{\times}/\left(L^{\times}\right)^{\mathrm{M}}$ *le morphisme canonique. On suppose que* $L/K(\mu_{\mathrm{M}})$ *est kummérienne d'exposant divisant* M. *Soit* $W := K(\mu_{\mathrm{M}})^{\times} \cap \left(L^{\times}\right)^{\mathrm{M}}$. *On suppose que tout élément de* W *est congru à un élément de* k *modulo* $\left(K(\mu_{\mathrm{M}})^{\times}\right)^{\mathrm{M}}$. *Enfin, on suppose que* $p \nmid [K : k]$. *Alors*
- (i) *Si* $\mu_p \not\subset K$ *ou si* $\mu_p \subset k$, *alors* $\mathrm{Ker}(\Theta) = (\mathrm{Ker}(\Theta))_1$.
- (ii) *Si* $\mu_p \not\subset k$ *et* $\mu_p \subset K$, *alors* $\mathrm{Ker}(\Theta) = (\mathrm{Ker}(\Theta))_{\mathrm{Tch}} \oplus (\mathrm{Ker}(\Theta))_1$.

DÉMONSTRATION. D'après la proposition A.4.2.2, il suffit de prouver que $\mathrm{Gal}(k^{\mathrm{sep}}/k)$ agit trivialement sur le noyau de

$$K(\mu_{\mathrm{M}})^{\times}/\left(K(\mu_{\mathrm{M}})^{\times}\right)^{\mathrm{M}} \longrightarrow L^{\times}/\left(L^{\times}\right)^{\mathrm{M}}.$$

Ce noyau est $\left(L^{\times}\right)^{\mathrm{M}} \cap K(\mu_{\mathrm{M}})^{\times}/\left(K(\mu_{\mathrm{M}})^{\times}\right)^{\mathrm{M}}$, c'est-à-dire $W/\left(K(\mu_{\mathrm{M}})^{\times}\right)^{\mathrm{M}}$. Or par hypothèse, tout élément de $W/\left(K(\mu_{\mathrm{M}})^{\times}\right)^{\mathrm{M}}$ peut être représenté par un élément de $k^{\times}$. $\square$

Bibliographie

[1] Toma Albu, *Cogalois theory*, Marcel Dekker, 2003.

[2] G.W. Anderson, *A double complex for computing the sign-cohomology of the universal ordinary distribution*, Contemporary Mathematics **224**, 1999, pp. 1-27.

[3] M.F. Atiyah et C.T.C. Wall, *Cohomology of Groups*, dans *Algebraic Number Theory*, (J.W.S. Cassels and A. Fröhlich, eds.), Academic Press, 1967, pp. 94-115.

[4] Jean-Robert Belliard, *Global Units modulo Circular Units : descent without Iwasawa's Main Conjecture*, Canadian Journal of Mathematics **61 n°3**, 2009, pp. 518-533.

[5] Werner. Bley, *On the Equivariant Tamagawa Number Conjecture for Abelian Extensions of a Quadratic Imaginary Field*, Documenta Mathematica **11**, 2006, pp. 73-118.

[6] N. Bourbaki, *Algèbre commutative, chapitre 2, Localisation*, Hermann, 1961.

[7] N. Bourbaki, *Algèbre commutative, chapitre 7, Diviseurs*, Hermann, 1965.

[8] N. Bourbaki, *Algèbre commutative, chapitre 8, Dimension*, Hermann, 1983.

[9] N. Bourbaki, *Algèbre commutative, chapitre 9, Anneaux locaux nœthériens complets*, Hermann, 1983.

[10] Kenneth S. Brown, *Cohomology of Groups*, Springer-Verlag, 1982.

[11] Armand Brumer, *On the units of algebraic number fields*, Mathematika **14**, 1967, pp. 121-124.

[12] Ehud de Shalit, *Iwasawa Theory of Elliptic Curves with Complex Multiplication*, Perspectives in Mathematics, vol. 3, Academic Press, 1987.

[13] David Eisenbud, *Commutative Algebra with a View Towards Algebraic Geometry*, Graduate Texts in Mathematics, Springer, 1996.

[14] Keqin Feng et Fei Xu, *Kolyvagin's "Euler Systems" in Cyclotomic Function Fields*, Journal of Number Theory **57**, 1994, pp. 114-121.

[15] A. Fröhlich, *Local Fields*, Algebraic Number Theory (J.W.S. Cassels and A. Fröhlich, eds.), Academic Press, 1967, pp. 1-41.

[16] Roland Gillard, *Fonctions l p-adiques des corps quadratiques imaginaires et de leurs extensions abéliennes*, Journal für die reine und angewandte Mathematik **358**, 1985, pp. 76-91.

[17] David Goss, *Basic Structures of Function Field Arithmetic*, Springer, 1996.

[18] Ralph Greenberg, *On the Structure of Certain Galois Groups*, Inventiones mathematicae **47**, 1978, pp. 85-99.

[19] Cornelius Greither, *Class groups of abelian fields, and the main conjecture*, Annales de l'institut Fourier **42**, 1992, pp. 445-499.

[20] David R. Hayes, *Elliptic units in function fields*, Proceeding of a Conference Related to Fermat's Last Theorem (D. Goldfeld, ed.) Birkhäuser, Boston, 1982, pp. 321-341.

[21] David R. Hayes, *Stickelberger elements in function fields*, Compositio Mathematica **55**, 1985, pp. 209-239.

[22] David R. Hayes, *A Brief Introduction to Drinfeld Modules*, The Arithmetic of Function Fields (David Goss, David R. Hayes, and Michael I. Rosen, eds.), Walter de Gruyter, 1992, pp. 1-32.

[23] Kenkichi Iwasawa, *On Γ-extensions of algebraic number fields*, Bulletin of the American Mathematical Society **65**, 1959, pp. 183-226.

[24] Kenkichi Iwasawa, *Lectures on p-adic L-functions*, Princeton University Press, 1972.

[25] Kenkichi Iwasawa, *On $\mathbb{Z}_l$-extensions of algebraic number fields*, Annals of Mathematics **98**, 1973, pp. 246-326.

[26] Assim Jilali et Hassan Oukhaba, *Stark units in $\mathbb{Z}_p$-extensions*, Functiones et Approximatio Commentarii Mathematici **45 n°1** (2011), 105-124.

[27] Jennifer Johnson-Leung et Guido Kings, *On the equivariant and the non-equivariant main conjecture for imaginary quadratic fields*, Journal für die reine und angewandte Mathematik **653** (2011) 75-114.

[28] Victor Kolyvagin, *Finiteness of $E(\mathbb{Q})$ and Ш$(E, \mathbb{Q})$ for a subclass of Weil curves*, (Russe) Izv. Akad. Nauk SSSR Ser. Mat. **52** (1988) 522-540.

[29] Victor Kolyvagin, *Euler Systems*, The Grothendieck Festschrift (Vol.II) (P.Cartier et al., ed.), Birkhäuser, 1995.

[30] Daniel S. Kubert et Serge Lang, *Modular Units*, Springer-Verlag,1981.

[31] Serge Lang, *Cyclotomic Fields I and II*, Springer-Verlag, 1990.

[32] Serge Lang, *Algèbre*, Dunod, 2004.

[33] Barry Mazur et Andrew Wiles, *Class Fields of abelian extensions of $\mathbb{Q}$*, Inventiones Mathematicae **76**, 1984, pp. 179-330.

[34] Neukirch, Schmidt, et Wingberg, *Cohomology of Number Fields*, Springer-Verlag, 2000.

[35] Jürgen Neukirch, *Algebraic Number Theory*, Springer-Verlag, 1999.

[36] Hassan Oukhaba, *Groups of Elliptic Units in Global Function Fields*, The Arithmetic of Function Fields, (D. Goss, D. Hayes, et M. Rosen, eds.) Walter de Gruyter, 1992, pp. 87-102.

[37] Hassan Oukhaba, *Construction of Elliptic Units in Function Fields*, Number Theory, (S.David, ed.) Cambridge University Press, 1995, pp. 187-208.

[38] Hassan Oukhaba, *Groups of elliptic units and torsion points of Drinfeld modules*, Proceedings of the Workshop on Drinfeld Modules, Modular Schemes and Applications, (E.-U. Gekeler, M. van der Put, M. Reversat et J. Van Geel, eds.), World Science Publications, River Edge, NJ, 1997, pp. 298-310.

[39] Hassan Oukhaba, *Index Formulas for Ramified Elliptic Units*, Compositio Mathematica **137**, 2003, pp. 1-22.

[40] Hassan Oukhaba, *On Iwasawa theory of elliptic units and 2-ideal class groups*, Prépublication du laboratoire de Mathématique de Besançon, 2010.

[41] Hassan Oukhaba et Stéphane Viguié, *On Gras conjecture for imaginary quadratic fields*, à paraître dans Canadian Mathematical Bulletin.

[42] Hassan Oukhaba et Stéphane Viguié, *The Gras conjecture in function fields by Euler systems*, Bulletin of the London Mathematical Society **43 n°3** (2011) 523-535.

[43] Bernadette Perrin-Riou, *Arithmétique des courbes elliptiques et théorie d'iwasawa*, Supplément au Bulletin de la société mathématique de France **112**, 1984, Mémoire de la société mathématique de France n°17.

[44] Cristian D. Popescu, *Gras-Type Conjectures for Function Fields*, Compositio Mathematica **118**, 1999, pp. 263-290.

[45] Luis Ribes et Pavel Zalesskii, *Profinite Groups*, Springer-Verlag, 2000.

[46] Gilles Robert, *Unités elliptiques*, Bulletin de la société mathématique de France **36**, 1973.

[47] Gilles Robert, *Unités de Stark comme unités elliptiques*, Prépublication de l'Institut Fourier **143**, 1989.

[48] Gilles Robert, *Concernant la relation de distribution satisfaite par la fonction φ associée à un réseau complexe*, Inventiones mathematicae **100**, 1990, pp. 231-257.

[49] Karl Rubin, *On the main conjecture of Iwasawa theory for imaginary quadratic fields*, Inventiones mathematicae **93**, 1988, pp. 701-713.

[50] Karl Rubin, *The "main conjectures" of Iwasawa theory for imaginary quadratic fields*, Inventiones mathematicae **103**, 1991, pp. 25-68.

[51] Karl Rubin, *Stark units and Kolyvagin's "Euler systems"*, Journal für die reine und angewandte Mathematik **45**, 1992, pp. 141-154.

[52] Karl Rubin, *More "Main Conjectures" for Imaginary Quadratic Fields*, Centre de Recherches Mathématiques **4**, 1994, pp. 23-28.

[53] Jean-Pierre Serre, *Corps locaux*, Hermann, 1968.

[54] Jean-Pierre Serre, *Cohomologie Galoisienne*, Lecture Notes in Mathematics, vol. 5, Springer-Verlag, 1994.

[55] L. Shu, *Class number formulas over global function fields*, Journal of Number Theory **48**, 1994, pp. 133-161.

[56] W. Sinnott, *On the Stickelberger Ideal and the Circular Units of an Abelian Field*, Inventiones mathematicae **62**, 1980, pp. 181-234.

[57] Harold M. Stark, *L-Functions at s = 1. IV. First Derivatives at s = 0*, Advances in Mathematics **35**, 1980, pp. 197-235.

[58] John Tate, *Les Conjectures de Stark sur les Fonctions L d'Artin en s = 0.*, Progress in Mathematics, vol. 47, Birkhäuser, 1984.

[59] Francisco Thaine, *On the ideal class groups of real abelian number fields*, Annals of mathematics **128**, 1988, pp. 1-18.

[60] Stéphane Viguié, *Index-modules and Applications*, Manuscripta Mathematica **136**, 2011, pp. 445-460.

[61] Stéphane Viguié, *Invariants and coinvariants of semilocal units modulo elliptic units*, à paraître au Journal de Théorie des Nombres de Bordeaux.

[62] Stéphane Viguié, *On the classical main conjecture for imaginary quadratic fields*, Prépublication du laboratoire de Mathématique de Besançon, 2011.

[63] Stéphane Viguié, *Global units modulo elliptic units and ideal class groups*, à paraître dans International Journal of Number Theory.

[64] Stéphane Viguié, *On the two-variables main conjecture for extensions of imaginary quadratic fields*, Prépublication du laboratoire de Mathématique de Besançon, 2011.

[65] Lawrence C. Washington, *Introduction to Cyclotomic Fields*, second ed., Springer-Verlag, 1997.

[66] André Weil, *Basic Number Theory*, third ed., Springer-Verlag, 1974.

[67] Fei Xu et Jianqiang Zhao, *Euler systems in global function fields*, Israël journal of mathematics **124**, 2001, pp. 367-379.

[68] Linsheng Yin, *Index-class number formulas over global function fields*, Compositio Mathematica **109**, 1997, pp. 49-66.

[69] Linsheng Yin, *On the Index of Cyclotomic units in Characteristic p and its Applications*, Journal of Number Theory **63**, 1997, pp. 302-324.

Zeitfracht Medien GmbH
Ferdinand-Jühlke-Straße 7
99095 Erfurt, Deutschland
produktsicherheit@kolibri360.de

Druck:
CPI Druckdienstleistungen GmbH
im Auftrag der
Zeitfracht Medien GmbH
Ein Unternehmen der Zeitfracht - Gruppe
Ferdinand-Jühlke-Str. 7
99095 Erfurt